Biologische Auswertungsmethoden

Von

J. H. Burn

Professor der Pharmakologie
am College of the Pharmaceutical Society
Universität London

Deutsche Übersetzung von

Dr. Edith Bülbring

Assistentin am Pharmakologischen Laboratorium
College of the Pharmaceutical Society
London

Mit 64 Abbildungen

Berlin
Verlag von Julius Springer
1937

ISBN 978-3-642-89278-3 ISBN 978-3-642-91134-7 (eBook)
DOI 10.1007/978-3-642-91134-7

Softcover reprint of the hardcover 1st edition 1937

Vorwort des Verfassers.

Im Jahre 1928 schrieb ich ein kleines Buch, „Methods of Biological Assay“, dessen Neuausgabe dies ist; es sind aber darin so wenig Spuren vom ersten Buch übriggeblieben, daß es im Englischen einen neuen Titel bekommen hat.

Die ersten drei Kapitel bilden die Einleitung. Kapitel I behandelt den Sinn und die Anwendung von Standardpräparaten. In Kapitel II werden die Grundzüge der vergleichenden Methoden auseinandergesetzt, aber jegliche Mathematik vermieden. Kapitel III zeigt die Anwendung einiger mathematischer Verfahren. Zu Anfang dieses Kapitels habe ich versucht, die Formeln nach bestem Wissen zu erklären, später aber habe ich auf jede Erklärung verzichtet und mich damit begnügt, an Beispielen zu zeigen, wie man die einzelnen Formeln anwendet. Ein solches Kapitel könnte man unendlich lang fortsetzen; wenn es aber zu lang ist, entmutigt es den Leser. Hoffentlich finden es manche Leser der Mühe wert, die Beispiele für sich durchzurechnen; wenn sie den Gebrauch einer Formel verstanden haben, werden sie zuweilen selbst die rationelle Grundlage entdecken. So ist mir z. B. beim Lesen der Korrekturen die Erklärung zu GADDUMS Formel für den Vergleich zweier Lösungen ohne Kurve klargeworden und ich sah, daß ich sogar selbst eine solche Formel zur Berechnung der Ergebnisse eines Insulintests an Mäusen (S. 78) erklärt hatte.

In den späteren Kapiteln werden die Methoden einzeln beschrieben. Dabei ist weder der Versuch gemacht, sämtliche existierenden Methoden zu beschreiben, noch eine geschichtliche Übersicht der Entwicklung bestimmter Methoden zu geben, sondern es handelt sich vorwiegend um solche Methoden, die im Laboratorium der Pharmaceutical Society angewandt werden. Meines Wissens sind es die besten Methoden, die augenblicklich zur Verfügung stehen, und auch falls das nicht zutreffen sollte, ist doch die Beschreibung keineswegs zwecklos. Beim Ausarbeiten biologischer Methoden kann man zwei gut abgrenzbare Stadien unterscheiden: das erste ist die Entdeckung einer biologischen Eigenschaft, die als Basis für die Methode dienen kann; das zweite ist die Definition der Bedingungen, unter denen auf der gefundenen Basis ein quantitativer Vergleich mit bekanntem Genauigkeitsmaß gemacht werden kann. Viele erheben den Anspruch, eine neue Methode angegeben zu haben, wenn sie erst den ersten Schritt getan haben, der Hauptzweck dieses Buches ist, an einer Reihe von Beispielen zu zeigen, wie man den zweiten Schritt tut.

Die Serumstandardisierung ist nicht beschrieben, und obgleich in vier Kapiteln die Vitaminauswertung behandelt wird, wurde doch auf eine erschöpfende Darstellung der Methoden, die auch Anweisungen für eine Rattenzucht enthalten müßte, verzichtet. Denjenigen, die auf diesem Gebiete arbeiten, sei das Buch meiner Kollegin Dr. KATHARINE H. COWARD empfohlen, das demnächst erscheinen wird.

Beim Schreiben dieses Buches war mir die Hilfe meiner Kollegin Dr. EDITH BÜLBRING sehr wertvoll; sie hat die Übersetzung in die deutsche Sprache besorgt und dabei viele Vorschläge zur besseren Einteilung des Stoffes und Weglassung unwichtiger Einzelheiten gemacht. Ich bin auch Prof. GADDUM für die Durchsicht des Entwurfs zu Kapitel III zu Dank verpflichtet, Dr. A. S. PARKES für Bemerkungen zu den Kapiteln über Sexualhormone, H. P. MARKS für Bemerkungen zur Insulinauswertung und Dr. K. H. COWARD für das Durchlesen der Kapitel über Vitamine. Für die Überlassung von Abbildungen bin ich dem Controller of H. M. Stationery Office, den Herausgebern der Proceedings of the Royal Society, des Journal of Physiology, des Biochemical Journal, des Quarterly Journal of Pharmacy and Pharmacology, des Archivs für experimentelle Pathologie und Pharmakologie, der Zeitschrift für Physiologische Chemie und dem Secretary of the Health Organisation, League of Nations, zu Dank verpflichtet. Anhang II ist mit Genehmigung des Verlags Oliver and Boyd aus „Statistical Methods for Research Workers" von R. A. FISHER entnommen.

London, W. C. 1, Mai 1937.
The College of the Pharmaceutical Society.

J. H. BURN.

Vorwort zur deutschen Ausgabe.

Die Übersetzung dieses Buches geschah noch während es geschrieben wurde; und durch die enge Zusammenarbeit mit dem Verfasser waren die Bedingungen für eine getreue Wiedergabe besonders günstig. Dr. MARTHE VOGT möchte ich an dieser Stelle danken für die Durchsicht der deutschen Ausgabe. Einen Ausdruck für den Sinn des Übersetzens findet man in einem Brief von GOETHE, der 1827 an CARLYLE schrieb:

„Wer die deutsche Sprache versteht und studiert, befindet sich auf dem Markte, wo alle Nationen ihre Waren anbieten, er spielt den Dolmetscher, indem er sich selbst bereichert. Und so ist jeder Übersetzer anzusehen, daß er sich als Vermittler dieses allgemein geistigen Handels bemüht und den Wechseltausch zu befördern sich zum Geschäft macht. Denn was man auch von der Unzulänglichkeit des Übersetzens sagen mag, so ist und bleibt es doch eines der wichtigsten und würdigsten Geschäfte in dem allgemeinen Weltwesen."

London, W. C. 1, Mai 1937.
The College of the Pharmaceutical Society.

EDITH BÜLBRING.

Inhaltsverzeichnis.

Kapitel I.

Maßeinheiten.

Eigentlich sollte sich jeder Pharmakologe die Stadt Winchester ansehen. Ist er nebenbei ein Realpolitiker, so geht er vielleicht durch die Kreuzgänge der ersten englischen Public School, die 1387 von William of Wykeham gegründet wurde, oder sieht zu, wie die Knaben auf den Uferwiesen am Itchen Cricket spielen. Ist er ein Romantiker, so betrachtet er vielleicht das romanische Querschiff in der Kathedrale, oder den runden Tisch König Arthurs und seiner Tafelrunde, an dem auch Tristan gesessen haben soll. Ist er aber nur ein Pharmakologe, so braucht er nur den Turm des westlichen Stadttores zu besichtigen, in dem einige alte Gewichte und Maße aufbewahrt werden. Einstmals war nämlich Winchester die Hauptstadt von England, aber im heutigen englischen Leben ist aus jener Zeit nichts übriggeblieben als die großen Vorratsflaschen, die allgemein „Winchester Quarts“ genannt werden. In dem alten Stadtturm sind jedoch die früheren Ellenmaße besonders interessant, vor allem deshalb, weil sie nicht alle gleich lang sind und an manchen Stücke angesetzt sind. Die Standardelle war nämlich die Armlänge des Königs, und jedesmal, wenn ein neuer König auf den Thron kam, wurde das Ellenmaß geändert.

Betrachtet man die früheren Maß- und Längeneinheiten, nämlich den Fuß, den Finger, die Handbreit oder die Handvoll, so sieht man, daß sie ursprünglich auf biologischen Merkmalen beruhen. Heute genügen sie aber nicht mehr, denn die Armlänge eines Mannes oder der Durchmesser seiner Hand, ob er nun König ist oder nicht, ist veränderlich und hat wenig Wert als Maßeinheit, die Genauigkeit erfordert. Obgleich nun gewiß sämtliche Pharmakologen sofort die Veränderlichkeit der königlichen Armlänge zugeben würden, sehen sie nur sehr langsam ein, daß alle anderen biologischen Merkmale ebenso veränderlich sind. Denn wenn Substanzen an ihrer biologischen Wirkung gemessen werden sollen, wird die Einheit immer noch durch ein biologisches Merkmal ausgedrückt, und alle diese Definitionen setzen voraus, daß biologische Merkmale konstant sind. Als man zum erstenmal die Wirksamkeit von Digitalis messen wollte, nahm man als Einheit die Menge, die nötig ist, um 1 g Frosch zu töten. Dies war die Froscheinheit. Manchmal wird sogar heute noch die Stärke herzwirksamer Glykoside in Froscheinheiten ausgedrückt. Wie veränderlich sie aber ist, kann man an Versuchen sehen, bei denen dieselbe Digitalisprobe zu verschiedenen Jahreszeiten geprüft wurde. Die Werte in Tabelle 1 sind die jeweils im internationalen Standardpulver gefundenen Froscheinheiten; sie schwanken zwischen 1310 und 3300 Einheiten pro Gramm.

Tabelle 1.
Die Wirksamkeit von Standard-Digitalispulver in Froscheinheiten ausgedrückt, wie sie zu verschiedenen Zeiten gefunden wurde.

	Froscheinheiten pro Gramm Pulver		Froscheinheiten pro Gramm Pulver
1935: 21. September . .	1670	1936: 9. April . . .	1850
27. „ . .	1510	21. „ . . .	2380
5. Oktober . . .	1850	7. Mai	2270
13. November . .	2270	14. „	2170
23. Dezember . .	2600	21. „	2000
1936: 25. Januar . . .	2940	3. Juni . . .	1850
1. Februar . . .	3300	10. „ . . .	2500
12. „ . . .	2630	25. „ . . .	2170
13. März	2500	15. Juli	1390
20. „	2170	17. „	1310

Beim ersten Versuch, die Wirksamkeit von Insulin zu messen, wurde als Einheit die Menge angenommen, die bei einem Kaninchen Krämpfe verursacht. Später wurde sie abgeändert in die Menge, die den Blutzucker eines hungernden Kaninchens von 2 kg Gewicht auf 0,045% herabsetzt. Jeder, der mit Insulin gearbeitet hat, weiß, daß diese Menge alles andere als konstant ist, und die so definierte Einheit wurde unter allgemeiner Zustimmung 1925 verlassen.

Trotzdem man immer wieder die Erfahrung gemacht hat, daß die durch eine physiologische Wirkung ausgedrückten Einheiten sehr veränderlich sind, hat das die Einführung neuer, ähnlicher Einheiten in keiner Weise verhindert. Es hat Katzen- und Taubeneinheiten für Digitalis, Ratten- und Mäuseeinheiten für das brunstauslösende Hormon, Kanincheneinheiten für die verschiedenen Hypophysenvorderlappenstoffe, Hundeeinheiten für Nebennierenrindenhormon, und noch im Jahre 1936 die Mäuseeinheit für das adrenotrope Hormon gegeben.

Alle diese Einheiten sind genau so veränderlich wie des Königs Armlänge. Erstens deshalb, weil die Tiere, sogar wenn sie innerhalb desselben Laboratoriums unter den gleichen Bedingungen leben, variieren. Zweitens hängen solche Einheiten von den technischen Einzelheiten der Versuchsmethodik ab, und da die Pharmakologen nur ungern die Methoden anderer in allen Einzelheiten befolgen, entsteht eine weitere Fehlerquelle. Den Pharisäern wurde vorgeworfen, daß sie Mücken seihten und Kamele verschluckten; heutzutage wollen die Pharmakologen von des Königs Arm nichts wissen, aber sie schlucken Frösche, Ratten und Mäuse, von Meerschweinchen und Tauben ganz zu schweigen.

Vergleichende Methoden. Im Gegensatz zu diesen mißlungenen Versuchen, genaue Messungen mit Hilfe von Tiereinheiten zu machen, sind die Prüfungen verschiedener Untersucher, bei denen jeder zwei Präparate miteinander zu vergleichen hatte, von größerem Erfolg begleitet gewesen. Wenn zwei Präparate A und B dieselbe spezifische Wirksamkeit haben, ist es gewöhnlich leicht zu entscheiden, welches das stärkere ist, und verschiedene Beobachter kommen gewöhnlich zum gleichen Ergebnis, obwohl ihre Methoden in wichtigen Einzelheiten voneinander abweichen. Werden zwei Insulinpräparate in zwei Laboratorien miteinander verglichen, so wird in beiden gewöhnlich dasselbe Wirksamkeitsverhältnis gefunden, obwohl das eine Laboratorium die Blutzuckermethode am Kaninchen und das andere Laboratorium die Krampfmethode an Mäusen benutzt. Wenn also der Versuchszweck der ist, zwei Präparate zu vergleichen, so daß das Verhältnis ihrer Wirksamkeit bestimmt wird, dann verlieren die methodischen Einzelheiten an Bedeutung. Allerdings werden sie nicht vollkommen unwichtig, sondern spielen zuweilen noch eine Rolle. Wir können jedoch auf die absolute Übereinstimmung der Methoden verzichten, wenn wir alle Wertbestimmungen in einen Vergleich zweier Präparate miteinander verwandeln.

Standardpräparate. Die Einführung von Standarden in Form von trockenen und haltbaren Präparaten ermöglicht solche vergleichenden Methoden, denn jede Auswertung einer unbekannten Probe wird zu einem Vergleich mit einem Standard, bei dem festgestellt wird, wieviel stärker oder schwächer sie ist. Der Begriff eines Standards stammt von Ehrlich. Er führte ihn ein, um die Auswertung von Diphtherie-Antitoxin zu vereinfachen. Ehrlich nannte die Antitoxineinheit nicht die Menge, die einem Meerschweinchen einen gewissen Grad von Schutz verleiht, sondern bestimmte statt dessen die Einheit als die Wirksamkeitsmenge, die in einer gegebenen Gewichtsmenge einer getrockneten Antitoxinprobe vorhanden war, die er in seinem Laboratorium in Frankfurt aufbewahrte. Alle Eichungen unbekannter Proben wurden danach ein Vergleich mit Ehrlichs Standard-Antitoxin, bei dem festgestellt wurde, welche Gewichtsmenge der unbekannten Probe dieselbe Wirkungsstärke besaß wie eine bestimmte Gewichtsmenge des Ehrlichschen Präparats.

Das erste trockene Standardpräparat für eine andere Substanz als Serum war der Digitalisstandard, den Magnus vorschlug und herstellte. Wenn ein Beobachter die Wirksamkeit von Digitalis in Froscheinheiten, ein anderer in Katzeneinheiten ausdrückt, so wird es — da die Froscheinheit und die Katzeneinheit beide veränderliche Größen sind —

unmöglich, Zahlen dieser zwei Einheitssysteme zu vergleichen. Wenn jedoch ein internationales Standard-Digitalispulver benutzt wird, dann kann der Vergleich eines unbekannten Blattes mit diesem Standardpulver entweder mit der Froschmethode oder mit der Katzenmethode ausgeführt werden, und der Ausdruck der Wirksamkeit in Einheiten ist unabhängig von der Tierart.

Es gibt heute 28 dieser Standardpräparate, die entweder im Seruminstitut in Kopenhagen oder im National Institute for Medical Research in London aufbewahrt werden. Eine Zusammenstellung dieser Präparate ist im Anhang I zu finden. Als Beispiele seien die Standarde für Diphtherie-Antitoxin, für Hypophysenhinterlappenextrakt und für Vitamin A erwähnt. Der Standard für Diphtherie-Antitoxin ist getrocknetes Diphtherie-Antitoxin, das in Ampullen verteilt ist, die vor dem Zuschmelzen eine Zeitlang im Vakuum über Phosphorpentoxyd gestanden haben, um eine gleichmäßige Trockenheit zu gewährleisten. Der Standard befindet sich im Seruminstitut in Kopenhagen. Die Einheit ist die spezifische antitoxische Wirksamkeit in 0,0628 mg dieses Pulvers. Der Standard für Hypophysenhinterlappenextrakt ist ein Pulver, das von frischen Hinterlappen mittels Acetonbehandlung und nachfolgender Trocknung über Phosphorpentoxyd hergestellt ist. Es ist auch in Ampullen verteilt und wird bei 0° C aufbewahrt. Die Einheit ist die spezifische Wirksamkeit in 0,5 mg dieses Pulvers. Der Standard für Vitamin A ist krystallinisches β-Carotin, das in Ampullen abgefüllt bei 0° C aufbewahrt wird. Die Einheit ist die spezifische Wirksamkeit in 0,0006 mg dieser krystallinischen Substanz. Die letzten zwei Standardpräparate befinden sich im National Institute for Medical Research, London.

Die Einführung stabiler Standarde dieser Art bringt die Wertbestimmung biologischer Eigenschaften in dieselbe Kategorie wie die Gewichts- und Längenmaße. Die internationalen Standarde in Kopenhagen und London sind prinzipiell dasselbe wie das Standardmeter und das Standardkilogramm.

Die Nachteile stabiler Standardpräparate. Der Einführung stabiler Standarde liegt die Theorie zugrunde, daß, sobald die biologische Wertbestimmung zu einem Vergleich zweier Präparate miteinander wird, die dafür benutzte Methode gleichgültig ist. Dies trifft aber nicht immer zu. Es lassen sich verschiedene Beispiele finden, wo der Vergleich mit der einen Methode den einen Befund, mit einer anderen Methode einen anderen Befund ergibt. Als der britische Digitalisstandard hergestellt wurde, um so benutzt zu werden, wie die Britische Pharmakopöe von 1932 es vorschreibt, wurde er in verschiedenen Laboratorien mit der Katzenmethode und der Froschmethode sorgfältig mit dem internationalen Digitalispulver verglichen. Verschiedene Untersucher, die

die Katzenmethode benutzten, fanden, daß der britische Standard 1,16mal soviel wirksames Prinzip pro Gramm enthielt als der internationale Standard. Dagegen fanden Untersucher, die die Froschmethode benutzten, daß der britische Standard 1,4mal stärker war. Digitalisblätter enthalten mehrere wirksame Substanzen, deren relative Giftigkeit für verschiedene Tierarten verschieden ist und die in den einzelnen Digitalisblättern nicht im gleichen Verhältnis vorkommen. Bei dem Vergleich einer gegebenen Blattprobe mit dem Standard werden also zwei qualitativ verschiedene Präparate, die infolgedessen für die Katze und den Frosch eine andere relative Giftigkeit besitzen, verglichen; daher kann das Ergebnis beider Methoden nicht dasselbe sein.

Ein weiteres Beispiel bieten die Stoffe, die die Eigenschaft haben, an kastrierten Tieren Brunst auszulösen. Es gibt augenblicklich zwei Standarde für diese Stoffe: Oestron und Oestradiolmonobenzoat. Das erste Standardpräparat, das hergestellt wurde, war Oestron, aber man fand, daß sich das Wirksamkeitsverhältnis je nach der Testmethode änderte, wenn Lösungen, die veresterte Präparate des Hormons enthielten, mit dem Standardoestron verglichen wurden. Deshalb wurde der zweite Standard eingeführt. Es gibt verschiedene andere brunstauslösende Substanzen, deren Wirksamkeit im Vergleich zu dem einen oder anderen dieser Standarde sich mit der jeweilig angewandten Testmethode ändert.

Ein drittes Beispiel ist das antirachitische Vitamin. Der Standard dafür ist eine Lösung bestrahlten Ergosterins. Durch einen Vergleich damit wird gewöhnlich die Wirksamkeit von Lebertran festgestellt. Meistens gebraucht man Ratten für den Test. Theoretisch sollte es aber auch möglich sein, statt dessen Hühner zu benutzen. Wenn man jedoch Lebertran mit betrahltem Ergosterin vergleicht, findet man eine viel größere antirachitische Wirksamkeit an Hühnern als an Ratten. Es bestehen neuerdings Gründe für die Annahme, daß die antirachitische Substanz im Lebertran nicht identisch ist mit der im bestrahlten Ergosterin.

In allen diesen Beispielen, bei denen das Ergebnis des Vergleiches mit dem Standard sich je nach der Methode ändert, weichen die Substanzen, die miteinander verglichen werden, nicht nur quantitativ, sondern auch qualitativ voneinander ab. In einer idealen Welt müßte es für jede einzelne Substanz mit biologischer Wirksamkeit einen Standard geben, dann wäre es nicht mehr nötig, einen quantitativen Vergleich zweier Substanzen, die qualitativ ungleich sind, anzustellen.

Obgleich diese Nachteile bestehen und mit der Identifizierung weiterer Substanzen, die die gleiche physiologische Wirkung haben, in Zukunft sogar zunehmen könnten, hat sich doch der Gebrauch stabiler Standardpräparate als ein großer Fortschritt erwiesen, durch den die wissenschaftlichen Forscher und die pharmazeutischen Firmen mit einem einheitlichen Maßsystem versehen worden sind.

Ein allgemeinerer Gebrauch dieser Standarde in verschiedenen Ländern wäre sehr wünschenswert. In Großbritannien sind die Standarde von der Pharmakopöe vorgeschrieben und die biologischen Methoden, die auf ihrem Gebrauch beruhen, beschrieben. Auch hat die Einführung der Standardpräparate die wissenschaftliche Zusammenarbeit der Forscher verschiedener Länder erheblich gefördert.

Literaturangaben der Veröffentlichungen der Gesundheitsabteilung des Völkerbundes, in denen die Standardpräparate beschrieben werden, sind in Anhang I zu finden.

Auswertung von Präparaten, für die kein Standard besteht. Nach der Entdeckung einer neuen wirksamen Substanz kommt immer zuerst eine Periode, während der noch kein internationaler Standard zur Verfügung steht, und manchmal wird die Frage aufgeworfen, ob man denn nicht wenigstens für diese Zeit eine Tiereinheit verwenden könnte, damit die Fabriken die Stärke der Präparate für den klinischen Gebrauch bezeichnen können. Dem Arzt ist aber nicht damit geholfen, wenn man ihm sagt, daß ein Präparat eine bestimmte Anzahl Mäuse- oder Hundeeinheiten in einem Kubikzentimeter enthält; sondern er muß sich nur darauf verlassen können, daß jedes Präparat derselben Substanz die gleiche Wirksamkeit besitzt. Deshalb sollte der Fabrikant jedes neue Präparat mit dem zuletzt hergestellten vergleichen, um sicherzustellen, daß sich die Wirkungsstärke seiner Erzeugnisse nicht ändert. Nur dies ist eine richtige wissenschaftliche Kontrolle. Wenn man aber ohne Vergleich mit dem vorigen Präparat nur die Anzahl Mäuseeinheiten im Kubikzentimeter angibt, so begnügt man sich mit einer weniger genauen Auswertungsmethode.

Kapitel II.

Einteilung der Methoden.

Das Variationsgesetz. Der große Fortschritt, der in den letzten 12 Jahren auf dem Gebiete biologischer Methoden gemacht worden ist, kommt vorwiegend dadurch, daß die Tatsache der Tiervariation richtig anerkannt worden ist. 1922 bestimmte der Verfasser die Wirksamkeit von Digitalis mit der HATCHERschen Katzenmethode und kam bei verschiedenen Katzen mit ein und derselben Probe zu sehr verschiedenen Ergebnissen. Die tödliche Dosis war nämlich, in Milligramm Blatt pro Kilogramm Katze, 75 für die eine, 92 für eine andere und 126 für eine dritte Katze. Hieraus wurde geschlossen, daß die Methode wertlos sein müsse, da die Resultate so sehr voneinander abweichen. Man weigerte sich, die Tatsache der Tiervariation anzuerkennen. Diese Weigerung nimmt die verschiedensten Formen an. Es wird mit Recht sehr viel Zeit und Arbeit darauf verwandt, Tiere von möglichst gleicher Empfindlichkeit zu züchten, indem man der Zucht, der Diät, dem Alter und dem Gewicht die größte Aufmerksamkeit schenkt. Manche glauben aber dann, daß, wenn dies geschehen ist, die Tiervariation vernachlässigt und die Versuche gemacht werden könnten, als ob sie nicht existiere. Sie wollen es einfach nicht wahrhaben, daß die Variation immer noch besteht, obschon sie kleiner geworden ist. Es werden auch neue Auswertungsmethoden vorgeschlagen, die ganz zuverlässig sein sollen, weil die Reaktion der Tiere sich nicht ändere. Solche Behauptungen sind nichts anderes, als wenn man verkündet, man hätte das Perpetuum mobile entdeckt.

Magnus' Arbeiten über Digitalis. In Magnus' Laboratorium wurde zuerst gezeigt, wie die Dinge wirklich liegen. 1926 veröffentlichte sein Schüler de Lind van Wijngaarden die Ergebnisse von Versuchen an 573 Katzen, in denen er zeigte, daß eine kontinuierliche Variation der Empfindlichkeit von Katzen gegenüber Digitalis besteht. Dabei war es nicht etwa so, daß für die Mehrzahl der Katzen die tödliche Dosis einer gegebenen Digitalisprobe dieselbe war, während für eine Minderheit die tödliche Dosis abwich, sondern die individuellen tödlichen Dosen waren über einen weiten Bereich verteilt. Als dann de Lind van Wijngaarden die individuelle tödliche Dosis als Abszisse und die Häufigkeit, mit der jede Dosis tödlich war, als Ordinate nahm, erhielt er eine Kurve, die in Abb. 1 wiedergegeben ist. Die mittlere tödliche Dosis war die, die am häufigsten auftrat, d. h. für den größten Prozentsatz der Katzen tödlich war. Andere tödliche Dosen wurden mit einer Häufigkeit beobachtet, die gleichmäßig abnahm bis zu den Werten, die 44% unter bzw. 56% über der tödlichen Dosis lagen.

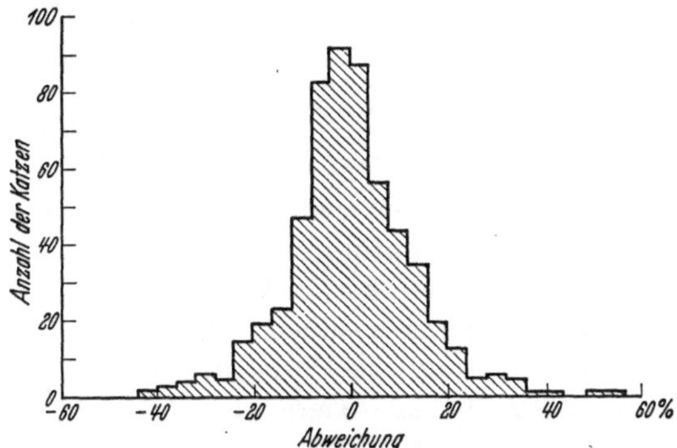

Abb. 1. Die Streuung um den Mittelwert der tödlichen Digitalisdosen für verschiedene Katzen. Für den Mittelwert ist 0 angenommen. Die Abweichungen gehen bis zu 44% unter und 56% über den Mittelwert. (de Lind van Wijngaarden.)

Diese Befunde zeigen, daß der Wert der für ein einzelnes Tier tödlichen Dosis wenig bedeutet, und daß die wirkliche tödliche Dosis der an einer großen Anzahl von Tieren gewonnene Mittelwert ist. Wenn man ein bestimmtes Präparat an einer Reihe von Tieren prüft, so nähert sich der Mittelwert um so mehr dem wahren Wert, je mehr Tiere benutzt werden.

TREVANS Arbeiten über die tödliche Dosis. Der nächste Schritt wurde von TREVAN gemacht, der 1927 Untersuchungen über Toxizitätsbestimmungen veröffentlichte, bei denen die genaue tödliche Dosis nicht ermittelt werden kann. Bei DE LIND VAN WIJNGAARDENS Arbeiten über Digitalis machte es die langsame intravenöse Infusion der Droge möglich, tatsächlich die kleinste tödliche Dosis für jede Katze festzustellen. Wenn man aber die Toxizität mit einer einzelnen Injektion bestimmen will, so ist es nicht möglich, etwas anderes zu verzeichnen, als entweder den Tod oder das Überleben eines jeden Tieres; die kleinste tödliche Dosis kann nicht festgestellt werden. Wenn man eine absteigende Reihe von Dosen nimmt und jede Dosis zwei oder drei Tieren spritzt, so sind bekanntlich die Ergebnisse ganz unregelmäßig. Oft überleben die Tiere, die eine große Dosis erhalten haben, während andere an einer kleinen Dosis sterben. TREVAN untersuchte diese Anomalie und zeigte, daß die Unregelmäßigkeit verschwindet, wenn man nur jede Dosis einer genügend großen Anzahl von Tieren injiziert. Es gibt einen bestimmten Bereich von Dosen, der in Abb. 2 durch OA dargestellt ist, die auf kein Tier eine Wirkung ausüben. Die größte Dosis dieses Bereiches ist die maximale verträgliche Dosis. Ebenso gibt es einen Bereich von Dosen jenseits OB, die alle Tiere töten. Die kleinste Dosis dieses Bereiches kann man die sicher tödliche Dosis nennen. Dosen zwischen A und B töten nur einen gewissen Prozentsatz der Tiere, der mit Vergrößerung der Dosis zunimmt. Wenn man den Mortalitätsprozentsatz im Verhältnis zur Dosis graphisch darstellt, bekommt man eine S-förmige Kurve, wie die Kurve AMN in Abb. 2. Der steilste Teil dieser Kurve liegt bei der Dosis, die 50% der Tiere tötet. Das Erstaunlichste an TREVANS Beobachtungen war der große Abstand zwischen der größten Dosis, die kein einziges Tier tötet, und jener Dosis, die gerade genügt, um sämtliche Tiere zu töten. Das Verhältnis der letzteren Dosis zur ersteren ist für verschiedene Stoffe bestimmt worden. Die Werte sind in Tabelle 2 wiedergegeben.

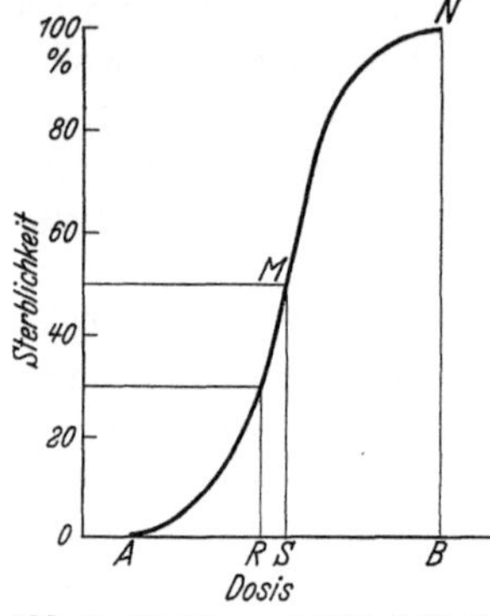

Abb. 2. Die Kurve AMN stellt die Beziehung zwischen Dosis (Abszisse) und Mortalitätsprozentsatz (Ordinate) dar. Siehe Text.

Tabelle 2. Das Verhältnis der sicher tödlichen Dosis zur maximalen verträglichen Dosis. (TREVAN.)

	Tierart	Verhältnis LD 100/LD 0
Cocainum hydrochloricum	Mäuse	3,85
Digitalis	Frösche	4,8
Echitamin	Mäuse	5,5
Dysenterietoxin	Mäuse	20,0
Insulin (Krämpfe)	Mäuse	7,5

Diese Beobachtungen zeigten, daß das bisher übliche Verfahren, bei dem die kleinste tödliche Dosis bestimmt werden sollte, sehr ungenau ist. Angenommen die Definition der kleinsten tödlichen Dosis sei die Dosis, die zwei von drei Ratten tötet. Wenn man 99 Ratten in einem großen Käfig hat und jede Ratte mit dieser Dosis spritzt, dann werden zwei Drittel sterben und ein Drittel überleben. Wenn man aber von den 99 Ratten immer nur drei gleichzeitig herausnimmt, ist es dann möglich, mit Sicherheit zu sagen, daß von den drei ersten, die gespritzt werden, zwei sterben und eine überleben wird? Natürlich ist das keineswegs sicher. Es sind nämlich 33 Ratten in dem Käfig, die die Injektion überleben werden, und es ist sehr leicht möglich, daß man drei von diesen herausgreift. Nur in einem gewissen Prozentsatz von Dreiergruppen werden zwei Ratten sterben und eine überleben. In anderen Gruppen werden alle drei oder eine von den dreien oder keine von den dreien sterben.

Qualitative Methoden.

Trevans Bestimmung der LD 50. Trevan hat vorgeschlagen, daß man bei Auswertungen der oben beschriebenen Art die für 50% der Tiere tödliche Dosis ermitteln soll, und er führte hierfür den Ausdruck LD 50 ein. Der Sterblichkeitsprozentsatz muß an wenigstens 30 Tieren festgestellt werden (siehe Kapitel III, S. 28). Trevan nannte die Kurve, die das Verhältnis zwischen Dosis und Sterblichkeitsprozentsatz darstellte, die charakteristische Kurve für Tierart und Droge, aus der man die LD 50 berechnen kann, wenn man von irgendeinem gefundenen Sterblichkeitsprozentsatz ausgeht. Man nehme z. B. an, daß eine Dosis d einer Substanz T, wenn man sie Ratten spritzt, 30% Sterblichkeit bewirkt, und nehme ferner an, daß die Kurve AMN in Abb. 2 die charakteristische Kurve für die Wirkung von T an Ratten ist. Man sieht, daß die Abszisse, die 30% Sterblichkeit entspricht, OR ist, und die Abszisse, die 50% Sterblichkeit entspricht, OS ist. Hieraus folgt, daß das Verhältnis der Dosis, die 50% Sterblichkeit bewirkt, zu der Dosis mit 30% Sterblichkeit OS/OR ist. Da die Dosis d 30% Sterblichkeit bewirkt, ist die LD 50 $= d \cdot \frac{OS}{OR}$.

Behrens' Arbeiten über Strophanthin. Die Bedeutung der Dosis-Sterblichkeitskurve in Abb. 2 kann man am besten aus den Arbeiten von Behrens (1929) verstehen, der die Variation in der Empfindlichkeit von Fröschen gegenüber k-Strophanthin untersuchte, das langsam intravenös infundiert wurde. Seine Apparatur ermöglichte es, eine 0,3proz. Lösung mit einer Geschwindigkeit von 0,01 ccm in 30 Minuten zu verabreichen. Hiermit bestimmte Behrens die genaue tödliche Dosis für jeden Frosch. Die Befunde an 146 Fröschen zeigten, daß die durchschnittliche tödliche Dosis 0,326 γ/g war, daß aber manche Frösche schon von 0,186 γ/g getötet wurden, während für andere 0,483 γ/g nötig war. BEHRENS teilte seine Ergebnisse in Gruppen ein. Er zählte die Frösche, für die die tödliche Dosis zwischen 0,183 γ und 0,196 γ/g lag, und dann die Frösche, für die die tödliche Dosis zwischen 0,196 γ und 0,209 γ/g lag usw. Hierdurch bestimmte er die Häufigkeit, mit der Frösche einer bestimmten Empfindlichkeit vorkamen. Die gefundenen Werte sind in Tabelle 3 wiedergegeben. In der dritten Spalte dieser Tabelle ist die Häufigkeit in Prozenten ausgedrückt. Für 8 Frösche lag z. B. die tödliche Dosis zwischen 0,235 γ und 0,248 γ; da es im ganzen 146 Frösche waren, ist der Häufigkeitsprozentsatz für diese Gruppe 5,4. In der vierten Spalte ist der Häufigkeitsprozentsatz integriert, nämlich zu jedem Häufigkeitsprozentsatz derjenige der niedrigeren Dosen addiert.

Tabelle 3. Tödliche Dosen von k-Strophanthin für Frösche (nach BEHRENS).

Dosis γ	Zahl der getöteten Frösche	Häufigkeit in Prozenten	Integrierter Häufigkeitsprozentsatz
0,183—0,196	1	0,7	0,7
0,196—0,209	0	0,0	0,7
0,209—0,222	4	2,7	3,4
0,222—0,235	2	1,3	4,7
0,235—0,248	8	5,4	10,1
0,248—0,261	6	3,8	13,9
0,261—0,274	18	12,3	26,2
0,274—0,287	10	6,8	33,0
0,287—0,300	9	6,2	39,2
0,300—0,313	9	6,2	45,4
0,313—0,326	14	9,6	55,0
0,326—0,339	9	6,2	61,2
0,339—0,352	8	5,4	66,6
0,352—0,365	11	7,5	74,1
0,365—0,378	10	6,8	80,9
0,378—0,391	7	4,8	85,7
0,391—0,404	4	2,7	88,4
0,404—0,417	6	3,8	92,2
0,417—0,430	3	1,9	94,1
0,430—0,443	2	1,3	95,4
0,443—0,456	2	1,3	96,7
0,456—0,469	1	0,7	97,4
0,469—0,482	2	1,3	98,7

Aus den Zahlen der beiden ersten Spalten von Tabelle 3 konstruierte BEHRENS die Kurve in Abb. 3, in der die Häufigkeit, d. h. die Anzahl Frösche, die in einem bestimmten Dosierungsbereich getötet wurden, als Ordinate, und die tödlichen Dosen als Abszisse graphisch dargestellt sind. Diese Kurve ist eine Häufigkeitskurve wie die in Abb. 1 und hat eine ähnliche Form.

Das wichtigste Ergebnis aus BEHRENS' Versuchen erhält man, wenn man die integrierten Häufigkeiten der letzten Spalte von Tabelle 3 zu der Dosis in Beziehung setzt und graphisch darstellt. Die eigentlichen Dosen werden nicht benutzt, sondern so umgerechnet, daß für die bei 50% tödliche Dosis der Wert 0 eingesetzt ist. Die Punkte sind in Abb. 4 wiedergegeben und liegen nahe an der Dosis-Sterblichkeitskurve, die TREVAN experimentell für Digitalis erzielte. Aus der Übereinstimmung geht hervor, daß TREVANS Dosis-Sterblichkeitskurve als integrierte

Häufigkeitskurve anzusehen ist. TREVAN und BEHRENS haben beide *Rana temporaria* benutzt. Aber während TREVAN Digitalis in den

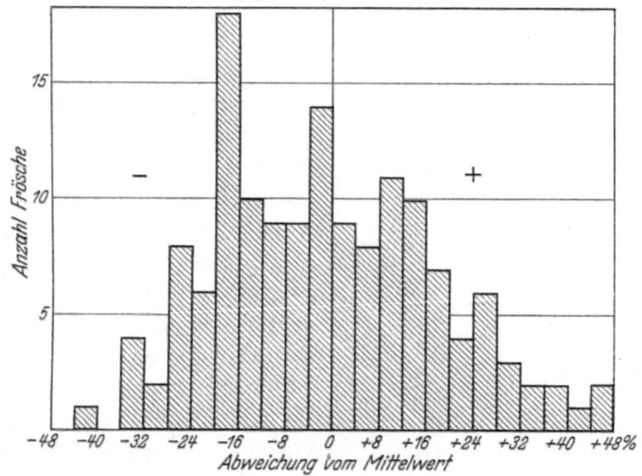

Abb. 3. Graphische Darstellung der individuellen Schwankungen in der Giftempfindlichkeit des Frosches bei intravenöser Infusion von Strophanthin. Die Abweichungen erstrecken sich von 44% unter bis zu 48% über den Mittelwert. (BEHRENS.) Vgl. Abb. 1.

Lymphsack injizierte, infundierte BEHRENS k-Strophanthin intravenös. Offenbar ist also die Häufigkeitsverteilung der Empfindlichkeit von Rana temporaria gegenüber Digitalis dieselbe wie gegenüber Strophanthin, und TREVAN bezeichnete mit Recht die Neigung der integrierten Häufigkeitskurve als für die Tierart charakteristisch. Die Übereinstimmung der Ergebnisse ist ein schönes Beispiel für die Regelmäßigkeit, die dem Phänomen der Tiervariation zugrunde liegt, und ein Zeugnis für die große Genauigkeit der Versuche beider Autoren.

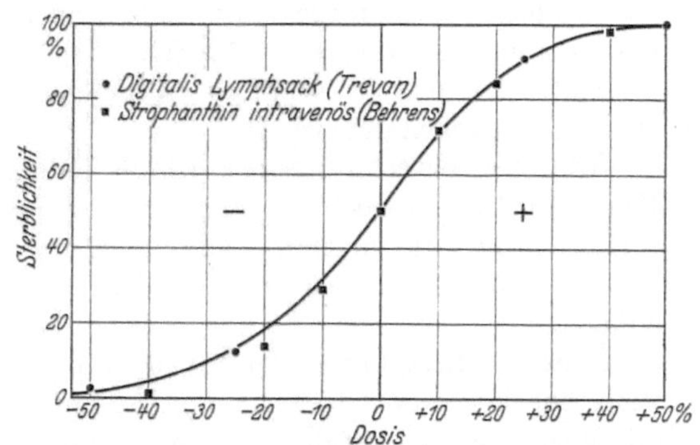

Abb. 4. Verhältnis von Dosis zu Sterblichkeitsprozentsatz für Frösche. (●) Digitalis Lymphsack (TREVAN), (■) Strophanthin intravenös (BEHRENS).

BEHRENS' Berechnung des LD 50. BEHRENS hat eine sinnreiche Methode zur Bestimmung der mittleren tödlichen Dosis angegeben, wenn die Anzahl der Tiere für eine Dosis nur klein ist. In einem Beispiel aus seiner Arbeit betrachtete er eine Serie von 7 Dosen, die je 6 Fröschen gegeben wurden. Die Dosen waren proportional den Zahlen 75, 83, 91, 100, 110, 121 und 133. Alle Frösche überlebten die niedrigste Dosis, und an den anderen starben in ansteigender Ordnung 1, 3, 4, 2, 4 und 6 Frösche. BEHRENS nahm dann die Resultate der 5 Dosen, die einige, aber nicht alle Frösche töteten. Zu der Zahl der Frösche, die eine dieser Dosen bekam, addierte er die Frösche, die höhere Dosen überlebten. Er begründete dies damit, daß z. B. ein Frosch, der die Dosis 100 überlebte, auch die Dosis 83 überlebt haben würde. Außerdem addierte er zu der Anzahl der injizierten Frösche und auch zu der Anzahl der von jeder Dosis getöteten Frösche die Frösche, die von niedrigeren Dosen getötet wurden. Die Ergebnisse sind in Tabelle 4 wiedergegeben.

Tabelle 4.

Dosis	Beobachtete Sterblichkeit	Abgeleitete Sterblichkeit
133	6/6	—
121	4/6	14/16
110	2/6	10/16
100	4/6	8/16
91	3/6	4/15
83	1/6	1/17
75	0/6	—

6 Frösche erhielten die Dosis 100, davon starben 4. Zu den 6 injizierten Fröschen sind die 6 Frösche, die höhere Dosen überlebten, addiert. Zu diesen 12 sind die 4 Frösche, die mit niedrigeren Dosen getötet wurden, addiert, das ergibt 16. Zu den 4 Fröschen, die von der Dosis 100 getötet wurden, sind die 4 Frösche, die von niedrigeren Dosen getötet wurden, addiert, das ergibt 8. Also ist für die Dosis 100 die abgeleitete Sterblichkeit 8 von 16. Die mittlere tödliche Dosis oder LD 50 ist die zu dieser abgeleiteten Sterblichkeit gehörige Zahl, nämlich 100. Für die Tabelle 4 wurden 42 Frösche benutzt, und wenn man für den Standard ebensoviele benutzt, würde man auf 84 kommen, während man für TREVANS Methode nur 50 Frösche braucht. BEHRENS' Verfahren vermeidet aber die Bestimmung der charakteristischen Kurve.

KÄRBERS Berechnung der LD 50. Wenn keine charakteristische Kurve vorliegt, berechnet man praktisch die LD 50 am besten nach KÄRBER. Da die Methode eine mathematische Formel enthält, ist sie im Kapitel III, S. 29 beschrieben. Die Formel ist aber sehr einfach.

GADDUMS Berechnung der LD 50. Für den Fall, daß man annähernd weiß, wie hoch die LD 50 ist, hat GADDUM eine einfache Methode beschrieben. Eine ausführliche Erklärung steht in Kapitel III. Man nimmt 2 Dosen der Substanz, von denen die eine voraussichtlich bei weniger, die andere bei mehr als 50% wirkt. Beide Dosen gibt man ziemlich großen Tiergruppen und stellt den Wirkungsprozentsatz fest. Die Logarithmen der Dosen werden als Abszissen in ein Koordinatensystem eingetragen. Aus Abb. 11 liest man die normale äquivalente Abweichung zu den gefundenen Wirkungsprozentsätzen ab. Diese trägt man als Ordinaten ein. (Man beachte, daß die normale äquivalente Abweichung für Werte unter 50% negativ ist.) Die so gefundenen

Punkte verbindet man mit einer geraden Linie und liest den Punkt ab, wo dieselbe die Abszisse schneidet (wo nämlich die normale äquivalente Abweichung = 0 ist). Dieser Logarithmus ist derjenige der LD 50.

Die Konstruktion einer Dosis-Sterblichkeitskurve. Es wäre ideal, alle notwendigen Beobachtungen an einem Tage zu machen. Da man aber dazu mehrere hundert Tiere braucht, ist es gewöhnlich praktisch undurchführbar, und man muß die Ergebnisse mehrerer Tage vereinigen. Man macht zunächst einige vorläufige Versuche, um annähernd festzustellen, welche Dosis alle Frösche und welche keine tötet. 4 Dosen, die zwischen diesen beiden Extremen liegen, werden dann für die endgültige Bestimmung ausgesucht. An jedem Versuchstage muß die Wirkung von allen 4 Dosen geprüft werden. Es ist falsch, an einem Tage alle zur Verfügung stehenden Tiere ausschließlich für eine Dosis zu benutzen. Am folgenden Beispiel soll gezeigt werden, wie man die Ergebnisse der verschiedenen Tage vereinigt: Zur Bestimmung einer charakteristischen Kurve wurde die frisch bereitete Tinktur einer Digitalisprobe Fröschen injiziert. Die Befunde von 4 Tagen sind in Tabelle 5 wiedergegeben.

Tabelle 5. Der Nenner ist die Anzahl der injizierten Frösche, der Zähler die Anzahl der Frösche, die getötet wurden.

Dosis mg Blatt pro Gramm Frosch	1. Tag	2. Tag	3. Tag	4. Tag
0,25	6/30	0/30	1/30	5/30
0,3	10/30	4/30	5/30	5/30
0,4	23/30	14/30	15/30	21/30
0,5	30/30	24/30	25/30	29/30

Wie man die Befunde vereinigt, läßt sich an den Zahlen des ersten und zweiten Tages erläutern. Die Zahlen des ersten Tages werden in Prozenten ausgedrückt und als Ordinaten im Verhältnis zur Dosis als Abszisse graphisch dargestellt. Die Dosis, die 50% Sterblichkeit bewirkt, kann man dann durch Interpolation finden. Sie ist 0,34 mg Blatt pro Gramm Frosch. Ebenso erhält man die LD 50 für den zweiten Tag, nämlich 0,41 mg Blatt pro Gramm Frosch. Die Dosen von jedem Tage werden dann zu der Dosis, die an jenem Tage 50% Sterblichkeit bewirkte, in Beziehung gesetzt. Demnach ist die Dosis 0,25 mg Blatt pro Gramm Frosch 0,73 der LD 50 des ersten Tages und 0,5 mg Blatt pro Gramm Frosch ist 1,22 der LD 50 des zweiten Tages. Tabelle 6 zeigt die so errechneten Werte für die beiden ersten Tage.

Tabelle 6.

1. Tag		2. Tag	
Dosis	Sterblichkeitsprozentsatz	Dosis	Sterblichkeitsprozentsatz
0,73	20	0,61	0
0,88	33	0,73	13
1,17	76	0,97	47
1,47	100	1,22	80

Die Dosen von Tabelle 6 werden dann als Abszisse und der entsprechende Sterblichkeitsprozentsatz als Ordinate graphisch dargestellt. Auf diese Weise werden die Befunde zweier Tage in einer Kurve vereinigt. Ebenso werden die Befunde des dritten und vierten Tages mit den beiden ersten kombiniert.

Quantitative Methoden.

Bei den Arbeiten von TREVAN und BEHRENS handelte es sich um Beobachtungen, bei denen die Wirkung auf die Tiere nicht gemessen werden kann. Dies gilt nicht nur für Digitalis, sondern auch für ein Serum, wie Diphtherie-Antitoxin, oder ein Hormon, wie das brunstauslösende Hormon, oder ein Vitamin, wie das antineuritische Vitamin. Wir können uns nun zu den meßbaren Wirkungen wenden und eine der Methoden betrachten, die zuerst beschrieben wurden, nämlich die Auswertung von Vitamin A nach COWARD, KEY, DYER und MORGAN (1930).

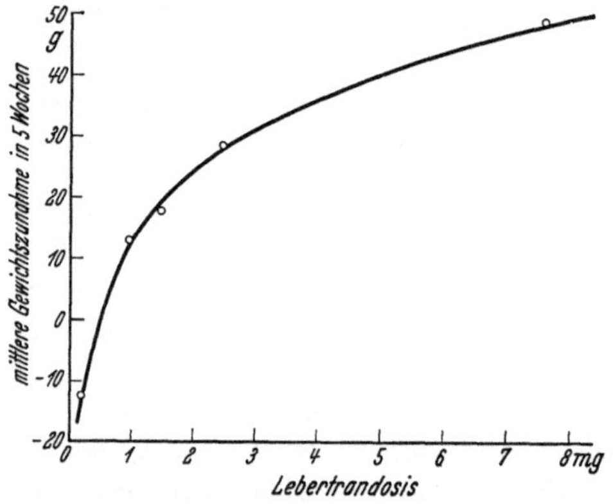

Abb. 5. Beziehung von Lebertrandosis zu mittlerer Gewichtszunahme von Ratten in 5 Wochen. Auf der Ordinate ist das Körpergewicht in Gramm, auf der Abszisse die Lebertrandosis eingetragen. (COWARD und Mitarb.)

Junge Ratten erhalten eine Vitamin A-freie Kost, bis sie aufhören zu wachsen und anfangen abzunehmen; jede Ratte bekommt täglich eine Dosis des zu untersuchenden Präparates, und die Gewichtsänderung wird nach einem bestimmten Zeitabschnitt, der 3, 5 oder 7 Wochen betragen kann, festgestellt. Daß die Gewichtsänderung dieser Ratten sehr unregelmäßig ist, ist längst bekannt. COWARD und Mitarbeiter haben z. B. festgestellt, daß eine Ratte, die 2,5 mg eines bestimmten Lebertrans erhielt, in 10 Wochen 38 g zunahm, während eine andere Ratte, die 15 mg erhielt, in derselben Zeit 1 g abnahm. Dieselben Autoren zeigten aber, daß, wenn man jede Dosis einer Rattengruppe gibt und dann die durchschnittliche Gewichtsänderung bestimmt, man sehr wohl eine Abhängigkeit zwischen Dosis und Gewichtsänderung feststellen kann. Die Befunde liegen auf einer Kurve, die in Abb. 5 zu sehen ist.

Bei dieser Methode ist die quantitative Reaktion die Gewichtszunahme einer Ratte; ebensogut kann aber die Reaktion in der Gewichtszunahme eines Organs bestehen, wie z. B. des Uterus, der Prostata, der Schilddrüse oder der Kropfdrüse von Tauben, die alle für verschiedene Wertbestimmungen benutzt worden sind. Die quantitative Reaktion kann auch ein Zeitabschnitt sein, wie z. B. bei der Auswertung von Nebennierenrindenextrakt an Enterichen (BÜLBRING 1937), oder sie kann der Heilungsgrad einer rachitischen Epiphyse sein (DYER 1931), oder der Entwicklungsgrad des Endometriums am Kaninchenuterus (McPHAIL 1934).

Die Konstruktion einer Dosis-Wirkungskurve. Für die Konstruktion einer Kurve, die das Verhältnis von Dosis zu Wirkung darstellt, muß man zunächst einige vorläufige Versuche machen, um sich zu orientieren, welche Dosen am geeignetsten sind. Dies mögen z. B. die Dosen A, B, C und D sein. Dann nehme man 4 Tiere vom selben Wurf und gebe Dosis A dem einen, Dosis B dem zweiten, Dosis C dem dritten und Dosis D dem vierten Tier. Auf 4 Tiere eines anderen Wurfes werden die Dosen ebenso verteilt. Weitere Tiergruppen werden hinzugefügt und schließlich die Wirkung jeder Dosis an 10 bis 15 Tieren bestimmt.

Es ist selten nötig, sehr große Tiergruppen zu nehmen, um einen Mittelwert zu bestimmen, der sich nicht mehr ändert, wenn die Tierzahl vergrößert wird. Dies kann an Befunden, die von HUME, PICKERSGILL und GAFFIKIN (1932) erhoben wurden, erläutert werden. Sie bestimmten den Ascheprozentsatz in den Knochen rachitischer Ratten, die alle dieselbe Dosis bestrahlten Ergosterins erhalten hatten. Es wurden Gruppen von 10 Ratten untersucht. Obwohl der Ascheprozentsatz individuell stark schwankte, nämlich von 36,7 bis 52,4, stimmten doch die Durchschnittswerte für jede Gruppe so gut überein wie 43,05, 43,15 und 42,32. Diese Befunde sind in Tabelle 7 wiedergegeben.

Tabelle 7. Ascheprozentsatz in Knochen von Ratten bei Rachitis bewirkender Kost, die prophylaktisch 30—35 Tage lang täglich 0,01 γ (= 0,1 Einheit) bestrahltes Egosterin erhielten.

(HUME, PICKERSGILL und GAFFIKIN, 1932.)

Wurf	Geschlecht	Ascheprozentsatz in getrockneten fettextrahierten Knochen		
		Gruppe I	Gruppe II	Gruppe III
1	♂	40,0	43,1	42,2
	♀	40,2	43,8	42,7
2	♂	51,6	41,7	39,8
	♂	42,4	36,8	42,1
	♀	38,1	41,8	36,7
3	♂	44,5	52,4	47,6
	♂	—	—	41,7
	♀	45,1	45,8	—
	♀	49,6	50,6	51,1
4	♂	41,3	36,7	41,3
	♀	37,7	38,8	38,0
Durchschnittlich		43,05	43,15	42,32

Ein weiteres Beispiel bieten die Untersuchungen von BÜLBRING über die Lebensdauer nebennierenloser Enteriche. In 3 Versuchen schwankte die Lebensdauer zwischen 5,25 und 10,75 Stunden, aber die mittlere

Lebensdauer in diesen 3 Versuchen war 8,2, 7,5 und 8,3 Stunden. Die Befunde sind in Tabelle 8 verzeichnet.

Tabelle 8. Lebensdauer nebennierenloser Enteriche in Stunden. (BÜLBRING 1937.)

	November 1935	Januar 1936	März 1936
	7,5	5,25	8,2
	9,25	7,5	10,0
	10,75	8,75	6,3
	10,5	7,5	10,4
	6,5	7,0	8,1
	7,4	9,5	7,6
	5,7	7,0	5,6
	—	—	10,4
Mittelwert	8,2	7,5	8,3

Auswertung in Fällen, wo keine Kurve zur Verfügung steht. Diese Methode beruht auf der Erfahrung, daß die Beziehung des Logarithmus der Dosis zum Durchschnittseffekt an einer Tiergruppe meistens linear ist. Man nimmt also 3 Gruppen von 5—10 Tieren, möglichst so verteilt, daß sich für jedes Tier in einer Gruppe ein Tier desselben Wurfes in den anderen Gruppen befindet. 2 Gruppen erhalten den Standard, und zwar eine davon die doppelte Dosis der anderen, und die 3. Gruppe erhält eine Dosis des unbekannten Präparates, die nach Möglichkeit so gewählt wird, daß sie eine zwischen den Standarddosen liegende Wirkung hat. Die an den 3 Gruppen ermittelten Durchschnittswerte werden graphisch dargestellt. Die mit dem Standard erzielten Werte trägt man als Ordinaten, die Logarithmen der beiden Dosen als Abszissen ein. Durch die beiden so gewonnenen Punkte wird eine gerade Linie gezogen, wie in Abb. 6, und darauf der durch das unbekannte Präparat bewirkte Wert aufgesucht. Die diesem Punkt entsprechende Abszisse ist der Logarithmus der Standarddosis, die der Dosis des unbekannten Präparates entspricht.

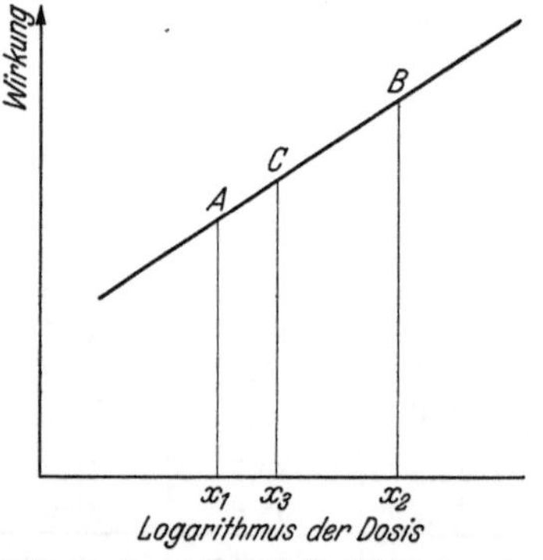

Abb. 6. A und B sind die Wirkungen der Standarddosen; die dazu gehörigen Logarithmen sind x_1 und x_2. C ist die Wirkung des unbekannten Präparates, die der Standarddosis, deren Logarithmus x_3 ist, entspricht.

Abweichende Resultate. Gewöhnlich wird bei diesen Bestimmungen der Fehler gemacht, daß man absichtlich stark abweichende Resultate ausläßt. Wenn z. B. die kleinste tödliche Dosis für eine Digitalisprobe an 5 Katzen bestimmt wird, kommt es oft vor, daß vier Werte nahe beieinanderliegen, aber der fünfte ganz anders ist. Man ist dann versucht, dieses abweichende Resultat zu vernachlässigen und nur das Mittel der vier Werte, die nahe übereinstimmen, zu berechnen. Überlegt man sich aber, was die wahre tödliche Dosis einer Digitalisprobe ist, so ist dies das Mittel aus einer sehr großen Anzahl von Bestimmungen, einer so großen Anzahl, daß das Einschließen abweichender Werte den Durchschnittswert gar nicht mehr ändert. Wenn die Bestimmungen an einem Tier nach dem anderen ausgeführt werden, so kommt der Durchschnittswert aller Resultate dem wirklichen Wert um so näher, je mehr Tiere verwendet werden. Infolgedessen ist es falsch, *anzunehmen*, daß der Durchschnitt einer kleinen Anzahl von Resultaten der Wahrheit näher käme als der Durchschnitt einer großen Anzahl. Das Mittel aus fünf Ergebnissen, von denen eins anders ist als die anderen vier, kommt wahrscheinlich dem wirklichen Wert näher als das Mittel aus nur vier einander ähnlichen Ergebnissen. Daß diese Ansicht richtig ist, werden die meisten zugeben und trotzdem oft in der Praxis nicht berücksichtigen; dadurch werden die Resultate weniger genau. Wenn man vier Resultate fünfen vorzieht, so rät man einfach.

Das Mischen des Untersuchungsmaterials. Wenn man die Wirkung eines Agens auf eine Tiergruppe wissen will, kann man oft dadurch Arbeit sparen, daß man das Untersuchungsmaterial aller Tiere einer Gruppe vereinigt. Bei der Bestimmung der Insulinwirkung auf den Blutzucker einer Gruppe von Kaninchen kann man z. B. die Blutproben, die man von jedem einzelnen Tier zu den entsprechenden Zeitpunkten entnimmt, mischen und die Zuckerbestimmung an dieser Mischung machen. Ebenso kann man zur Bestimmung eines Urinbestandteils, z. B. des Calciums nach Injektion von Parathyreoidhormon, den Urin verschiedener Tiere zusammenschütten und die Bestimmung an dieser Mischung ausführen.

Das Kreuzverfahren. Wenn die Zahl der Tiere in einer Gruppe nicht sehr groß ist, kann der Durchschnittseffekt derselben Dosis eines Wirkstoffes in zwei verschiedenen Gruppen nicht genau derselbe sein, und es muß infolgedessen ein Fehler entstehen, wenn man die Wirkung eines Präparates an einer Gruppe mit der Wirkung des Standards an einer anderen Gruppe vergleicht. Ist nun der Versuch so geartet, daß er an denselben Tieren wiederholt werden kann, so kann man den Versuchsfehler wesentlich verringern, wenn man einen sog. Kreuztest ausführt. Wenn man nämlich zuerst den Standard an der einen Gruppe, das Präparat an der anderen geprüft hat, so wechselt man beim zweiten Mal die Gruppen um, so daß der Standard diesmal der zweiten und das Präparat der ersten Gruppe gegeben wird. Dann sind Standard und Präparat beide an jedem Tier der 2 Gruppen geprüft und der Durchschnittseffekt jeder Substanz ist soweit wie möglich unabhängig von der Tiervariation. Marks (1926) hat diese Methode zuerst für die Insulinauswertung am Kaninchen empfohlen; Laqueur (1935) hat sie für die Auswertung brunstauslösender Substanzen an Ratten und Mäusen vorgeschlagen, und Burn (1931) hat sie bei der Auswertung der antidiuretischen Wirkung von Hypophysenhinterlappenextrakt an Ratten benutzt.

Die Steilheit der Kurve. Einerlei, ob die biologische Methode eine quantitative oder eine qualitative ist: der Wert der Methode hängt davon ab, um wieviel die Wirkung im Verhältnis zur ansteigenden Dosis zunimmt. Dies wird für qualitative Methoden veranschaulicht, wenn man die charakteristische Kurve für Digitalis an Fröschen, die in Abb. 4 dargestellt ist, mit der charakteristischen Kurve für das brunstauslösende Hormon an Ratten oder Mäusen in Abb. 32 vergleicht. Während das Verhältnis der LD 100 zu LD 0 für die Digitalischarakteristik 4,8 ist, ist es für die Oestrincharakteristik ungefähr 10. Daraus ergibt sich, daß die Wirkung von Digitalis mit ansteigender Dosis viel stärker zunimmt als für Oestrin, und daß eine bestimmte Anzahl Tiere daher für Digitalis eine genauere Antwort geben wird als für Oestrin, vorausgesetzt, daß der Wirkungsprozentsatz ungefähr der gleiche ist. Wenn die Methode quantitativ ist, so gilt dieselbe Regel, daß die Methode um so genauer ist, je rascher die Wirkung mit ansteigender Dosis zunimmt.

Diese Beobachtung lehrt, daß man beim Ausarbeiten einer neuen biologischen Methode nicht eher befriedigt sein soll, als bis die Kurve, die das Verhältnis der Wirkung zur Dosis darstellt, steil ansteigt.

Einfachheit der Methoden. Gute Methoden sind genau, schnell und einfach. Methoden sind schlecht, wenn sie ungenau sind, lange dauern und einer besonderen Geschicklichkeit bedürfen. Daß Genauigkeit notwendig ist, darüber ist man sich einig. Daß es wichtig ist, schnell zu einem Resultat zu kommen, darüber sind sich die Forscher in Universitätslaboratorien nicht immer klar, wohl aber die wissenschaftlichen Fachleute in der Industrie. Wenige wissen, daß Methoden um so besser sind, je einfacher die Ausführungstechnik ist. Man kann z. B. die Wirksamkeit des thyreotropen Hormons im Hypophysenvorderlappen an dem Einfluß auf die Schilddrüse des Meerschweinchens einerseits histologisch bestimmen, andererseits durch die Beeinflussung des Schilddrüsengewichts. Es ist einfacher, schneller und genauer, die Wirkung durch Wägen als durch histologische Untersuchung festzustellen, deshalb ist die Wägemethode besser. Bei allen biologischen Untersuchungen muß man an den Fehler, der durch die Tiervariation entsteht, denken, und deshalb ist es nicht ratsam, den Fehler noch zu vergrößern, indem man eine unnötig komplizierte Technik anwendet, durch die unbemerkt wieder Irrtümer entstehen können.

Manchmal werden Bedenken geäußert gegen eine Methode, bei der ein Organ gewogen wird, da ja die Gewichtszunahme kein spezifischer Effekt sei, während eine andere Methode, z. B. die histologische, spezifische Veränderungen zeige. Die Antwort auf diesen Einwand ist, daß man die quantitative Auswertung einer physiologisch aktiven Substanz so viel wie möglich von der qualitativen Identifizierung trennen soll. Wenn die Identifizierung nötig ist, muß diese zu allererst durchgeführt werden, aber in den meisten Fällen ist dies überflüssig, da die Herkunft des Materials bekannt ist.

Literatur.

BEHRENS, Arch. f. exper. Path. **140**, 237 (1929). — BÜLBRING, J. of Physiol. **89**, 64 (1937). — BURN, Quart. J. Pharm. Pharmacol. **4**, 517 (1931).

COWARD, KEY, DYER and MORGAN, Biochemic. J. **24**, 1952 (1930).

DYER, Quart. J. Pharm. Pharmacol. **4**, 503 (1931).

GADDUM, Med. Res. Counc., Spec. Rep. Ser. No. **183** (1933).

HUME, PICKERSGILL and GAFFIKIN, Biochemic. J. **26**, 488 (1932).

KÄRBER, Arch. f. exper. Path. **162**, 480 (1931).

LAQUEUR, Klin. Wschr. **14**, 339 (1935). — DE LIND VAN WIJNGAARDEN, Arch. f. exper. Path. **113**, 40 (1926).

MARKS, Publ. League of Nat. Health Org. C. H. **398** (1926). — MCPHAIL, J. of Physiol. **83**, 145 (1934).

TREVAN, Proc. roy. Soc. B. **101**, 483 (1927).

Kapitel III.

Die mathematische Behandlung der Versuchsergebnisse.

A. Die normale Kurve.

Da die mathematische Statistik vielfach schwer verständlich ist, soll man sich genau darüber klar bleiben, daß sie zwar häufig eine Hilfe, aber niemals unbedingte Notwendigkeit ist. Mathematische Methoden bieten das beste Genauigkeitsmaß für die Beurteilung der Beobachtungsergebnisse, man kann aber oft mit einfacheren graphischen Methoden zu fast denselben Schlußfolgerungen kommen.

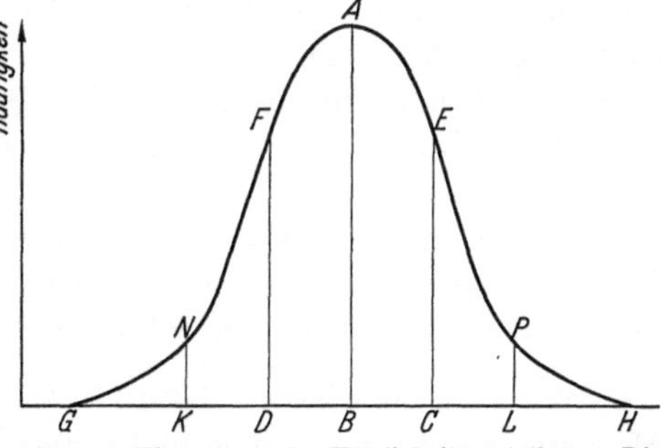

Abb. 7. Eine normale Häufigkeitsverteilung. Die mittlere Abweichung = $DB = BC$. Die doppelte mittlere Abweichung = $KB = BL$.

Die Anwendung statistischer Methoden beruht hauptsächlich auf der Voraussetzung, daß die Empfindlichkeit von Tieren gegenüber einer wirksamen Substanz innerhalb der sog. „normalen Häufigkeitsverteilung" schwankt. Ein Beispiel hierfür findet sich schon in Kapitel II in den von DE LIND VAN WIJNGAARDEN für die Empfindlichkeit von Katzen gegenüber Digitalis erhobenen Befunden. Die tödliche Dosis für verschiedene Katzen schwankt von 44% unter bis 56% über dem Mittelwert. Der Prozentsatz der Katzen, bei denen die tödliche Dosis innerhalb eines gewissen Spielraumes lag, ist in Abb. 1 graphisch dargestellt. Im allgemeinen entspricht die Häufigkeitsverteilung einer sog. normalen Kurve (GAUSSsche Fehlerkurve), wie der in Abb. 7, deren Formel theoretisch berechnet werden kann. Normale Kurven haben die folgenden Eigenschaften:

1. Der Mittelwert aller tödlichen Dosen ist die Mitte des tödlichen Dosenbereiches und kommt am häufigsten vor.

2. Um diesen Mittelwert sind die Häufigkeiten der Abweichungen beiderseits symmetrisch gruppiert.

3. Die Senkrechten in den Punkten auf der Abszisse, die dem „Mittelwert plus mittlere Abweichung" bzw. dem „Mittelwert minus mittlere Abweichung" entsprechen, schließen zwei Drittel der von der ganzen Kurve begrenzten Fläche ein. Diese letzte Feststellung kann nur nach Besprechung der mittleren Abweichung verstanden werden.

B. Die mittlere Abweichung.

Die Zahlenreihe 13, 14, 14, 17, 18, 25 hat den Mittelwert oder das arithmetische Mittel 16,8. Dieselbe Zahl 16,8 kann der Mittelwert anderer Zahlenreihen sein, z. B. ist sie der Mittelwert für die Reihe 2, 7, 14, 17, 25, 36. Die beiden Reihen unterscheiden sich voneinander durch die Ausbreitung der Einzelwerte; den Umfang dieser Streuung kann man auf verschiedene Weise messen. Es ist naheliegend, die Streuung so zu berechnen, daß man die Differenz jedes Einzelwertes vom Mittelwert bildet, alle Differenzen addiert und die Summe durch die Anzahl der Fälle teilt. Für die erste Zahlenreihe betragen also die Differenzen der Einzelwerte vom Mittelwert 3,8, 2,8, 2,8, 0,2, 1,2, 8,2. Die Summe dieser Differenzen ist 19,0, geteilt durch die Anzahl der Fälle ergibt 3,16. Der Ausdruck für die erste Zahlenreihe wäre also 16,8 $\pm$ 3,16 und für die zweite 16,8 $\pm$ 9,16, woraus hervorgeht, daß die zweite Reihe aus viel weiter verstreuten Zahlen besteht als die erste.

Wenn d die Differenz oder die Abweichungen irgendeiner Zahl vom Mittelwert (einerlei ob + oder —) ist, Σd die Summe dieser Abweichungen und n die Anzahl der Fälle in der Reihe, dann wäre die durchschnittliche Abweichung nach der eben beschriebenen Berechnung $\frac{\Sigma d}{n}$. Meistens nimmt man aber nicht diesen Ausdruck, sondern berechnet die Streuung für eine relativ geringe Anzahl Tiere nach der Formel $\sqrt{\frac{\Sigma d^2}{n-1}}$. Man bildet also die Quadrate der Abweichungen vom Mittelwert, teilt die Summe der Quadrate durch $n - 1$ und nennt die Wurzel aus dem Quotienten die „mittlere Abweichung". Für die oben angegebenen Zahlenreihen sind die so berechneten mittleren Abweichungen 4,44 bzw. 12,32, die zwar größer als 3,16 und 9,16, aber den vorher gefundenen durchschnittlichen Abweichungen nicht unähnlich sind. Im folgenden wird die mittlere Abweichung (σ) nur nach der Formel $\sqrt{\frac{\Sigma d^2}{n-1}}$ berechnet werden, die die „mittlere Abweichung der Einzelbeobachtung" ergibt. Wir können nun zur dritten Eigenschaft der normalen Häufigkeitsverteilung zurückkommen. In Abb. 7 ist die mittlere Abweichung auf der Abszisse durch die Strecke DB oder BC dargestellt. Bei einer normalen Häufigkeitsverteilung beträgt die Fläche $DCEAF$ zwei Drittel der Gesamtfläche $GBHPEAFN$. Die doppelte mittlere Abweichung ist die Strecke KB oder BL. Bei der normalen Kurve ist die von den Senkrechten in K und L eingeschlossene Fläche ungefähr 21 mal so groß wie der außerhalb liegende Rest oder beträgt 95% der Gesamtfläche.

Der Gebrauch der mittleren Abweichung. Angenommen an 5 Katzen wurden die tödlichen Dosen einer 20 mal verdünnten Digitalistinktur 13,9, 16,3, 16,5, 16,7 und 23,8 (ccm/kg) gefunden, dann ist der Mittelwert 17,44. Die mittlere Abweichung einer Einzelbestimmung, nach der Formel $\sigma = \sqrt{\frac{\Sigma d^2}{n-1}}$ berechnet, ist 3,73. Dies ist ein Maß für die Streuungsbreite der Beobachtungen, aus denen der Mittelwert errechnet wurde. Nun braucht man noch ein Maß für die Genauigkeit des Mittelwertes; diese nimmt proportional zur Quadratwurzel der Zahl der verwendeten Tiere zu. Wenn σ die mittlere Abweichung einer Einzelbeobachtung ist, dann ist $\varepsilon = \sqrt{\frac{\Sigma d^2}{n(n-1)}} = \frac{\sigma}{\sqrt{n}}$ die mittlere Abweichung des Mittelwertes oder der „mittlere Fehler". Dieser ist 1,67. Das Auswertungsergebnis an den 5 Katzen ist danach 17,44 $\pm$ 1,67. Dies bedeutet, daß bei wiederholten Bestimmungen der durchschnittlichen tödlichen Dosis an 5 Katzen die Differenz zwischen dem gefundenen und dem wahren Ergebnis bei 2 von 3 Versuchen weniger als 1,67 und bei einer von 3 Prüfungen mehr als 1,67 betragen wird. Die Folgerung geht aus Abb. 7 hervor, in der die Fläche $DCEAF$ zwei Drittel der von der Kurve begrenzten Gesamtfläche ausmacht.

Das Auswertungsergebnis kann auch als 17,44 $\pm 2 \cdot$ 1,67, d. h. 17,44 $\pm$ 3,34 angegeben werden. Die Senkrechten KN und LP in Abb. 7 begrenzen dann 95,5% der Gesamtfläche der Kurve. Wenn man also die Bestimmungen je an 5 Katzen wiederholt, dann wird bei 21 von 22 Versuchen die Differenz des gefundenen vom wahren Wert nicht mehr als 3,34 betragen ($\frac{21}{22} = 0{,}955$).

Man kann jedes andere Vielfache der mittleren Abweichung nehmen. So schließen z. B. die Senkrechten, die über der 2,576 fachen mittleren Abweichung errichtet werden, 99% der gesamten von der Kurve begrenzten Fläche ein, und die Wahrscheinlichkeit, daß der Unterschied zwischen dem gefundenen und dem wahren Mittelwert mehr als 2,576 σ

beträgt, ist nicht mehr als 1 zu 100. Tabelle 9 zeigt die Beziehung zwischen dem Vielfachen der mittleren Abweichung und dem Anteil der Versuche, bei denen der Unterschied zwischen gefundenem und wahrem Mittelwert dieses Vielfache überschreiten wird.

Tabelle 9.

Vielfaches von σ	Anteil der Versuche, bei denen ein größerer Unterschied zwischen gefundenem und wahrem Mittelwert beobachtet wird
0,66	1 von 2
0,97	1 von 3
1,25	1 von 5
1,60	1 von 10
1,96	1 von 20
2,00	1 von 22
2,05	1 von 25
2,33	1 von 50
2,576	1 von 100

Der Fehler der Auswahl. Vergleicht man zwei wirksame Substanzen an verschiedenen Tiergruppen, so kann leicht dadurch ein Fehler entstehen, daß die Tiergruppen verschieden empfindlich sind. Diesen Fehler nennt man den „Fehler der Auswahl". Das daraus entstehende Problem soll durch ein Beispiel erläutert werden.

Zwei Strophanthustinkturen wurden mit der Katzenmethode ausgewertet, jede Tinktur an 7 Tieren. Die mittlere tödliche Dosis in Kubikzentimeter der unverdünnten Tinktur pro Kilogramm Katze war für Tinktur A 0,0168, für Tinktur B 0,0199. War nun Tinktur A wirklich stärker als Tinktur B, oder beruhte der Unterschied auf dem Fehler der Auswahl, d. h. darauf, daß für die Tinktur B etwas weniger empfindliche Katzen verwendet wurden als für A? Auf die Frage gibt es keine direkte Antwort, sondern man muß feststellen, wie groß die Wahrscheinlichkeit ist, daß der Unterschied auf dem Fehler der Auswahl beruht. Der mittlere Fehler des Mittelwertes für die Tinktur A war 0,00134, für B 0,00126.

Die signifikante Differenz. Zur Feststellung, ob die Differenz zweier Resultate signifikant ist oder auf dem Fehler der Auswahl beruht, wird die Formel $\frac{m_1 - m_2}{\sqrt{\varepsilon_1^2 + \varepsilon_2^2}}$ benutzt, wobei m_1 und m_2 die Mittelwerte der beiden Resultate, ε_1 und ε_2 die entsprechenden mittleren Fehler sind. Die Differenz der beiden Mittelwerte für Tinktur A und B ist 0,0031, so daß der Ausdruck $\frac{0{,}0031}{\sqrt{0{,}00134^2 + 0{,}00126^2}} = 1{,}68$ wird. Aus der Tabelle in Anhang II kann man ersehen, wie groß die Wahrscheinlichkeit ist, daß eine Differenz von der beobachteten Größe durch die zufällige Auswahl verschieden empfindlicher Tiere bedingt ist. In der linken Spalte ist n die Summe der Werte für (Tierzahl — 1) beider Gruppen; im vorliegenden Versuch waren 7 Tiere in jeder Gruppe und n daher $2 \cdot (7 - 1) = 12$. Wenn man in derselben Zeile weiter nach rechts 1,68 sucht, so findet man, daß dieser Wert zwischen den Spalten 0,2 und 0,1 liegt, aber näher bei 0,1. Die Überschrift 0,2 bedeutet, daß die Wahrscheinlichkeit, daß die Differenz der Resultate durch den Fehler der Auswahl bedingt wird, wie 1 zu 5 ist. Die Überschrift 0,1 bedeutet die Wahrscheinlichkeit 1 zu 10. Daraus geht hervor, daß der für die Tinktur A und B gefundene Unterschied nur bei einer von 10 Beobachtungen durch Zufall entstehen würde. Jeder Untersucher muß selbst entscheiden, welche Differenz er für signifikant hält, allgemein wird aber verlangt, daß der mit der obigen Formel berechnete Zahlenwert 2 oder mehr betragen soll. Infolgedessen ist der Unterschied zwischen den Tinkturen A und B nicht signifikant. Beträgt der Zahlenwert der Formel 2, so ergibt sich aus der Tabelle in Anhang II, daß der beobachtete Unterschied nicht mehr als einmal in 20 Versuchen durch Zufall bedingt sein wird, und ergibt die Formel 3, so kommt der Zufall nur einmal in 100 Versuchen vor.

Auswertung mit Hilfe von Logarithmen. Die eben beschriebene Methode zur Feststellung einer signifikanten Differenz genügt, wenn der mittlere Fehler relativ klein im Verhältnis zu den Mittelwerten selbst ist. Wenn er aber mehr als 10 oder 15% beträgt, benutzt man besser Logarithmen, das heißt, anstatt die mittlere tödliche Dosis für jede Tinktur zu berechnen, nimmt man besser die Logarithmen der einzelnen tödlichen Dosen und berechnet den mittleren Logarithmus. Die Anwendung dieser Berechnung für die Tinktur A ist in Tabelle 10 als Beispiel wiedergegeben.

Tabelle 10.

Tödliche Dosis der Tinktur A ccm pro kg	Logarithmus	Abweichung vom Mittelwert	Quadrat der Abweichung
0,0154	$\bar{2}$,1875[1]	0,0292	0,0008
0,0158	$\bar{2}$,1987	0,0180	0,0003
0,0171	$\bar{2}$,2330	0,0163	0,0003
0,0144	$\bar{2}$,1584	0,0583	0,0034
0,0124	$\bar{2}$,0934	0,1233	0,0151
0,0189	$\bar{2}$,2765	0,0598	0,0036
0,0234	$\bar{2}$,3692	0,1525	0,0232

Der Mittelwert der Zahlen in der zweiten Spalte ist $\bar{2}$,2167. Die Abweichung jeder Zahl der zweiten Spalte von $\bar{2}$,2167 ist in der dritten Spalte angegeben, und in der vierten Spalte stehen die Quadrate der Zahlen aus der dritten Spalte. Die Summe der vierten Spalte Σd^2 ist 0,0467. Die mittlere Abweichung wird aus der Formel $\sqrt{\frac{\Sigma d^2}{n-1}}$ berechnet. Da $n = 7$ ist, beträgt sie $\sqrt{0{,}0077}$. (Gaddum nennt 0,0077 die logarithmische Varianz.) Der mittlere Fehler des mittleren Logarithmus ist $\frac{1}{\sqrt{n}}\cdot$ mittlere Abweichung, oder $\frac{1}{\sqrt{7}}\cdot 0{,}0077$, was $\sqrt{0{,}0011}$ ergibt. Der Mittelwert aus den Logarithmen der einzelnen tödlichen Dosen der Tinktur B war $\bar{2}$,2884 und der mittlere Fehler dieses Wertes ist $= \sqrt{0{,}0008}$.

[1] $\bar{2}$,1875 ist eine abgekürzte Schreibweise für (0,1875 — 2).

Zum endgültigen Ergebnis gelangt man durch Anwendung der Formel $\frac{m_1 - m_2}{\sqrt{\varepsilon_1^2 + \varepsilon_2^2}}$, wobei $m_1 = \bar{2},2167$, $m_2 = \bar{2},2884$, $\varepsilon_1^2 = 0{,}0011$ und $\varepsilon_2^2 = 0{,}0008$ ist. Der Zähler (d. h. die Differenz zwischen $\bar{2},2167$ und $\bar{2},2884$) ist 0,0717 und der Nenner 0,0436, also das Resultat 1,64, was mit dem oben erzielten Ergebnis gut übereinstimmt.

Der mittlere Fehler eines Verhältnisses. Die Wirksamkeit einer Lösung wird oft mit Bezug auf eine andere Lösung ausgedrückt, man muß in diesem Fall die mittlere Abweichung des Resultats, das ein Verhältnis darstellt, bestimmen. Das Versuchsergebnis der Strophanthustinktur A wurde z. B. mit dem mit derselben Methode erzielten Ergebnis einer Ouabainprobe verglichen. Der mittleren tödlichen Dosis von Ouabain, 0,06115 mg/kg, wurde die mittlere tödliche Dosis der Tinktur A gleichgesetzt, und zwar entsprach 1 ccm Tinktur A 3,64 mg Ouabain. Wie groß ist der mittlere Fehler dieses Ergebnisses? Der mittlere Fehler des Ouabainresultats betrug 0,00517. Wenn ein Resultat R einen mittleren Fehler ε_1, und ein Resultat P einen mittleren Fehler ε_2 hat, dann wird der mittlere Fehler des Verhältnisses R/P dadurch gewonnen, daß ε_1 in Prozenten von R und ε_2 in Prozenten von P ausgedrückt wird. Setzt man für diese Prozentsätze S_1 bzw. S_2, dann ist der mittlere Fehler von R/P in Prozenten ausgedrückt $\sqrt{S_1^2 + S_2^2}$. Im vorliegenden Beispiel ist $R = 0{,}06115$ und $\varepsilon_1 = 0{,}00517$. Wenn man ε_1 in Prozenten von R ausdrückt, ist $S_1 = 8{,}4$. P ist 0,0168, ε_2 ist 0,00134, also S_2 ist 8,0. Daraus ergibt sich, daß der mittlere Fehler des Verhältnisses R/P 11,6% beträgt. 11,6% von 3,64 ist 0,422, also beträgt der mittlere Fehler des Wirksamkeitsverhältnisses der beiden Substanzen $\pm 0{,}422$.

Die Berechnung des mittleren Fehlers eines Verhältnisses mit Logarithmen. Wenn der mittlere Fehler einen großen Prozentsatz eines gefundenen Wirksamkeitsverhältnisses ausmacht, sollte man die Berechnung immer an Logarithmen machen. Wie Gaddum (1931) sagt: „Bei einer biologischen Auswertung kann der Fehler +100% oder mehr betragen, aber der Ausdruck ‚ein Fehler von −100%‘ hat praktisch keinen Sinn. Wenn der Fehler nicht klein ist im Vergleich zu 100%, ist es offensichtlich unerwünscht, ihn in Prozenten auszudrücken.“ Zur Anwendung des Verfahrens beim obenerwähnten Vergleich der Tinktur A mit Ouabain werden die Logarithmen der Einzelbeobachtungen für A, wie in Tabelle 10, vermerkt. Der Mittelwert dieser Logarithmen ist $\bar{2},2167$ und die mittlere Abweichung $\sqrt{0{,}0077}$. Für Ouabain ist der mittlere Logarithmus $\bar{2},7744$ und die mittlere Abweichung $\sqrt{0{,}0109}$.

Um nun den mittleren Fehler des Wirksamkeitsverhältnisses von der Strophanthustinktur und Ouabain zu bestimmen, werden die Quadrate der mittleren Fehler addiert. Da für die Tinktur 7 Katzen verwendet wurden, beträgt das Quadrat des mittleren Fehlers $\frac{0,0077}{7} = 0,0011$. Das Quadrat des mittleren Fehlers für Ouabain (wozu 9 Katzen verwendet wurden) ist 0,0012. Die Summe ergibt 0,0023. Daraus wird die Wurzel gezogen, die $\pm 0,0479$ ergibt, und der Antilogarithmus aufgesucht. $+0,0479$ ist der Logarithmus von 1,117 und $-0,0479 = \bar{1},9521$ ist der Logarithmus von 0,896. Die Werte 0,896 und 1,117 bedeuten, daß die Fehlerbreite des Resultats zwischen 89,6 und 111,7% liegt. Das Ergebnis lautete: 1 ccm Tinktur = 3,64 mg Ouabain. 89,6% von 3,64 ist 3,26 und 111,7% von 3,64 ist 4,065, also beträgt der mittlere Fehler des Verhältnisses $+0,425$ und $-0,38$. Diese Zahlen stimmen ungefähr mit dem Resultat des ersten Verfahrens $\pm 0,422$ überein. Dieses zweite Verfahren ist aber genauer.

C. Quantitative Reaktionen.

Die Gleichung der Regressionslinie. Im Kapitel II ist eine Methode beschrieben zur Konstruktion einer Kurve, die das Verhältnis von Dosis zu Durchschnittswirkung auf verschiedene Tiergruppen darstellt. Als Beispiel ist eine Arbeit von COWARD, KEY, DYER und MORGAN (1930) über Vitamin A angeführt, in der die Wirkung an der Gewichtszunahme von Tiergruppen beobachtet wurde. Stellt man nun aber die Beziehung des Logarithmus der Dosis zur Durchschnittswirkung der Dosis graphisch dar, so findet man meistens, daß die Punkte auf einer geraden Linie liegen, der sog. Regressionslinie. Beispiele für die lineare Abhängigkeit zwischen Logarithmus der Dosis und Durchschnittswirkung bieten die Bestimmungen des thyreotropen, des brunstauslösenden, des Nebennierenrindenhormons, des Prolaktins u. a. Für eine solche gerade Linie gilt die folgende Gleichung (FISHER, 1925)

$$y = \bar{y} + b\,(x - \bar{x}),$$

wobei $\bar{y}$ der Mittelwert von y und $\bar{x}$ der Mittelwert von x (Logarithmus der Dosis) ist und

$$b = \frac{\sum y\,(x - \bar{x})}{\sum (x - \bar{x})^2}.$$

Wendet man diese Berechnung auf die Arbeit von BÜLBRING über Nebennierenrindenextrakt an, so läßt sich die Formel aus den Versuchsergebnissen an Enterichen ableiten, wie Tabelle 11 zeigt.

Tabelle 11.

Dosis ccm	Log. Dosis, x	Mittlere Überlebensdauer (Stunden) y	$(x-\bar{x})$	$(x-\bar{x})^2$	$y\,(x-\bar{x})$
0,05	$\bar{2},6990 = -1,3010$	9,8	$-0,4203$	0,1767	$-4,1189$
0,1	$\bar{1},0000 = -1,0000$	13,0	$-0,1193$	0,0142	$-1,5509$
0,2	$\bar{1},3010 = -0,6990$	19,9	0,1817	0,0330	3,6158
0,3	$\bar{1},4771 = -0,5229$	24,0	0,3578	0,1280	8,5872

$\bar{x} = -0{,}8807$, $\sum(x - \bar{x})^2 = 0{,}3519$, $\sum y(x - \bar{x}) = 6{,}5332$ und $\bar{y} = 16{,}67$.

Also ist

$$b = \frac{6{,}5332}{0{,}3519} = 18{,}6$$

und die Gleichung ist

$$y = 16{,}67 + 18{,}6\,(x + 0{,}8807)$$

oder

$$y = 18{,}6\,x + 33{,}1.$$

Gebrauch der Gleichung. Um das Wirksamkeitsverhältnis zweier Rindenextrakte zu bestimmen, wendet man die Gleichung folgendermaßen an: Die stündliche Verabreichung der Dosis 0,1 ccm Extrakt A bewirkte an einer Gruppe von 10 Enterichen eine mittlere Lebensdauer von 15 Stunden, und 0,15 ccm Extrakt B an einer zweiten Enterichgruppe eine mittlere Lebensdauer von 20 Stunden. Setzt man 15 für y ein, so wird die Gleichung

$$15 = 18{,}6\,x + 33{,}1$$

also

$$x = -0{,}9731$$

$$= \bar{1}{,}0269\,.$$

Dies ist der Logarithmus von 0,1064.

Setzt man 20 für y ein, so ist

$$20 = 18{,}6\,x + 33{,}1$$

also

$$x = -0{,}7043$$

$$= \bar{1}{,}2957.$$

Dies ist der Logarithmus von 0,1976.

Demnach ist das Verhältnis der Wirksamkeit von 0,1 ccm Extrakt A zu 0,15 ccm Extrakt B wie $\frac{0{,}1064}{0{,}1976} = 0{,}538$. Also ist 1 ccm Extrakt A $= 0{,}538 \cdot 1{,}5$ ccm Extrakt B $= 0{,}81$ ccm Extrakt B.

Der Fehler der Auswahl im Versuchsergebnis (Gaddum, 1931). Um den Fehler der Auswahl im Versuchsergebnis zu finden, d. h. um zu wissen, inwieweit das Vergleichsresultat durch verschiedene Empfindlichkeit der Tiergruppen beeinflußt wird, muß man zuerst die mittlere Abweichung der Einzelwerte, aus denen der Mittelwert berechnet ist, bestimmen. Wenn also 0,1 ccm Rindenextrakt an 10 Tieren eine mittlere Überlebensdauer von 14,7 Stunden bewirkt, so kann die Lebensdauer der einzelnen Enteriche doch von 9,25 bis 21,25 Stunden schwanken. Die Streuung dieser Zahlen wird nach der bekannten Formel $\sigma = \sqrt{\frac{\Sigma d^2}{n-1}}$ berechnet. Am besten gewinnt man den Durchschnittswert für σ aus einer großen Versuchszahl, wobei das „Gewicht der Beobachtungen“ zu beachten ist, d. h. der Mittelwert so korrigiert wird, daß die an der größten Tierzahl gewonnenen Beobachtungen sozusagen am schwersten wiegen. Ist also ein Mittelwert σ_1 aus den Beobachtungen an n_1 Tieren, ein anderer Mittelwert σ_2 an n_2 Tieren gewonnen, so ist der nach dem Gewicht der Beobachtungen korrigierte Mittelwert $\sigma = \frac{n_1 \sigma_1 + n_2 \sigma_2}{n_1 + n_2}$. Hat man den so nach der Anzahl der Tiere korrigierten Mittelwert σ (für den BÜLBRING die Zahl 3,9 Stunden angibt) gefunden, so erhält man die mittlere Abweichung des Logarithmus eines Ergebnisses, indem man σ durch die Neigung der Linie teilt, die die Abhängigkeit der Wirkung vom Logarithmus der Dosis darstellt. Die „Neigung der Linie" ist durch den Regressionskoëffizienten b aus der im vorigen Abschnitt besprochenen Gleichung gegeben. In der Gleichung für die Enteriche ist $b = 18{,}6$, also ist im vorliegenden Beispiel die mittlere Abweichung des Logarithmus einer Beobachtung

$$\frac{\sigma}{b} = \frac{3{,}9}{18{,}6} = 0{,}21.$$

Diese Zahl wird nun auf folgende Weise benutzt: Beim Vergleich zweier Rindenextrakte ergibt sich die mittlere Abweichung des Logarithmus der relativen Wirksamkeitsbestimmung (für die GADDUM die Bezeichnung λ eingeführt hat) aus der Formel:

$$\lambda^2 = \frac{\sigma^2}{b^2 \cdot n_1} + \frac{\sigma^2}{b^2 \cdot n_2},$$

wobei n_1 die Anzahl Tiere, die den einen Extrakt, und n_2 die Anzahl Tiere, die den anderen Extrakt bekamen, ist. Da $\frac{\sigma}{b} = 0{,}21$ und $n_1 = n_2 = 10$ ist, ergibt sich

$$\lambda^2 = (0{,}21)^2 \left(\tfrac{1}{10} + \tfrac{1}{10}\right)$$

$$= 0{,}0088,$$

also ist

$$\lambda = \pm 0{,}0938.$$

Die obere Fehlergrenze ist $+0{,}0938$ und die untere ist $-0{,}0938$. Nun ist $+0{,}0938$ der Logarithmus von 1,241 und $-0{,}0938 = \bar{1}{,}9062$ der Logarithmus von 0,806. Also bei zwei von drei Wiederholungen ist die Fehlerbreite 80,6 bis 124,1%. Für das Auswertungsergebnis der Rindenextrakte, nämlich 1 ccm Extrakt A = 0,81 ccm Extrakt B, kann man sagen, daß bei zwei von drei Wiederholungen das Resultat zwischen 0,65 und 1,0 ccm Extrakt B liegen wird.

Die für 21 von 22 Versuchen gültige Fehlerbreite ist $2\,\lambda = \pm 0{,}1876$. Nun ist $+0{,}1876$ der Logarithmus von 1,54 und $-0{,}1876 = \bar{1}{,}8124$ der Logarithmus von 0,6493. Der Fehlerbereich liegt also zwischen 64,9 und 154%.

D. Qualitative Reaktionen.

Die Tierzahl in der Gruppe. Will man den Prozentsatz des Auftretens einer Reaktion bestimmen, so muß man zunächst entscheiden, wieviel Tiere man in der Gruppe verwenden will. Spritzt man einer großen Anzahl von Tieren die mittlere tödliche Dosis oder LD 50 einer Substanz, dann wird die Hälfte sterben; spritzt man sie aber nur wenigen Tieren, so sterben nur manchmal gerade 50%. Der Prozentbereich, innerhalb dessen das Eintreten des Todes erwartet werden kann, wird aus der Formel für die mittlere Abweichung $\sqrt{pqN}$ berechnet, wobei p die Wahrscheinlichkeit des Todes, q die Wahrscheinlichkeit des Überlebens und N die Tierzahl ist. Spritzt man die LD 50, dann ist $p = q = 0{,}5$. Die mittlere Abweichung bei 30 Tieren beträgt dann 2,74. Für jede mit der LD 50 gespritzten Gruppe von 30 Tieren ist die Wahrscheinlichkeit ungefähr 20 zu 1, daß nicht mehr als $15 + 2 \cdot 2{,}74$ und nicht weniger als $15 - 2 \cdot 2{,}74$ Tiere sterben werden, d. h. die Wahrscheinlichkeit ist ungefähr 20 zu 1, daß nicht mehr als 20,5 und nicht weniger als 9,5 Tiere sterben. Der Sterblichkeitsprozentsatz liegt also zwischen 32 und 68%.

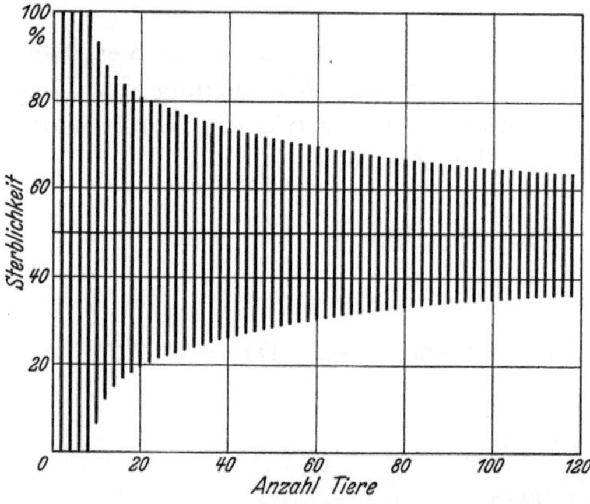

Abb. 8. Die Grenzen, innerhalb derer der Mortalitätsprozentsatz durch Zufall bedingt sein kann, wenn die LD 50 verschieden großen Tiergruppen gespritzt wird. Der Bereich wird durch die Höhe der Linien, die den Prozentsatz der verwendeten Tiere darstellen, begrenzt; sie entsprechen der ±3fachen mittleren Abweichung von der wahren Mortalität. (TREVAN.)

Durch Vermehrung der Tierzahl kann man diesen Spielraum einengen, während er bei weniger Tieren größer wird. Abb. 8 zeigt den Bereich des Sterblichkeitsprozentsatzes, der bei Injektion verschieden großer Gruppen mit der LD 50 durch Zufall bedingt sein kann. Es geht daraus hervor, daß man praktisch nie weniger als 30 Tiere in der Gruppe haben sollte.

Die mittlere Abweichung eines Wirkungsprozentsatzes. Injiziert man eine Substanz einer Gruppe von N Tieren, so daß jedes Tier dieselbe Dosis erhält und p% positiv reagieren, dann ist die mittlere Abweichung dieses Prozentsatzes $\sqrt{\frac{pq}{N}}$, wobei $q = 100 - p$ ist. Tritt also bei Verwendung von 25 Tieren die Reaktion in 50% ein, so ist die mittlere Abweichung 10%. Bei zwei von drei Wiederholungen des Versuches wird demnach die Reaktion bei mehr als 40% und weniger als 60%

der Tiere eintreten, und in einem von drei Versuchen wird sie bei weniger als 40% oder mehr als 60% eintreten.

Die relative Wirkungsstärke zweier Lösungen wird oft mit Hilfe einer vorher festgelegten charakteristischen Kurve, wie der in Abb. 32, gefunden. Die Dosis, die bei 50% eine Reaktion hervorruft, hat den Wert 1. Angenommen eine Standarddosis d_1 hat an 40 Tieren eine Reaktion von 60% und die Dosis d_2 einer unbekannten Lösung an 40 Tieren die Reaktion von 35% hervorgerufen, dann geht aus der Kurve in Abb. 32 hervor, daß das Wirksamkeitsverhältnis von Dosen mit 60% und 35% Wirkung wie 1,14 zu 0,775 ist. Hieraus ergibt sich

$$\frac{d_1 \text{ Standardlösung}}{d_2 \text{ unbekannte Lösung}} = \frac{1{,}14}{0{,}775} = 1{,}47.$$

Der mittlere Fehler dieses Verhältnisses kann erst aus den mittleren Abweichungen von 1,14 und 0,775 berechnet werden. Da das Standardpräparat an 40 Tieren bei 60% eine Reaktion bewirkte, beträgt nach der Formel $\sqrt{\frac{pq}{N}}$ die mittlere Abweichung dieses Prozentsatzes 7,75, so daß in zwei von drei Fällen die Reaktion zwischen 52,2 und 67,7% auftreten wird. Diese Prozente entsprechen den Abszissen 1,03 und 1,27, also ist die mittlere Abweichung von 1,14 ungefähr $\pm 0{,}12$. Die mittlere Abweichung von 0,775 ist ebenfalls $\pm 0{,}12$. Jede mittlere Abweichung wird nun in Prozenten ausgedrückt; nämlich 0,12 ist 10,5% von 1,14 und 15,5% von 0,775. Der mittlere Fehler des Wirksamkeitsverhältnisses der beiden Lösungen ist die Wurzel aus der Summe der Quadrate dieser Prozente, was 18,7% ergibt. Also hat das Wirksamkeitsverhältnis 1,47 einen mittleren Fehler von $\pm 0{,}275$.

Kärbers Methode zur Bestimmung der LD 50. Bei dieser Methode, die für die Toxizitätsbestimmungen bisher unbekannter Substanzen sehr wertvoll ist, braucht das Verhältnis von Dosis zu Wirkungsprozentsatz nicht vorher bekannt zu sein. Gibt man einer Reihe kleiner Tiergruppen verschiedene Dosen einer Substanz, so kann man die LD 50 nach dem folgenden Beispiel berechnen. Angenommen mehrere Gruppen von 5 Fröschen erhielten verschiedene Dosen einer Digitalistinktur (in ccm pro 100 g Gewicht) mit dem in Tabelle 12 wiedergegebenen Ergebnis, dann ist der Logarithmus der LD 50 $= x_0 - \sum \frac{(p_1 + p_2) d}{2}$,

Tabelle 12.

Dosis	Mortalität
0,9	5 von 5
0,8	4 „ 5
0,7	2 „ 5
0,6	4 „ 5
0,5	3 „ 5
0,4	1 „ 5
0,3	0 „ 5

wobei x_0 der Logarithmus der Dosis, die alle Tiere tötete, und der zweite Ausdruck die Summe einer Reihe von Produkten ist. Jedes einzelne Produkt wird erhalten, indem das Mittel aus zwei aufeinanderfolgenden Beobachtungen mit der Differenz der Logarithmen der dazugehörigen

Dosen multipliziert wird. Im vorliegenden Beispiel ist $x_0 = \log 0{,}9$. Das erste Produkt ergibt sich, wenn man 4 von 5 als 0,8 und 2 von 5 als 0,4 schreibt. Dies ist p_1 und p_2 in der obigen Formel. $\frac{p_1 + p_2}{2} = \frac{0{,}8 + 0{,}4}{2} = 0{,}6$. d ist $\log 0{,}8 - \log 0{,}7 = 0{,}0580$. Also ist das erste Produkt $0{,}6 \cdot 0{,}0580 = 0{,}0348$. Das zweite Produkt erhält man in derselben Weise aus dem nächsten Dosenpaar 0,7 und 0,6, das dritte aus 0,6 und 0,5 usw. Die Summe der 5 Produkte ist 0,1816. Also ist der Logarithmus der LD 50 $= \log 0{,}9 - 0{,}1816$
$= \bar{1}{,}7726$
und die LD 50 $= 0{,}59$.

Der Fehler dieses Ergebnisses kann nur dann berechnet werden, wenn die Dosen für den Versuch so gewählt wurden, daß die Differenz d der Logarithmen aufeinanderfolgender Dosen immer gleich groß ist. Dann ergibt sich das Quadrat der mittleren Abweichung des Logarithmus der LD 50 aus der Formel

$$\sum \left(\frac{pq}{n}\right) d^2.$$

In dieser Formel ist $q = 1 - p$, also für die Dosis 0,5 im obigen Beispiel ist

$$\frac{pq}{n} = \frac{0{,}6 \cdot 0{,}4}{5}.$$

Die mittlere Abweichung kann aber in diesem Beispiel nicht bestimmt werden, da d hier nicht konstant ist.

E. Gaddums Behandlung einer Wirkungsprozentsatzkurve.

Wenn man das Verhältnis von Dosis zu Wirkungsprozentsatz experimentell kurvenmäßig festlegt, erhält man, nach Gaddum, mit dem folgenden Verfahren die besten Ergebnisse. Zunächst wird eine neue Kurve konstruiert, bei der statt der Dosis der Logarithmus der Dosis als Abszisse und statt des Wirkungsprozentsatzes die „normale äquivalente Abweichung" (s. u.) eingetragen wird.

Der Logarithmus der Dosis. Krogh und Hemmingsen (1926) haben zuerst vorgeschlagen, statt der Dosis den Logarithmus der Dosis zu verwenden. Stellt man die Beziehung von Wirkungsprozentsatz zu Dosis graphisch dar, so hängt die Neigung der Kurve von der Stärke der benutzten Lösung ab. Wenn also OB (in Abb. 9a) die Kurve für die Abhängigkeit des Wirkungsprozentsatzes vom Volumen der verabreichten Lösung ist, so wird die Kurve OE entstehen, wenn man die wirksame Lösung zu gleichen Teilen mit Wasser verdünnt. Jede Abszisse DE ist doppelt so groß wie die entsprechende Abszisse DB, und da die Kurve OB steiler als OE ist, wird der Eindruck erweckt, als sei die Empfindlichkeit der Tiere gegenüber der stärkeren Lösung weniger veränderlich als gegenüber der schwächeren, während das in Wirklichkeit gar nicht der Fall ist. Trägt man nämlich statt dessen die Logarithmen der Dosen als Abszissen ein, so werden die beiden Kurven parallel (s. Abb. 9b), und der horizontale Abstand zwischen beiden ist in jedem Punkt die Differenz zwischen den Logarithmen der Dosen gleicher Wirkung. Wenn $x_1 x_2$ der horizontale Abstand ist, so ergibt sich $x_1 x_2 = \log \text{Dosis B} - \log \text{Dosis A} = \log \frac{\text{Dosis B}}{\text{Dosis A}}$. Also ist $x_1 x_2$ dem Logarithmus des Dosenverhältnisses gleichzusetzen.

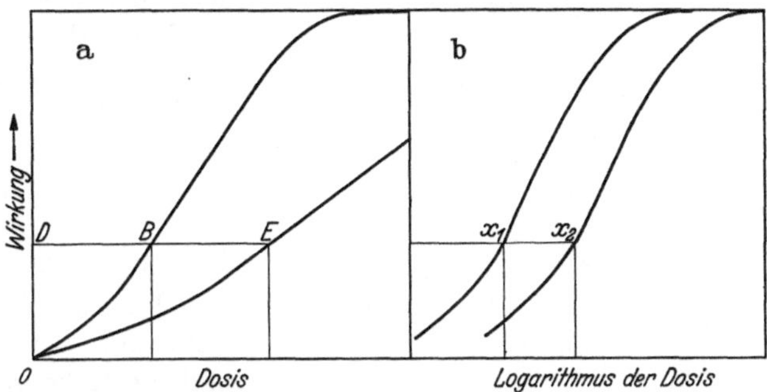

Abb. 9. a) Links sind die Dosen als Abszisse eingetragen. *OB* zeigt das Verhältnis von Dosis zum Wirkungsprozentsatz für eine Lösung, *OE* dasselbe Verhältnis, wenn die Lösung zu gleichen Teilen mit Wasser verdünnt wird. $DE = 2 \cdot DB$. Die beiden Kurven haben eine verschiedene Neigung. b) Rechts sind die Logarithmen der Dosen als Abszissen eingetragen; nun sind die Kurven parallel.

Die Auffassung, daß es besser sei, statt der Dosen die Logarithmen der Dosen zu gebrauchen, findet in der Arbeit von Hemmingsen (1933) über die Insulinauswertung an Mäusen eine weitere Unterstützung, da die Verteilung der Logarithmen der wirksamen Einzeldosen einer normalen Streuungskurve viel mehr entsprach als die Verteilung der Dosen selbst.

Die normale äquivalente Abweichung. Wie oben gezeigt wurde, war bei quantitativen Reaktionen die Beziehung vom Logarithmus der Dosis zur Wirkung linear. Bei qualitativen Reaktionen ist aber das Verhältnis vom Logarithmus der Dosis zum Prozentsatz der Tiere, bei denen die Wirkung eintritt, nicht linear, sondern S-förmig. Es bleibt also noch die Aufgabe, auch für die qualitativen Reaktionen eine lineare Abhängigkeit zu finden. Gaddum hat vorgeschlagen, die normale äquivalente Abweichung zu gebrauchen, d. h. statt des Wirkungsprozentsatzes selbst die diesem Prozentsatz entsprechende oder äquivalente Abweichung auf der normalen Streuungs- oder Häufigkeitskurve einzusetzen. In Abb. 10 (aus Hemmingen, 1933) ist eine normale Häufigkeitskurve (ausgezogen) und eine integrierte Häufigkeitskurve (punktiert) gezeigt, letztere ist eine Wirkungsprozentsatzkurve. Die Abszissen der normalen Kurve sind die mittleren Abweichungen, und da die Abweichung des Mittelwertes vom Mittelwert 0 ist, ist der Mittelwert auf der Abszisse 0. Die Punkte links davon sind negativ, rechts positiv. Nun entspricht die Ordinate 50% auf der integrierten Kurve dem Mittelwert 0 auf der normalen Kurve. Also erhält der Wirkungsprozentsatz 50 den Wert 0, d. h. diesem Abweichungswert auf der normalen Kurve ist der Prozentsatz äquivalent. Die Senkrechten auf der Abszisse in den Punkten (Mittelwert + σ) und (Mittelwert — σ) begrenzen ungefähr 66,6% der von der normalen Kurve eingeschlossenen Fläche; 33,3% liegen außerhalb. Da die Aufteilung symmetrisch ist, beträgt die Fläche links vom (Mittelwert — σ) ungefähr 16,6% und rechts vom (Mittelwert + σ) auch ungefähr 16,6%. In Wirklichkeit entspricht der Wirkungsprozentsatz 15,9 der Abweichung —1 auf der normalen Kurve und der Wirkungsprozentsatz 84,1 der Abweichung +1. Die Senkrechten auf der Abszisse der normalen Kurve in —2,0 und +2,0 umschließen ungefähr 95,5% der Gesamtfläche. Der Rest von 4,5% liegt außerhalb. Also ist die Fläche von der Senkrechten in —2,0 ungefähr 2,25% der Gesamtfläche. Tatsächlich entspricht die Ordinate 2,27% auf der integrierten Kurve der Abszisse —2,0. Ebenso entspricht die Ordinate 97,72% der Abszisse +2,0.

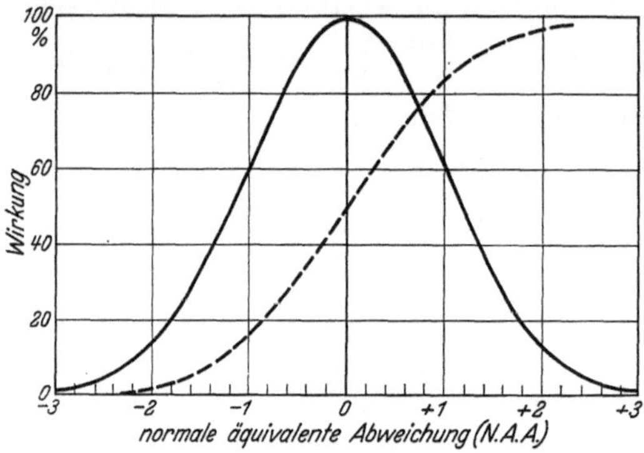

Abb. 10. Die Beziehung zwischen Wirkungsprozentsatz und normaler äquivalenter Abweichung. (HEMMINGSEN.) Siehe Text.

Tabelle 13.

Integrierte Kurve %	Normale äquivalente Abweichung
2,27	—2,0
15,9	—1,0
50	0
84,1	+1,0
97,72	+2,0

Die den Abszissen der normalen Häufigkeitskurve äquivalenten, als mittlere Abweichung gemessenen Punkte der integrierten Kurve stellen sich also dar wie in Tabelle 13.

Die zwischen diesen Werten liegenden Zahlen kann man aus Tabellen ersehen (s. BLISS, 1935). Bequemer sind sie aus der graphischen Darstellung (nach GADDUM, 1933) abzulesen, Abb. 11.

Der Gebrauch der normalen äquivalenten Abweichung. Angenommen die Prüfung einer wirksamen Substanz ergab mit der einen Dosis eine Reaktion an 40% der Tiere, mit einer anderen Dosis an 60%. Man geht dann von der Voraussetzung aus, daß die wirkliche Beziehung (die man nicht kennt) von Dosis zu Wirkungsprozentsatz eine integrierte Häufigkeitskurve (s. Abb. 10) und die Häufigkeitsverteilung eine nor-

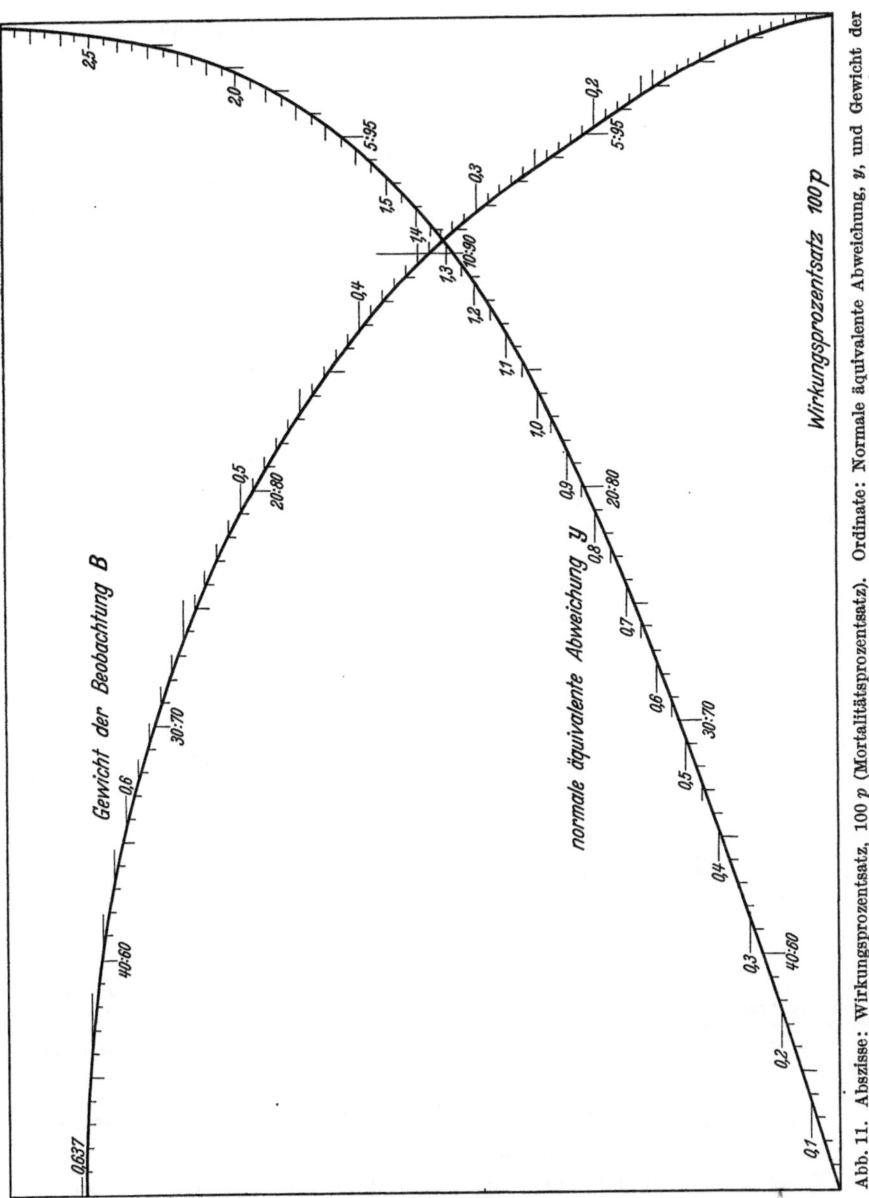

Abb. 11. Abszisse: Wirkungsprozentsatz, 100 p (Mortalitätsprozentsatz). Ordinate: Normale äquivalente Abweichung, y, und Gewicht der Beobachtung, B. Wenn 100 $p > 50$ ist, so ist y positiv; ist 100 $p < 50$, so ist y negativ. B ist immer positiv. (GADDUM.)

male Streuungskurve ist. Auf Grund dieser Annahme werden die normalen äquivalenten Abweichungen der beobachteten Wirkungsprozente als Ordinaten und die Logarithmen der Dosen als Abszissen graphisch dargestellt. Eine gerade Linie durch die so gewonnenen Punkte stellt dann die Beziehung des Logarithmus der Dosis zur normalen mittleren

Abweichung dar und man kann die bei 50% wirksame Dosis direkt ablesen.

Ein Beispiel für die Umrechnung der auf einer Wirkungsprozentsatzkurve liegenden Punkte in die normalen äquivalenten Abweichungen bieten die Zahlen für den Wirkungsprozentsatz von Oestrin (COWARD und BURN, 1927) in Tabelle 14.

Tabelle 14.

Dosis mg	Log Dosis	Wirkungsprozentsatz	Normale äquivalente Abweichung
2,5	0,3979	7,7	−1,43
7,5	0,8751	34,4	−0,4
10,0	1,0000	44,4	−0,14
12,5	1,0969	61,1	+0,28
17,5	1,2430	84,4	+1,01

Die für jede Bestimmung benutzte Tierzahl war 90.

Die Werte der zweiten und vierten Spalte von Tabelle 14 können, wie in Abb. 12, als Abszissen bzw. Ordinaten graphisch dargestellt werden. Bequemlichkeitshalber ist der Maßstab der Abszisse fünfmal so groß gewählt als der Maßstab der Ordinate. Die Linie, die diese Punkte verbindet, heißt Regressionslinie. Man kann den Verlauf graphisch oder algebraisch bestimmen.

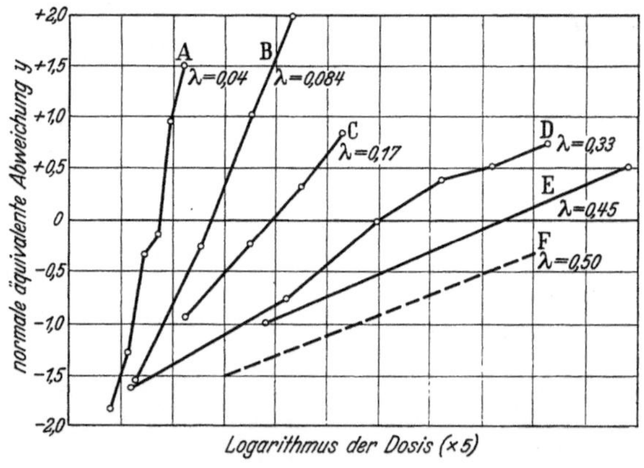

Abb. 12. Die normale äquivalente Abweichung (Ordinate) im Verhältnis zum Logarithmus der Dosis (Abszisse), graphisch dargestellt. Meistens besteht eine lineare Abhängigkeit, und die Neigung der Linie ist ein Maß für die Tiervariation. λ ist der reziproke Wert der Neigung. (*A* Ouabain, *B* Neosalvarsan, *C* Magnesiumsulfat, *D* Oestrin, *E* Acetonitril, *F* Pneumococcusantiserum.) (GADDUM.)

Die Neigung der Linie. Der Neigungswinkel einer auf diese Weise gewonnenen Linie ist ein Maß für die Tiervariation; denn wenn die Einzelreaktionen der Tiere ziemlich nahe übereinstimmen, so wird die Linie steil, während sie flach verläuft, wenn die Tiervariation groß ist. Die Neigung ist die Tangente des Winkels, der von der Linie mit der x-Achse gebildet wird, d. h. das Verhältnis jeder Ordinate zur entsprechenden Abszisse. Nimmt man als Ordinate eine normale äquivalente Abweichung 1, dann ergibt sich nach GADDUM aus der zugehörigen Abszisse das Maß für die Tiervariation. Dies wird λ genannt, und Linien mit verschiedenen Werten für λ sind in Abb. 12 aus GADDUMS Arbeit wiedergegeben. Die Neigung der Linie ist $b = \frac{1}{\lambda}$.

Die Berechnung einer Regressionslinie. GADDUM (1933) sagt: „Sind y'_1, y'_2 ... usw. die gefundenen normalen äquivalenten Abweichungen, die durch die Dosen (in Logarithmen gemessen) x'_1, x'_2 ... usw. hervorgerufen wurden, dann ist die Formel der diesen Beobachtungen entsprechenden geraden Regressionslinie

$$b = \frac{y - \bar{y}}{x - \bar{x}},$$

wobei $\bar{x}$ und $\bar{y}$ die nach dem Gewicht der Beobachtungen (B) korrigierten Mittelwerte (s. u.) der gefundenen Werte x' und y' $\left(\text{d. h. } \frac{S(Bnx')}{S(Bn)} \text{ und } \frac{S(Bny')}{S(Bn)}\right)$ und b, die Neigung der Linie, durch die Formel

$$b = \frac{S(Bny'(x' - \bar{x}))}{S(Bn(x' - \bar{x})^2)}$$

gegeben ist.“

Das Gewicht einer Beobachtung. Bevor das Beispiel für den Gebrauch der obigen Formel weiter ausgeführt wird, ist es nötig zu erklären, was das Gewicht einer Beobachtung bedeutet. Angenommen es wurden zwei Wirkungen beobachtet, eine bei 5%, die andere bei 45%, dann fällt die letztere schwerer ins Gewicht, weil ja aus der Form der Wirkungsprozentsatzkurve hervorgeht, daß der Dosenbereich mit 5% Wirkung breiter ist als der Dosenbereich mit 45% Wirkung. Findet man also einen Wirkungsprozentsatz von 5%, so ist die Bestimmung nicht sehr genau und deshalb nicht so schwerwiegend.

Bei 50% ist das Gewicht einer Beobachtung am größten. Das Gewicht verschiedener Wirkungsprozente ist in Abb. 11 dargestellt.

Beispiel der Berechnung einer Regressionslinie. Die Zahlen der Oestrinwirkung aus Tabelle 14 sollen nun zur Berechnung der Regressionslinie benutzt werden.

1. *Die Berechnung von $\bar{y}$, dem nach dem Gewicht der Beobachtungen korrigierten Mittelwert der normalen äquivalenten Abweichungen (N.A.A.).* In Tabelle 14 ist der erste N.A.A.-Wert $-1{,}43$. Das Gewicht B wird aus Abb. 11 abgelesen, und da der Wirkungsprozentsatz 7,7 beträgt, ist $B = 0{,}285$. Da 90 Tiere verwendet wurden, ist $Bny'_1 = 0{,}285 \cdot 90 \cdot -1{,}43 = -36{,}68$. Der zweite N.A.A.-Wert in Tabelle 14 ist $-0{,}4$. Für den Wirkungsprozentsatz 34,3 ist $B = 0{,}603$, und bei der Tierzahl 90 ist $Bny'_2 = -21{,}71$. Die übrigen Werte für Bny' sind $-7{,}96$, $+15{,}65$ und $+39{,}15$. Also ist die Summe aller dieser Werte $S(Bny') = -11{,}55$. $S(Bn)$ ist 231,84. Also ist $\bar{y} = \frac{S(Bny')}{S(Bn)} = -0{,}0498$.

2. *Die Berechnung von $\bar{x}$, dem nach dem Gewicht der Beobachtungen korrigierten Mittelwert der Logarithmen der Dosen.* Zunächst werden die einzelnen Werte für Bnx' gefunden. Wie oben ist der erste Wert für $B = 0{,}285$, n ist 90 und x' ist 0,3979; also ist $Bnx'_1 = 10{,}2061$. Die übrigen Werte sind 47,4916, 56,88, 61,3057 und 48,6634. Also ist $S(Bnx') = 224{,}5468$; $S(Bn) = 231{,}84$, wie oben. Also ist $\bar{x} = \frac{224{,}5468}{231{,}84} = 0{,}9685$.

3. *Die Berechnung von b, der Neigung der Regressionslinie.* Der Zähler ist die Summe der Zahlenwerte für $Bny'\,(x' - \bar{x})$. Der erste Wert für Bny' war $-36{,}68$; x' war 0,3979 und $\bar{x}$ war 0,9685; also ist $x' - \bar{x} = -0{,}4294$ und $Bny'\,(x' - \bar{x}) = -36{,}68 \cdot -0{,}4294 = 15{,}75$. Die anderen Werte werden ebenso ausgerechnet. Die Summe beträgt 35,46.

Der Nenner ist die Summe der Zahlenwerte für $Bn(x' - \bar{x})^2$. Der erste Wert für Bn ist 25,65 und $x' - \bar{x} = -0{,}4294$; also ist $Bn\,(x' - \bar{x})^2 = 4{,}8$. Die übrigen Werte werden ebenso berechnet, und die Summe ergibt 12,75. Also ist $b = \frac{35{,}46}{12{,}75} = 2{,}78$. Die Formel für die Regressionslinie ist also

$$2{,}78 = \frac{y + 0{,}0498}{x - 0{,}9685}$$

oder

$$y = 2{,}78\,x - 2{,}74.$$

Die Anwendung der Formel für die Regressionslinie. Der Gebrauch der Formel ist am besten aus einem Beispiel ersichtlich. Wenn eine Dosis d_1 eines unbekannten Oestrinpräparates bei 14 von 40 Ratten Oestrus bewirkt und eine Standarddosis d_2 bei 24 von 40 Ratten, dann wird das Wirksamkeitsverhältnis der beiden Dosen auf folgende Weise berechnet:

$\frac{14}{40}$ ist 35%. Die normale äquivalente Abweichung von 35% ist $-0{,}385$. Infolgedessen ist

$$-0{,}385 = 2{,}78\,x - 2{,}74$$

also

$$x = 0{,}8471.$$

$\frac{24}{40}$ ist 60%. Die normale äquivalente Abweichung von 60% ist 0,26. Infolgedessen ist

$$0{,}26 = 2{,}78\,x - 2{,}74$$

also

$$x = 1{,}0791.$$

Die Differenz dieser beiden Werte für x ist 0,232. Diese Zahl ist der Logarithmus des Wirksamkeitsverhältnisses der beiden Dosen; es ist also das Verhältnis von

$$\frac{\text{Standarddosis } d_2}{\text{Unbekannte Dosis } d_1} = 1{,}7.$$

Die Berechnung des mittleren Fehlers. Der mittlere Fehler dieses Resultats wird mit Hilfe der Formel

$$\lambda_M^2 = \lambda^2 \left(\frac{1}{B_1 n_1} + \frac{1}{B_2 n_2}\right)$$

berechnet. Hierbei ist λ_M die mittlere Abweichung des Logarithmus des Wirksamkeitsverhältnisses, d. h. λ_M ist die mittlere Abweichung von $\log 1{,}7$ und $\lambda = \frac{1}{b}$. Im vorigen Abschnitt wurde $b = 2{,}78$ gefunden, also ist $\lambda = 0{,}36$. Außerdem ist B_1 das Gewicht der Beobachtung 35%, was nach Abb. 11 0,605 beträgt, und $n_1 = 40$. B_2 ist das Gewicht des Resultats 60%, nämlich 0,624, und $n_2 = 40$. Werden die Zahlen in die Formel eingesetzt, so ergibt sich

$$\lambda_M^2 = \frac{(0{,}36)^2}{40}\left(\frac{1}{0{,}605} + \frac{1}{0{,}624}\right) = 0{,}0105,$$

also ist

$$\lambda_M = \pm 0{,}1025.$$

Der Antilogarithmus zu $+0{,}1025$ ist 1,27, der zu $-0{,}1025 = \bar{1}{,}8975$ ist 0,79. Infolgedessen erstreckt sich die Fehlerbreite für zwei von drei Wiederholungen des Versuches von 79% bis 127%. Die Fehlerbreite des Verhältnisses 1,7 liegt demnach zwischen 1,34 und 2,16. Also beträgt der mittlere Fehler ungefähr $\pm 0{,}41$.

Nimmt man $2\lambda_M$, so kann man die Fehlerbreite für 21 von 22 Wiederholungen des Versuchs berechnen.

F. Gaddums Verfahren für den Vergleich der Wirkungsstärke zweier Lösungen ohne Bezugnahme auf eine vorher bestimmte Kurve.

Die Methode soll an den beim Vergleich zweier Strophanthustinkturen S und T erhobenen Befunden erläutert werden. Besteht die Vermutung, daß eine Lösung stärker ist, so muß man diese so verdünnen, daß beide möglichst gleich stark werden. Beim vorliegenden Versuch wurde zunächst keinerlei Verdünnung vorgenommen, da man annahm, daß beide Tinkturen gleich stark waren.

Tabelle 15.

Volumen Tinktur in 100 ccm Kochsalzlösung	Froschzahl gespritzt	Froschzahl tot
0,6 ccm T	15	3
0,7 ccm T	15	6
0,6 ccm S	15	11
0,7 ccm S	15	12

Daraus wurden folgende Berechnungen gemacht (mit Hilfe von Abb. 11):

Volumen Tinktur	Mortalitätsprozentsatz	Normale äquivalente Abweichung	Gewicht der Beobachtung B
0,6 ccm T	20	$-0{,}84$ (y_1')	0,49
0,7 ccm T	40	$-0{,}25$ (y_2')	0,62
0,6 ccm S	73,3	$+0{,}63$ (y_1'')	0,55
0,7 ccm S	80	$+0{,}84$ (y_2'')	0,49

Bei der Methode muß die Wirkung von je zwei Dosen jeder Lösung bestimmt werden, und zwar derselben Dosen von beiden Lösungen. Es wurde also von der Tinktur S erstens 0,6 ccm auf 100 ccm und zweitens 0,7 ccm auf 100 ccm verdünnt. Ebenso wurden 0,6 ccm und 0,7 ccm der Tinktur T auf 100 ccm verdünnt. Von jeder der vier Verdünnungen wurden 0,02 ccm pro Gramm Frosch je 15 Fröschen injiziert. Die Resultate sind in Tabelle 15 gezeigt.

Danach wurde d berechnet. d ist der Logarithmus des Verhältnisses beider Dosen, d. h. $d = \log \frac{0{,}7}{0{,}6} = \log 1{,}66 = 0{,}067$. Der Mittelwert für B ist 0,538.

Die Neigung der Regressionslinie b wird berechnet nach der Formel

$$\begin{aligned} b = \frac{1}{\lambda} &= \frac{(y_2' + y_2'') - (y_1' + y_1'')}{2d} \\ &= \frac{(-0{,}25 + 0{,}84) - (-0{,}84 + 0{,}63)}{2 \cdot 0{,}067} \\ &= \frac{0{,}8}{0{,}134} \\ &= 5{,}97. \end{aligned}$$

Nun ist

$$\begin{aligned} \log \frac{\text{Wirksamkeit von } T}{\text{Wirksamkeit von } S} = M &= \frac{(y_1' + y_2') - (y_1'' + y_2'')}{2b} \\ &= \frac{(-0{,}84 - 0{,}25) - (0{,}63 + 0{,}84)}{2 \cdot 5{,}97} \\ &= \frac{-2{,}56}{2 \cdot 5{,}97} \\ &= -0{,}214 \\ &= \bar{1}{,}786. \end{aligned}$$

Also

$$\frac{\text{Wirksamkeit von } T}{\text{Wirksamkeit von } S} = 0{,}611,$$

oder T ist 61,1% von S.

Den mittleren Fehler dieses Resultats kann man durch die Bestimmung von λ_M^2 berechnen.

$$\begin{aligned} \lambda_M^2 = \frac{1}{B n b^2}\left(1 + \frac{M^2}{d^2}\right) &= \frac{1}{0{,}538 \cdot 15 \cdot (5{,}97)^2}\left(1 + \frac{(-0{,}214)^2}{(0{,}067)^2}\right) \\ &= \frac{1}{287{,}1} \cdot \left(1 + \frac{0{,}046}{0{,}0045}\right) \\ &= \frac{11}{287{,}1} \\ &= 0{,}0383 \end{aligned}$$

Also ist

$$\lambda_M = \pm 0{,}195.$$

Da $+0{,}195$ der Logarithmus von 1,56 und $-0{,}195 = \bar{1}{,}805$ der Logarithmus von 0,638 ist, liegt die Fehlerbreite für zwei von drei

Versuchsergebnissen zwischen 63,8% und 156% des gefundenen Wertes. Einer Bestimmung mit so großer Fehlerbreite kann man sehr wenig Gewicht beimessen. Quantitativ läßt sich das Gewicht der Beobachtung durch $\frac{1}{\lambda_M^2}$ ausdrücken; dies ist $\frac{1}{0{,}0383} = 26{,}1$.

Da nach dem ersten Versuch die Tinktur T 61,1% der Tinktur S betrug, wurde beim zweiten Versuch S 1,5mal verdünnt, um beide Lösungen möglichst gleich stark zu machen. Die Dosen wurden geändert: statt 0,6 ccm und 0,7 ccm wurden 0,6 ccm und 0,9 ccm gegeben. Die Resultate sind in Tabelle 16 verzeichnet.

Tabelle 16.

Volumen Tinktur in 100 ccm Kochsalzlösung	Froschzahl gespritzt	Froschzahl tot
0,6 ccm T	20	7
0,9 ccm T	20	19
0,6 ccm S	20	2
0,9 ccm S	20	16

Daraus wurden folgende Berechnungen gemacht (mit Hilfe von Abb. 11):

Volumen Tinktur	Mortalitätsprozentsatz	Normale äquivalente Abweichung	Gewicht der Beobachtung B
0,6 ccm T	35	$-0{,}39\ (y_1')$	0,6
0,9 ccm T	95	$+1{,}65\ (y_2')$	0,21
0,6 ccm S	10	$-1{,}28\ (y_1'')$	0,34
0,9 ccm S	80	$+0{,}84\ (y_2'')$	0,49

$$d = \log\frac{0{,}9}{0{,}6} = \log 1{,}5 = 0{,}1761.$$

Der Mittelwert für B ist 0,41

$$b = 11{,}8$$

$$\log\frac{\text{Wirksamkeit von } T}{\text{Wirksamkeit von } S} = M = 0{,}072.$$

Also

$$\frac{\text{Wirksamkeit von } T}{\text{Wirksamkeit von } S} = 1{,}18.$$

Da aber S 1,5mal verdünnt worden war, ist tatsächlich das Verhältnis $\frac{1{,}18}{1{,}5} = 0{,}787$.

Also enthält T 78,7% der Wirksamkeit von S.

Da $\lambda_M^2 = 0{,}001025$ ist, ergibt sich $\lambda_M = \pm 0{,}032$.

$+0{,}032$ ist der Logarithmus von 1,209 und $-0{,}032 = \bar{1}{,}968$ ist der Logarithmus von 0,929. Also erstreckt sich die Fehlerbreite bei zwei von drei Versuchsergebnissen von 92,9 bis 120,9% des gefundenen Wertes. Diese Fehlerbreite ist viel geringer als die des ersten Befundes und infolgedessen ist das zweite Ergebnis zuverlässiger. Das größere Gewicht wird ausgedrückt durch:

$$\frac{1}{\lambda_M^2} = \frac{1}{0{,}001025} = 976.$$

Man erhält das endgültige Auswertungsergebnis, indem man den nach dem Gewicht der Beobachtungen korrigierten Mittelwert ausrechnet. Der Logarithmus des Verhältnisses $\frac{\text{Wirksamkeit von } T}{\text{Wirksamkeit von } S}$ war im ersten Versuch $\bar{1}$,786 und im zweiten $\bar{1}$,896. (Dies ist der Logarithmus von 0,787.) Unter Weglassung von $\bar{1}$ wird jeder Logarithmus mit dem dazugehörigen Gewicht der Beobachtung multipliziert, also $0{,}786 \cdot 26{,}1 = 20{,}5146$ und $0{,}896 \cdot 976 = 874{,}4$. Die Summe dieser Produkte, 894,9, wird dividiert durch die Summe der Gewichte, 1002. Der Quotient ist 0,8964. Setzt man nun $\bar{1}$ wieder ein, so ergibt sich $\bar{1}$,8964; dies ist der Logarithmus von 0,7877. Der nach dem Gewicht der Beobachtungen korrigierte Mittelwert für das Auswertungsergebnis von T in bezug auf S lautet also 0,7877, oder T hat 78,77% der Wirksamkeit von S.

G. Die Binomialreihe und die Wahrscheinlichkeit des Todes.

Bei dieser Gelegenheit möge das von Durham, Gaddum und Marchal (1929) gründlich untersuchte Problem besprochen werden, nach welchen Gesichtspunkten eine Toxizitätsprüfung ausgearbeitet werden soll. Die hier folgende Besprechung beruht auf dieser Arbeit. Die Forderung, daß eine Probe einen bestimmten Toxizitätsgrad nicht übersteigen darf, kann theoretisch so ausgedrückt werden, daß eine Dosis nicht mehr als einen gewissen Sterblichkeitsprozentsatz bewirken darf. Bei einem offiziellen Test jedoch muß die Anzahl der zu injizierenden Tiere und die Anzahl der erlaubten Todesfälle näher festgelegt werden, d. h. 50% Mortalität muß ausgedrückt werden als 5 von 10 Mäusen, oder 10 von 20, oder 15 von 30. Obwohl die Standarddosis, die 50% Mortalität bewirkt, an mehreren hundert Tieren bestimmt worden ist, wird sie doch, wenn man sie 10 Mäusen injiziert, nicht unbedingt 5 töten. Man kann sich einen großen Käfig mit 100 Mäusen vorstellen, von denen 50 durch die LD 50 getötet und 50 überleben würden. Wenn man 10 Mäuse aus dem Käfig herausnimmt, besteht die Möglichkeit, daß man entweder 10 von denen, die alle überleben, oder 10 von denen, die alle sterben, herausgreift. Nur in einigen von den Zehnergruppen würden gerade 5 sterben und 5 überleben. Wenn also bei einer Toxizitätsprüfung gefordert wird, daß die Proben nicht toxischer als der Standard sein dürfen, und dies so formuliert würde, daß die der LD 50 des Standards gleichwertige Dosis nicht mehr als 5 von 10 Mäusen töten darf, würde der Standard selbst oft die Prüfung nicht bestehen.

Wenn man die Dosis, die auf Grund genauester Bestimmung an einer großen Anzahl von Tieren 50% der Mäuse tötet, einer einzelnen Maus injiziert, so ist die mathematische Wahrscheinlichkeit p, daß sie stirbt, $\frac{50}{100}$. Also $p = \frac{1}{2}$. Wenn die LD 50 verschiedenen Gruppen von je 2 Mäusen gegeben wird, werden in manchen keine, in manchen eine, in manchen beide sterben. Die Verteilung dieser verschiedenen Resultate erhält man durch den Ausdruck $(\frac{1}{2} + \frac{1}{2})^2$, der ausmultipliziert $\frac{1}{4} + \frac{1}{2} + \frac{1}{4}$ ist. Hieraus ersieht man, daß in $\frac{1}{4}$ der Prüfungen keine, in der Hälfte eine und in $\frac{1}{4}$ beide Mäuse sterben werden. Ebenso erhält man die Verteilung der verschiedenen Resultate, wenn man die LD 50 Gruppen von je 3 Mäusen gibt, durch den Ausdruck $(\frac{1}{2} + \frac{1}{2})^3 = \frac{1}{8} + \frac{3}{8} + \frac{3}{8} + \frac{1}{8}$, d. h. in $\frac{1}{8}$ der Versuche wird keine Maus sterben, in $\frac{3}{8}$ eine, in $\frac{3}{8}$ zwei und in $\frac{1}{8}$ alle drei.

Nimmt man statt der LD 50 die LD 66, das ist die Dosis, die 66% der Mäuse tötet, dann ist die Wahrscheinlichkeit, daß eine einzelne injizierte Maus stirbt, $\frac{2}{3}$. Die Wahrscheinlichkeit, daß sie überlebt, $\frac{1}{3}$. Wenn man Gruppen von je 5 Mäusen diese Dosis injiziert, so erhält man die Resultate der verschiedenen Gruppen durch den Ausdruck $(\frac{1}{3} + \frac{2}{3})^5$. Allgemein gilt folgende Regel: Wird eine Dosis, die $100p$ % der Mäuse tötet, Gruppen von n Mäusen injiziert, so ist das Ergebnis in den verschiedenen Gruppen gleich dem Ausdruck $(q + p)^n$, wobei $q = 1 - p$ ist. Die Wahrscheinlichkeit, daß von n Mäusen genau r sterben werden, ist das $(r + 1)$te Glied der Binomialreihe $(q + p)^n$. Diese ist

$$\frac{n!}{r!\,(n-r)!} \cdot p^r q^{n-r}.$$

(N. B. $n! = n \cdot (n-1) \cdot (n-2) \cdot \cdots \cdot 1$.

Also $6! = 6 \cdot 5 \cdot 4 \cdot 3 \cdot 2 \cdot 1$.)

Wenn man z. B., wie oben gezeigt wurde, Gruppen von je 3 Mäusen die LD 50 injiziert, so werden in $\frac{3}{8}$ der Prüfungen 2 Mäuse in jeder Gruppe sterben, also ist die Wahrscheinlichkeit, daß 2 Mäuse getötet werden, gleich $\frac{3}{8}$. Der Bruch $\frac{3}{8}$ ist das dritte Glied der Reihe $(\frac{1}{2} + \frac{1}{2})^3$. Wenn man Gruppen von 7 Mäusen die LD 80 spritzt, so ist die Wahrscheinlichkeit, daß genau 5 sterben, das sechste Glied der Reihe $(\frac{1}{5} + \frac{4}{5})^7$. Dieses Glied ist:

$$\frac{7!}{5!\,2!} \cdot \left(\frac{4}{5}\right)^5 \cdot \left(\frac{1}{5}\right)^2$$

$$= \frac{21 \cdot 4^5}{5^7}$$

$$= \frac{21 \cdot 1024}{78125}$$

$$= 0{,}275.$$

Also in 275 von 1000 Prüfungen werden genau 5 Mäuse sterben.

Durham, Gaddum und Marchal (1929) haben Tabellen für diese Wahrscheinlichkeiten angegeben, wovon einige im Anhang III abgedruckt sind. Dabei ist zu beachten, daß in diesen Tabellen nicht die Wahrscheinlichkeit, daß eine genaue Anzahl Tiere getötet wird, z. B.

5 von 10, angegeben ist, sondern statt dessen 5 *oder weniger* von 10. Mit anderen Worten: Die Wahrscheinlichkeit keines Todesfalls ist zu der Wahrscheinlichkeit eines Todesfalles addiert worden, diese Summe zu der Wahrscheinlichkeit zweier Todesfälle usw. Die Tabellen sind abgedruckt, weil sie allgemeinen Wert besitzen für solche, die offizielle Auswertungsbestimmungen ausarbeiten, in denen der Wirkungsprozentsatz (sei es Tod oder andere physiologische Veränderungen) an einer beschränkten Anzahl von Tieren geprüft werden soll. Die Anwendung mag an der Toxizitätsbestimmung von Neosalvarsan erklärt werden.

Anwendung für Neosalvarsan.

Die LD 50 des Neosalvarsanstandards für 14 g schwere Mäuse beträgt nach Abb. 64 0,58 mg/g. Die Toxizitätsvorschrift für unbekannte Präparate könnte sein, daß diese Dosis eines Präparates nicht mehr als 5 von 10 damit injizierten Mäusen töten darf. Auf Grund der Tabelle im Anhang ist die Wahrscheinlichkeit, daß eine Probe von derselben Toxizität wie der des Standards 5 oder weniger Mäuse tötet, 0,623; d. h. das Präparat würde nur 62,3% der Prüfungen bestehen. Das ist eine zu strenge Forderung. Und sie wird nicht etwa weniger streng, wenn man mehr Tiere benutzt. Denn spritzt man dieselbe Dosis 30 Mäusen, von denen nicht mehr als 15 sterben dürfen, dann würde ein Präparat von derselben Toxizität wie der des Standards sogar nur 57,2% der Prüfungen bestehen.

Die Frankfurter Konferenz (1928) beschloß daher, daß Proben, die 20% toxischer wären als der Standard, freigegeben werden sollten. Also ein Präparat, dessen LD 50 gleich $\frac{5}{6} \cdot 0{,}58$ mg/g oder 0,48 mg/g für 14 g schwere Mäuse ist, sollte die Prüfung bestehen. Der Effekt dieser Vorschrift, daß eine Dosis von 0,48 mg/g von 30 injizierten Mäusen nicht mehr als 15 töten darf, soll zunächst an Präparaten, die die gleiche Toxizität wie der Standard besitzen, betrachtet werden. In der Kurve (Abb. 64) entspricht 0,48 mg einer wahren Sterblichkeit von 15%. (Wahre Sterblichkeit ist die an einer sehr großen Tierzahl gefundene Sterblichkeit.) Die Tabelle im Anhang III zeigt, daß alle Präparate die Prüfung bestehen werden. Wenn die Probe 10% toxischer als der Standard ist, wird die vorgeschriebene Dosis von 0,48 mg der Standarddosis von 0,53 mg/g gleichwertig sein. Diese entspricht einer wahren Mortalität von ungefähr 25%. Ein solches Präparat besteht 99,9% der Prüfungen. Ist das Präparat 20% toxischer als der Standard, dann ist die vorgeschriebene Dosis der Standarddosis 0,576 mg/g, die einer wahren Sterblichkeit von 45% entspricht, gleichwertig. Ein solches Präparat besteht 77% der Prüfungen. Präparate, die 30% toxischer als der Standard sind, bestehen nur 6,5%, und solche, die 40% toxischer sind, keine der Prüfungen. Diese Ergebnisse sind in Tabelle 17 aufgestellt, zusammen mit denen an 20 Mäusen, von denen nicht mehr als 10 getötet werden dürfen, und Prüfungen an 10 Mäusen, von denen nicht mehr als 5 sterben dürfen.

Die Tabelle zeigt, daß bei Verwendung von 30 Mäusen nur eines von 1000 Präparaten, die 10% toxischer als der Standard sind, verworfen wird. Von solchen, die 20% toxischer sind, bestehen 23% die Prüfung nicht; wenn aber die Präparate 30% toxischer als der Standard sind, werden 93,5% verworfen. Die Zunahme der Prozentzahl nicht bestandener Prüfungen mit steigender Toxizität erfolgt nicht so rasch, wenn weniger Tiere benutzt werden. Man kann durch solche Berechnungen feststellen, wie scharf die Grenze zwischen erlaubter und nicht erlaubter Toxizität bei einer gegebenen Vorschrift gezogen wird.

Tabelle 17.

Toxizität des unbekannten Präparates Standard = 100	Prozentsatz bestandene Prüfungen		
	30 Mäuse	20 Mäuse	10 Mäuse
100	100	100	99,8
110	99,9	99,6	98,0
120	76,9	75,1	73,8
130	6,5	12,2	24,8
140	0,0	0,2	3,3

Literatur.

BLISS, Ann. App. Biol. **22**, 134 (1935).

COWARD and BURN, J. of Physiol. **63**, 270 (1927). — COWARD, KEY, DYER and MORGAN, Biochemic. J. **24**, 1952 (1930).

DURHAM, GADDUM and MARCHAL, Med. Res. Coun. Spec. Rep. Ser., No. 128 (1929).

FISHER, Statistic. Meth. Res. Work., p. 117. Edinburgh: Oliver and Boyd 1925.

GADDUM, Med. Res. Coun., Spec. Rep. Ser., No. 183 (1933).

HEMMINGSEN, Quar. J. Pharm. Pharmacol. **6**, 39 (1933).

KÄRBER, Arch. f. exper. Path. **162**, 480 (1931). — KROGH u. HEMMINGSEN, Publ. of the League of Nations Health Org. C. H. 398 (1926).

Kapitel IV.

Hypophysenhinterlappenextrakt.

Der Standard. Der internationale Standard ist ein trockenes Pulver, das aus frischen Ochsenhypophysenhinterlappen hergestellt und durch gründliches Extrahieren mit Aceton entwässert und entfettet worden ist. Dieses Präparat wurde zuerst von SMITH und McCLOSKY (1924) hergestellt und auf den Vorschlag von VOEGTLIN hin auf der Genfer Konferenz 1925 von der Hygienekommission des Völkerbundes als Standard angenommen. Das Pulver ist ungefähr 7mal so wirksam wie dieselbe Gewichtsmenge frischen Materials.

Nach den Vorschriften der Konferenzen, die 1925 in Genf und 1928 in Frankfurt abgehalten wurden, stand es jedem Untersucher frei, nach den Angaben von SMITH und McCLOSKY ein Pulver herzustellen und dieses als internationalen Standard zu betrachten. Ursprünglich war der internationale Standard keine bestimmte Menge des Pulvers, die in einem Zentralinstitut aufbewahrt wurde und zur allgemeinen Verfügung stand. 1935 aber beschloß die ständige Kommission für biologische Standardisierung, daß es wünschenswert wäre, einen internationalen Standard zu haben, auf den man zurückgreifen könnte, und wählte hierfür das Material, das im National Institute for Medical Research, London, zu diesem Zweck aufbewahrt wurde. Dieses Material war 1926 als britischer Standard für Hypophysenhinterlappenextrakt hergestellt worden.

Ein Pulver von der Art des internationalen Standards wird in der folgenden Weise hergestellt. Die Hypophysen werden vom Schlachthaus geholt und so schnell wie möglich nach der Herausnahme gefroren. Für 10 bis 20 Drüsen genügt ein Reagensglas, das man in einer Thermosflasche, von einer Eis- und Salzmischung umgeben, ins Laboratorium bringt. Die Abtrennung des Hinterlappens ist viel leichter, wenn die Drüsen hart gefroren sind. Die Hinterlappen werden in Aceton gelegt, 4 ccm Aceton für jeden Lappen, und 3 Stunden darin gelassen. Dann werden sie in kleine Stückchen geschnitten und in dasselbe Volumen frischen Acetons gebracht, worin sie über Nacht bleiben. Das Aceton wird dann abgegossen und die Drüsenstückchen in einem luftleeren Exsiccator über Phosphorpentoxyd oder Calciumchlorid getrocknet. Das getrocknete Material wird in einem Mörser fein zerrieben und durch ein Sieb Nr. 40 passiert. Das Pulver wird dann über Nacht in einem Exsiccator getrocknet und danach 3 Stunden mit Aceton in einem Soxhlet-Dauerextraktionsapparat extrahiert. Schließlich wird es noch einmal im Exsiccator getrocknet.

Das Pulver hält sich am besten in einem Exsiccator über Phosphorpentoxyd, oder aber in verschlossenen Glasröhrchen, die vor dem Zuschmelzen mit trockener Luft gefüllt worden sind. Dazu müssen die Röhrchen eine Verengerung haben, die in einem Glasgebläse rasch zugeschmolzen werden kann. Zuerst werden gegebene Mengen des Pulvers eingefüllt und die Ampullen aufrecht in einen Exsiccator über Phosphorpentoxyd gestellt. Der Exsiccator wird sodann evakuiert und bleibt 24 Stunden verschlossen. Danach wird er langsam mit Luft gefüllt, die durch eine Reihe von 3 Waschflaschen geleitet wird, deren erste und letzte konzentrierte Schwefelsäure und die mittlere Phosphorpentoxyd auf Watte enthält. Die Ampullen werden dann aus dem Exsiccator genommen und rasch zugeschmolzen.

Ein in dieser Weise hergestelltes Pulver kann nun entweder dieselbe oder eine andere Wirkungsstärke haben als der internationale Standard. Dieser wird von dem National Institute for Medical Research, Hampstead, London, abgegeben. Die einem Laboratorium jeweils überlassene Menge ist klein, und im allgemeinen stellt sich jedes Laboratorium ein eigenes Pulver her, das es — nachdem es sehr sorgfältig mit dem internationalen Standard verglichen worden ist — als den eigenen Substandard benutzt. Es müssen 5 bis 10 verschiedene Vergleiche durchgeführt werden, bevor das Verhältnis von Substandard zu internationalem Standard als endgültig bestimmt angesehen werden darf. Die Hauptursache für Schwankungen in der Wirksamkeit verschiedener Extrakte liegt in der Verschiedenheit der Zeit, die zwischen dem Tod des Tieres und dem Gefrieren der Drüse verstreicht. Die Wirksamkeit von Ochsendrüsen, die so frisch wie möglich gewonnen wurden, variiert sehr wenig. Andererseits geht der Wirksamkeitsverlust nach dem Tode des Tieres ziemlich schnell vor sich, und manchmal ist es schwierig, die Zeitspanne festzustellen.

Die Einheit. Die internationale Einheit des Hypophysenhinterlappenextraktes ist die Wirksamkeit von 0,5 mg des internationalen Standards. Diese Einheit wird manchmal als VOEGTLIN-Einheit bezeichnet, weil der Gebrauch des Pulvers als internationaler Standard von VOEGTLIN vorgeschlagen worden ist. Aus der Definition ergibt sich, daß der internationale Standard 2000 Einheiten pro Gramm enthält.

Herstellung eines Auszugs. Zur Herstellung eines Auszugs aus dem Standard wird eine Menge von nicht weniger als 10 mg in einem Wägeglas abgewogen. Bewahrt man das Pulver in einem evakuierten Exsiccator auf, so muß erst langsam Luft, die man durch 3 Waschflaschen streichen läßt, hereingelassen werden, bevor man den Exsiccator öffnet. Dann bringt man rasch etwas von dem Pulver in ein Wägeglas, das sofort verschlossen wird. Die Wägung darf nicht auf einem Uhrglas geschehen, da das Pulver sehr hygroskopisch ist. GADDUM (1927) zeigte, daß es in 2 Minuten um 10% an Gewicht zunimmt. Man nimmt pro Milligramm Pulver 1 ccm einer 0,25proz. Essigsäure und überführt damit das Pulver quantitativ in ein Reagensglas. Das Glas wird mit Watte verschlossen, für 2 Minuten in ein bereits kochendes Wasserbad gebracht, dann unter der Wasserleitung gekühlt und außen abgetrocknet. Der Inhalt wird durch ein kleines trockenes Filter in ein anderes Reagensglas filtriert. Das Filtrat ist ein 0,1proz. Auszug des Standards.

Für Auswertungen der uteruserregenden (oxytocischen) Wirksamkeit wird das Filtrat 10fach mit 0,25proz. Essigsäure verdünnt und in eine Serie Reagensgläser verteilt, die mit Watte verschlossen in einem Wasserbad 3 Minuten sterilisiert werden. Nach dem Abkühlen werden diese Gläser im Eisschrank aufbewahrt. Die Wirksamkeit bleibt mehrere Monate unverändert, vorausgesetzt, daß die Wattepfropfen nicht entfernt werden.

Auswertungsmethoden.

Hypophysenhinterlappenextrakt hat eine uteruserregende, eine blutdrucksteigernde und eine diuresehemmende Wirkung. Die auf der Diuresehemmung an Ratten beruhende Methode erfordert die geringste Apparatur, am wenigsten Übung und Geschicklichkeit und hängt am wenigsten von der Beurteilung des Untersuchers ab. Die chemische Abtrennung der einzelnen wirksamen Prinzipien ist sehr kompliziert und wird bei der üblichen Herstellung wässeriger Auszüge nie ausgeführt. Viele Forscher nehmen daher an, daß die Wirksamkeit, die man mit der Diuresemethode bestimmt, sich von der, die man mit der Uterusmethode findet, nicht unterscheidet. Theoretisch wenigstens kann dies bezweifelt werden. Die Uterusmethode, die am längsten besteht, soll zuerst beschrieben werden.

A. Die Auswertung der uteruserregenden Wirksamkeit.

Die älteste und gebräuchlichste Methode ist die von Dale und Laidlaw (1912), in der der Uterus von jungen Meerschweinchen benutzt wird. Sie hat den Nachteil, daß man nicht immer die geeigneten Tiere bekommen kann, und deshalb führte P. Trendelenburg (1928) den Gebrauch von Muskelstreifen aus dem Uterus des Schafes ein.

Aus dem Schafuterus wird ein Muskelstück von ungefähr 3 cm Länge und 2 mm Breite herausgeschnitten. Es wird in einem Gefäß mit warmer Tyrodelösung ausgespannt, die am besten jedesmal frisch aus den Stammlösungen A und B hergestellt wird.

Zusammensetzung der Tyrodelösung:

Lösung A			Lösung B	
NaCl	20,0%		$NaHCO_3$	5,0%
KCl	0,5%		NaH_2PO_4	0,25%
$CaCl_2$	0,5%	(ca. 1,0% Calcium chlorat. cryst. $CaCl_2 \cdot 6\,H_2O$)		
MgCl	0,25%	(ca. 0,5% Magnesium chlorat. cryst. $MgCl_2 \cdot 6\,H_2O$)		

Herstellung der frischen Lösung zum Gebrauch:

80 ccm der Lösung A werden mit destilliertem Wasser auf 1 Liter verdünnt,
40 ccm der Lösung B werden mit destilliertem Wasser auf 1 Liter verdünnt.

Beide werden gemischt und 2,0 g Dextrose hinzugefügt. (Ein anderes Rezept für Tyrodelösung zum Gebrauch für isolierte Kaninchendarmstreifen und andere Zwecke unterscheidet sich von dem oben angegebenen dadurch, daß es nur den 10. Teil der Magnesiumchloridmenge enthält. Die fertige Lösung enthält nur 0,01 g/l, während das obige Rezept 0,1 g/l enthält.) Der Schafuterus wird unmittelbar nach dem Töten des Tieres entnommen und darf nicht gefroren werden. Manche Uteri sind für die Auswertung ungeeignet, da sie nach der Kontraktion zu langsam erschlaffen. Die Pausen zwischen den einzelnen Dosen, die in das Tyrodebad gegeben werden, sollen ziemlich lang sein, sonst ermüdet der Muskel rasch und reagiert schwächer auf wiederholte gleich große Dosen. Wie alle quantitativen Methoden, die auf der Kontraktion eines ausgeschnittenen Muskels beruhen, erfordert auch diese einige Übung, bevor brauchbare Resultate erzielt werden können. Das Auswertungsverfahren an sich ist dasselbe wie bei der Meerschweinchenmethode.

Die Meerschweinchenuterusmethode.

Apparatur für den ausgeschnittenen Uterus. Die Apparatur ist in Abb. 13, die in genauem Maßstab gezeichnet ist, dargestellt. Sie besteht aus einem Kupferbad *A*, das als Heizbad für den inneren Glasbehälter *B* dient. Die Temperatur des Wasserbades wird von einer Kohlenfadenlampe *K* konstant gehalten, deren Griff in der Führung *M* liegt und die sich in einem seitlich über dem Boden des Bades hineinragenden Kupferzylinder befindet. Der Glasbehälter *B* steckt in einer zentral im Boden des Bades angebrachten Öffnung, die nach dem gleichen Verfahren wie das Gewinde eines Wasserleitungshahnes mit Asbest abgedichtet ist. Der Behälter *B*, dessen Inhalt 25 bis 100 ccm sein kann, steht durch den Glashahn *C* mit einer Heizschlange *D* und einem Reservoir in Verbindung. Die Vorrats-Ringerlösung ist in einer Flasche, von der sie nach Bedarf nach dem Reservoir hinübergehebert wird. In dem Reservoir wird die Ringerlösung auf 37° bis 40° C gebracht. Durch Öffnen des Hahnes *C* kann die Ringerlösung in den Behälter *B* hinüberfließen.

Ein Ende des Uterus wird an eine Platinnadel gesteckt, die am Ende eines Glasrohres angeschmolzen ist. Das Glasrohr wird von einer Klammer gehalten und ist in der Zeichnung so dargestellt, daß es sowohl den Sauerstoff durchleitet als auch den Uterus hält. Der Schreibhebel *N*, an dem ein Faden hängt, der mit einem Haken an dem freien Ende des Uterus befestigt ist, muß leicht sein. Die Abbildung zeigt ihn in der Mitte an einem massiven Hartgummirädchen befestigt, von dem etwas weniger als die Hälfte abgeschnitten worden ist, so daß der Schreibhebel eine Sehne zum Kreis des Rädchens bildet. Der Schreibhebel ist 19 cm lang und wiegt mit dem Hartgummirädchen 7 g. Der Teil des Hebels zwischen Rädchen und Schreibtrommel hat Einkerbungen, in die man an verschiedenen Stellen kleine Gewichte hängen kann. Der am Uterus befestigte Faden ist so am Schreibhebel angebracht, daß auf der Trommel nur eine geringe Vergrößerung der Uteruskontraktion entsteht.

Es ist angenehm, die Möglichkeit zu haben, den Schreibhebel stillzustellen, wenn man die Flüssigkeit auswechselt; dies kann man mit einem Schlauchauslöser, wie man ihn zum Photographieren benutzt, erreichen, indem, sobald man auf den Knopf drückt, ein kleiner Stahlstab unten radial gegen das Hartgummirädchen geschoben wird. Sehr geeignet ist der von LOVATT EVANS beschriebene Stirnschreiber. Er besteht aus einer Glascapillare von der in der Abbildung gezeigten Form,

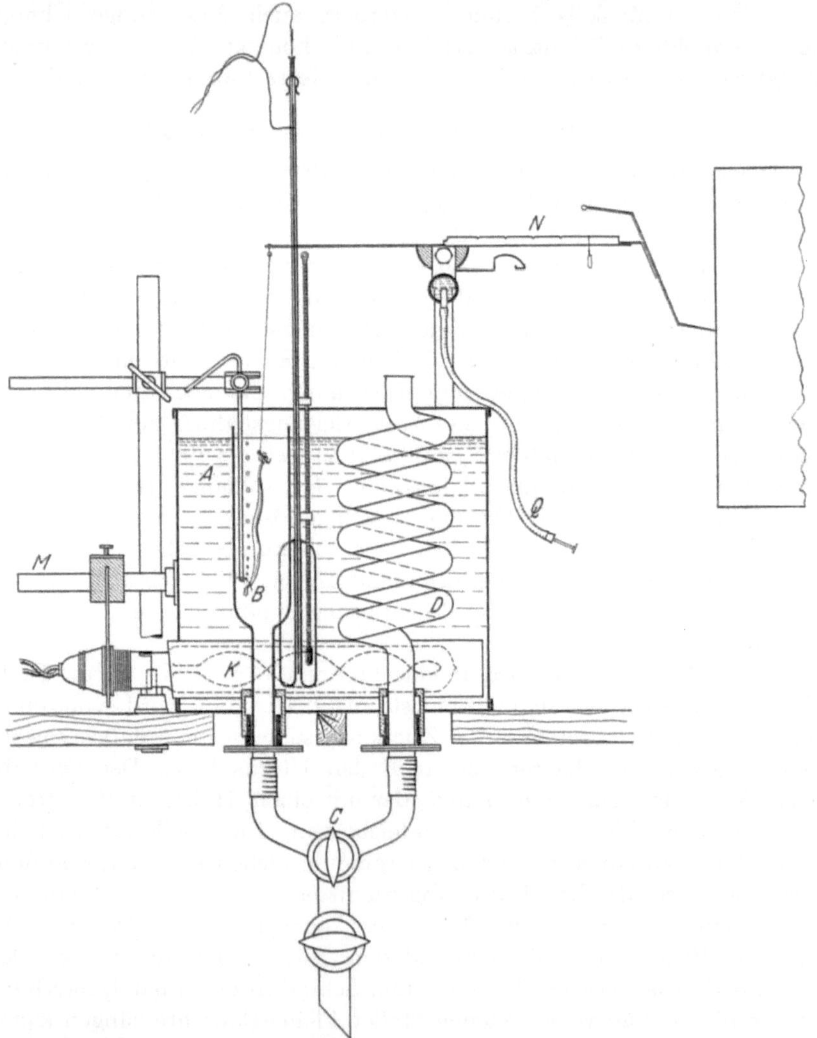

Abb. 13. Apparatur für den ausgeschnittenen Uterus. Siehe Text.

deren unteres Ende zu einer feinen Spitze ausgezogen ist. Diese ist mit einem Scharnier aus Peritonealmembran am Hebel befestigt. Zwei Stückchen gummiertes Papier werden so auf die Peritonealmembran geklebt, daß ihre gerade abgeschnittenen Ränder mit etwa 1 mm Zwischenraum parallel zueinander liegen; die Membran wird dann umgedreht und zwei andere Stückchen gummiertes Papier werden in derselben Weise auf die Rückseite geklebt, daß sie genau auf die beiden ersten passen. Das freigebliebene Stück Membran dient als Scharnier; das Papier des einen Endes wird zurechtgeschnitten und am Hebel, das andere an der Glascapillare befestigt. Dies geschieht am besten mit einer Art Siegellack (telegraphic cement. CHATTERTONS compound). Die Spitze schreibt auf ein dünn berußtes Papier, das vom Kymographion nur um 0,5 cm in der Minute fortbewegt wird.

Ringerlösung. Das destillierte Wasser, das zur Ringerlösung gebraucht wird, muß in einer Glasapparatur kondensiert und aufgefangen werden. Es ist nicht ratsam, Wasser zu benutzen, das nach der Destillation mit irgendeinem Metall in Berührung gekommen ist.

Das Rezept der Lösung ist:

NaCl . . .	9,0 g	
KCl . . .	0,42 g	
$CaCl_2$ . . .	0,24 g	(wasserfrei)
$NaHCO_3$.	0,5 g	
Dextrose .	0,5 g	
Wasser . .	1000,0 g	

Oft werden 2,5 g $MgCl_2$ hinzugefügt, aber ob dies etwas ausmacht, ist nicht sicher. Das Calciumchlorid kann als Stammlösung mit 20% $CaCl_2$ vorrätig gehalten werden. Hierzu werden 40 g krystallinisches Calciumchlorid ($CaCl_2 \cdot 6\,H_2O$) in 100 ccm Wasser gelöst und die noch fehlende Menge Wasser zugegeben, nachdem die genaue Konzentration an wasserfreiem Salz mit einer Standard-Silbernitratlösung bestimmt wurde. Das Natriumbicarbonat darf erst kurz vor dem Gebrauch hinzugefügt werden.

Das Meerschweinchen. Die größte Schwierigkeit der Methode liegt in der wechselnden Brauchbarkeit der verschiedenen Uterusmuskelstücke für die Auswertung. Wenn die zu beschreibenden Vorsichtsmaßregeln nicht beachtet werden, besteht wenig Aussicht, daß die Methode zufriedenstellende Resultate ergibt. Die jungen weiblichen Meerschweinchen werden, sobald sie entwöhnt sind, herausgesucht und von den Männchen getrennt. Es ist schwierig, das Gewicht genau festzusetzen. In den Herbst- und Wintermonaten, von September bis Anfang März, nimmt man am besten schwerere Tiere, bis zu 350 g, während im Frühjahr und Sommer leichtere Tiere von ungefähr 230 g geeigneter sind. Es ist längst bekannt, daß der Muskel während der Brunst völlig unbrauchbar ist, weil er dann geschwollen und hyperämisch ist und, wenn er in das Bad gebracht wird, sehr bald eine spontane Tätigkeit beginnt. STOCKARD und PAPANICOLAOU haben gezeigt, daß im Di-Oestrus (wenn das Tier nicht brünstig ist und für den Test gebraucht werden kann) die Vagina durch übermäßiges Epithelwachstum ganz verschlossen ist. Die Vaginalöffnung ist halbmondförmig, die Spitzen liegen lateral und zeigen ventral. Das Vorhandensein einer Membran, die die Vaginalöffnung völlig bedeckt, ist ein Zeichen der Brunstruhe. Die Vaginalöffnung ist außerdem während der Schwangerschaft geschlossen; wenn aber die Weibchen zur Zeit der Entwöhnung von den Männchen getrennt werden, dürfte eine Schwangerschaft ausgeschlossen sein.

Das Präparieren des Uterusmuskels. Das Meerschweinchen wird getötet und entblutet. Mit einer kleinen Pinzette faßt man ein Ovarium und durchschneidet das Ligament, das es mit Niere und Bauchwand verbindet. Das Uterushorn wird dann freipräpariert, indem man das breite Ligament an der Längsseite bis dort, wo beide Hörner zusammentreffen, abtrennt. Der Uteruskörper wird abgeschnitten und die beiden Hörner geteilt. Dadurch ist ein Horn, an dem das Ovarium noch festhängt, herausgelöst. Man muß beim Präparieren sorgfältig darauf achten, das Horn nicht zu dehnen. Das zweite Horn kann in Ringerlösung im Eisschrank aufbewahrt und am folgenden Tage noch benutzt werden.

Die Platinnadel, die an dem Glasrohr angeschmolzen ist, wird durch das untere Ende des Uterushornes gesteckt, während das kleine Häkchen mit dem Faden am Ovarium befestigt wird. Dann wird der Muskel im Behälter *B* in der Ringerlösung ausgespannt, die 37° C warm und reichlich mit Sauerstoff durchströmt sein muß.

Die Auswertung. Wenn der ausgeschnittene Uterus aufgespannt ist, läßt man ihm zuerst 15 Minuten Zeit zum Erschlaffen. Dies wird dadurch unterstützt, daß man ein kleines Gewicht von etwa 0,4 g nahe an die Spitze des Schreibhebels hängt. Dann wird eine Dosis Hinterlappenextrakt in das Bad gegeben. Die Größe der Dosis hängt von dem Inhalt des Bades ab. Wenn dieses etwa 35 ccm ist, dann ist die Dosis eines gewöhnlichen Hinterlappenauszugs, der ungefähr 10 Einheiten pro Kubikzentimeter enthält, 0,4 ccm des 50 mal verdünnten Auszugs. Oft hat die erste Dosis nur einen kleinen Effekt und man erhält erst bei der dritten die regelmäßige Kontraktion. Um die Wirkungsstärke einer Dosis zu beurteilen, muß man folgende Punkte beachten: 1. die Geschwindigkeit, mit der die Spitze des Schreibhebels gehoben wird; 2. wieweit dieser Anstieg durch kurze Pausen unterbrochen wird; 3. die Höhe des Anstiegs. Während man sich das Urteil hauptsächlich aus der Höhe des Anstiegs bildet, können doch die Punkte 1 und 2 manchmal wichtige Hinweise geben. Die Dosis, die man braucht, muß unbedingt kleiner sein als die, die einen maximalen Effekt bewirkt. Die maximale Kontraktion erkennt man an einer horizontalen Linie auf der Höhe der Kurve. Submaximale Dosen bewirken ein Ansteigen bis zu einem Gipfel, von dem ein spontanes Absinken erfolgt. Oft ist die Kurve oben gezackt. Je kleiner diese Zacken sind, um so größer ist die Wirksamkeit der Dosis. Die Dosis, die man braucht, soll ungefähr 70% der Maximaldosis betragen. Sie bewirkt eine Kontraktion, deren Höhe kaum geringer ist als das Maximum. Sobald sie den Höhepunkt erreicht hat und der Schreibhebel langsam anfängt abzusinken, läßt man die Ringerlösung aus dem Bad ablaufen und ersetzt sie durch frische. Dabei stellt man die Trommel und den Schreibhebel am besten still. Der Muskel erschlafft dann zu seiner ursprünglichen Länge. Die Pause zwischen den Dosen mag in verschiedenen Versuchen zwischen 10 bis 15 Minuten schwanken. Sie soll aber in jedem einzelnen Versuch konstant gehalten werden, und man stellt das jeweils richtige Intervall am besten fest, indem man dieselbe Dosis eines Extraktes mehrmals hintereinander gibt. Wenn die Wirkung der zweiten Dosis kleiner ist als die der ersten, war die Pause für die Erholung des Muskels nicht lang genug. Jede Dosis wird nach der Uhr gegeben und die Zeit auf der Trommel vermerkt.

Der Zweck des Versuches ist herauszufinden, welche Dosis des unbekannten Auszugs eine Kontraktion von derselben Höhe bewirkt, wie eine gegebene Dosis der Standardlösung. Man kann nun so vorgehen, daß man immer eine Dosis der unbekannten Lösung und des Standards abwechselnd in das Bad gibt, bis die Kontraktionen gleich groß sind; aber dies Verfahren unterliegt einer erheblichen Fehlerquelle, weil es vorkommt, daß das Uterushorn aufhört verschiedene Dosen zu unterscheiden und gleich stark reagiert, welche Dosis man auch immer geben mag. Aus diesem Grunde ist es gefährlich, sich auf Kontraktionen gleicher Höhe zu verlassen, und viel sicherer, Differenzen zu bestimmen. Beim Feststellen von Ungleichheiten muß man ständig die Möglichkeit im Auge behalten, daß der Uterus langsam seine Empfindlichkeit ändern kann, so daß er auf dieselbe Dosis einmal stärker, ein anderes Mal schwächer reagiert. Deshalb haben zwei Kontraktionen direkt nebeneinander keinen Wert, denn wenn eine größer ist als die andere, braucht die Differenz noch keinen Unterschied in der Wirksamkeit der beiden Dosen zu bedeuten, sondern kann lediglich zeigen, daß die Empfindlichkeit des Uterus zu der Zeit, während der die Reaktionen erzielt wurden, schwankte. Es ist deshalb am besten, eine Serie von vier Kontraktionen zu nehmen, die man erhält, indem man zweimal den Test und zweimal den Standard gibt. Man kann die Dosen abwechseln, wie in Abb. 14. Dies kann jedoch zu einem Fehlurteil führen, weil es manchmal, wenn man dieselbe Dosis mehrmals gibt, vorkommt, daß die Kontraktionen abwechselnd größer und kleiner sind. So zeigen die ersten vier Kontraktionen in Abb. 14, daß 0,5 ccm A eine stärkere Wirkung hatten als 0,4 ccm B; als die Dosen aber in umgekehrter

Reihenfolge gegeben wurden, wurde das Gegenteil beobachtet. Die beste Methode ist, eine Serie von vier Kontraktionen zu nehmen, die man erhält, indem man die Dosen in der Reihenfolge *A*, *B*, *B*, *A* gibt, wie Abb. 15 zeigt. Wenn beide Kontraktionen nach Dosis *B* größer sind als beide nach Dosis *A*, so ist es höchst wahrscheinlich, daß Dosis *B* stärker ist als Dosis *A*.

Nachdem man auf diese Weise eine Dosis des unbekannten Extraktes gefunden hat, die stärker ist als die Standarddosis, sucht man eine Dosis, die schwächer als die Standarddosis ist. Man muß versuchen, den Grad der Abweichung möglichst einzuengen. Wenn nämlich ein Resultat ergibt, daß der unbekannte Extrakt weniger als 20, und ein anderes, daß er mehr als 10 Einheiten pro Kubikzentimeter enthält, dann muß man versuchen herauszufinden, ob er weniger als 18 oder mehr als 12 Einheiten pro Kubikzentimeter enthält, usw. Es sei ein Beispiel gegeben:

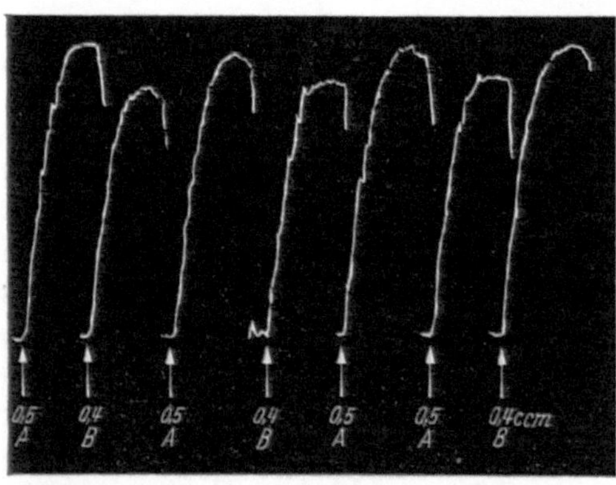

Abb. 14. Manchmal sind die Uteruskontraktionen abwechselnd groß und klein. Wechselt man nun die Dosen des Standards und des unbekannten Präparates ab, so entsteht sehr leicht ein Fehler. Dies läßt sich an den letzten 4 Dosen der Abbildung erkennen.

Ein Hinterlappenauszug wurde verglichen mit einem Extrakt, der frisch aus dem Standard-Hinterlappenpulver hergestellt war, so daß 1 ccm zwei internationale Einheiten enthielt.

Der zu untersuchende Auszug wurde zum Gebrauch 100mal verdünnt (= $T/100$) und der Standardextrakt 10mal (= $St/10$).

Erster Uterus. Meerschweinchen 215 g.

a) 0,6 ccm $T/100$ ist größer als 0,3 ccm $St/10$,
b) 0,5 ccm $T/100$ ist kleiner als 0,5 ccm $St/10$.

Zweiter Uterus. Meerschweinchen 220 g.

c) 0,4 ccm $T/100$ ist größer als 0,2 ccm $St/10$,
d) 0,4 ccm $T/100$ ist größer als 0,25 ccm $St/10$,
e) 0,4 ccm $T/100$ ist kleiner als 0,4 ccm $St/10$.

Dritter Uterus. Meerschweinchen 235 g.

f) 0,6 ccm $T/100$ ist kleiner als 0,6 ccm $St/10$,
g) 0,6 ccm $T/100$ ist kleiner als 0,5 ccm $St/10$,
h) 0,6 ccm $T/100$ ist größer als 0,3 ccm $St/10$.

Aus d) geht hervor, daß 1 ccm *T* stärker ist als 6,25 ccm *St*, daß es also mehr als 12,5 Einheiten enthält.

Aus g) geht hervor, daß 1 ccm *T* schwächer ist als 8,2 ccm *St*, daß es also weniger als 16,6 Einheiten enthält. Also ist anzunehmen, daß 1 ccm *T* 14,5 Einheiten enthält.

Mit dem ersten Uterus gelang es nur zu zeigen, daß der unbekannte Auszug mehr als 10 und weniger als 20 Einheiten pro Kubikzentimeter enthielt. Der Versuch, zu zeigen, daß er mehr als 12 und weniger als 18 Einheiten enthielt, schlug fehl, da alle Kontraktionen gleich groß waren. Es waren Beobachtungen an 3 Uterushörnern mit einem Zeitaufwand von $2^1/_2$ Tagen nötig, bevor gezeigt werden konnte, daß der unbekannte Auszug 14,5 Einheiten pro Kubikzentimeter enthielt.

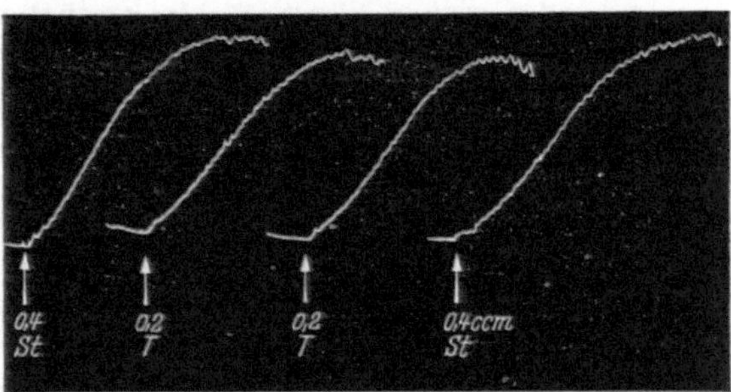

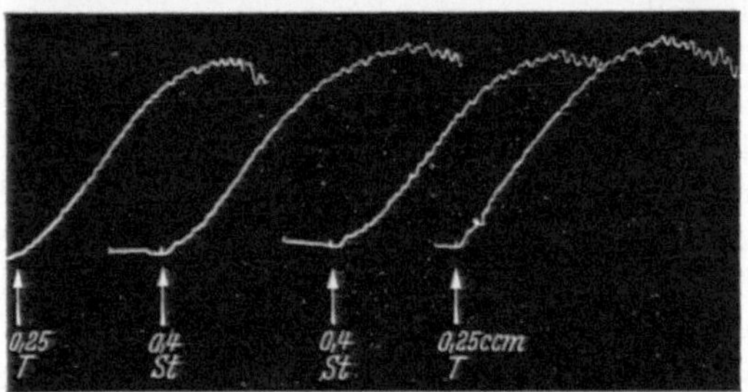

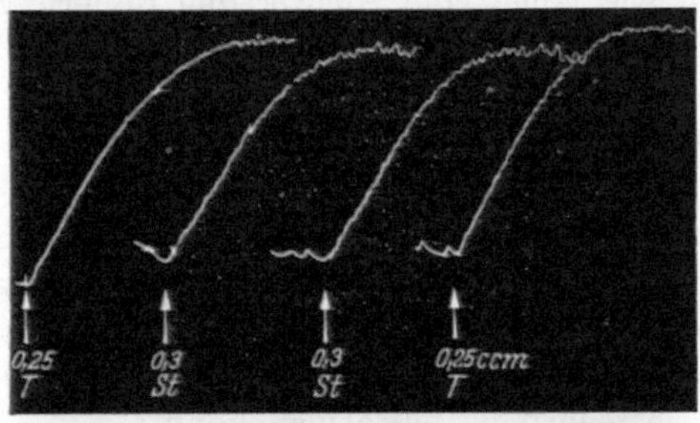

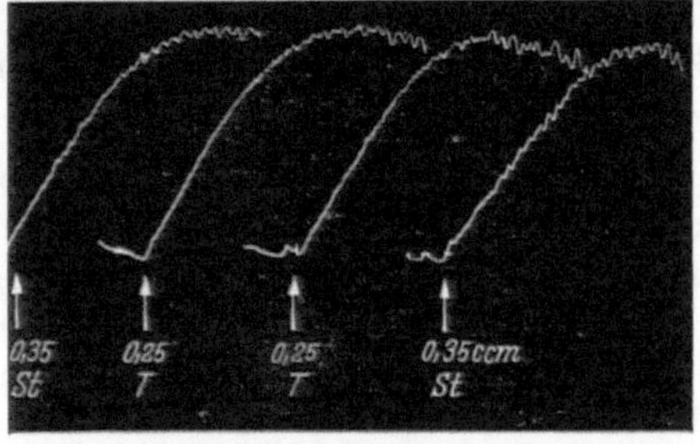

Abb. 15. Die obere Kurve zeigt, daß 0,2 ccm *T* schwächer als 0,4 ccm *St* ist; die dritte Kurve, daß 0,25 ccm *T* stärker als 0,3 ccm *St* ist; die zweite und vierte ergeben keinen merklichen Unterschied zwischen 0,25 ccm *T* und 0,4 ccm *St* oder zwischen 0,25 ccm *T* und 0,35 ccm *St*. Der Extrakt *T* enthält weniger als 20 Einheiten und mehr als 12,5 Einheiten, aber er kann entweder 14, 16 oder 18 Einheiten enthalten.

Nachweis einer Verunreinigung mit Histamin. Da gefunden wurde, daß schwache Extrakte manchmal Histamin enthalten, entweder infolge von

Autolyse, oder weil es künstlich hinzugefügt wurde, ist ein Verfahren angegeben worden, Histamin nachzuweisen. Eine bestimmte Menge Extrakt wird mit dem gleichen Volumen 2 n NaOH versetzt und eine Stunde bei Zimmertemperatur stehengelassen. Die Natronlauge wird dann mit 2 n HCl neutralisiert, und die Lösung wird am ausgeschnittenen Uterus untersucht. Jede noch vorhandene Wirksamkeit ist dann mit größter Wahrscheinlichkeit auf Histamin zurückzuführen, denn das Alkali zerstört die spezifische uteruswirksame Hinterlappensubstanz. Manche Autoren verlangen, daß nach der oben beschriebenen Alkalibehandlung nicht mehr als 5% der ursprünglichen Wirksamkeit übrig sein soll.

Die Genauigkeit der Uterusmethode. Die Genauigkeit der Methode hängt von der Empfindlichkeit des Uterus ab. Gelegentlich unterscheidet ein Uterus Dosen mit 10% Unterschied, aber meistens können Unterschiede von weniger als 20% nicht nachgewiesen werden. Wenn der Uterus gerade erst im Bad aufgehängt wurde, hat er manchmal zunächst keine Unterscheidungsfähigkeit, sondern entwickelt diese erst später. Es kann auch vorkommen, daß die Unterscheidungsfähigkeit nach 2 bis 3 Stunden verschwindet. Es ist ganz unmöglich vorherzusagen, wie lange eine Auswertung dauern wird, da dies einen halben oder 3 Tage in Anspruch nehmen kann, je nach der Eignung der zur Verfügung stehenden Uteri.

Die mit der oben beschriebenen Methode erhobenen Befunde haben 20% Genauigkeit. Also wird ein Auszug, bei dem 10 Einheiten im Kubikzentimeter festgestellt wurden, gewöhnlich nicht weniger als 8 und nicht mehr als 12 Einheiten pro Kubikzentimeter enthalten. Gelegentlich ist der Fehler viel größer und kann bis zu 100% betragen, infolgedessen soll man seiner Befunde niemals allzu sicher sein, bevor man sie mehrmals bestätigen konnte.

B. Die Bestimmung der blutdrucksteigernden Wirksamkeit.

Wenn man einer dekapitierten Katze eine bestimmte Dosis Hinterlappenextrakt sechs- oder siebenmal hintereinander intravenös injiziert, so nimmt die Höhe des jedesmal erzielten Blutdruckanstiegs rasch ab, bis zu einem Punkt, nach dem jede Dosis denselben kleinen Effekt hat. Von diesem Stadium, in dem die Blutdruckerhöhung klein, aber konstant ist, hat man früher Gebrauch gemacht, um die relative Wirksamkeit verschiedener Auszüge zu bestimmen. Hogben, Schlapp und MacDonald (1924) haben jedoch gezeigt, daß auch Histamin in der dekapitierten Katze oft einen Blutdruckanstieg bewirkt, und daß die Methode sich daher gelegentlich als eine Bestimmung des evtl. vorhandenen Histamins erweisen kann. Außerdem haben Hogben, Schlapp und MacDonald gefunden, daß bei Dosen, die im Abstand von einer Stunde gegeben werden, keine Verminderung der blutdrucksteigernden Wirkung eintritt, so daß es auf diese Weise möglich ist, die initiale Blutdruckerhöhung verschiedener Extrakte am selben Tier zu vergleichen.

Das Präparieren der Katze. (Methode nach ELLIOTT.) Ausgewachsene männliche Katzen von 3 bis 4 kg Gewicht sind für den Zweck am geeignetsten. Die Katze wird mit Chloroform narkotisiert und auf dem Operationstisch befestigt. Die Trachea wird freigelegt und eine Trachealkanüle eingeführt, durch die die Katze aus einer WOULFFschen Flasche Chloroform oder Äther atmet. Beide Carotiden werden abgebunden. Dann wird die Katze umgedreht, so daß sie auf dem Bauch zu liegen kommt, die Beine werden festgebunden, aber der Kopf freigelassen. In der Höhe vom langen Spinalfortsatz des zweiten Halswirbels wird das Rückenmark freigelegt. Zu diesem Zweck wird die Haut in der Mittellinie vom Kopf bis zu den Schultern gespalten und mittels beschwerter Haken auseinandergehalten. Der Operateur nimmt den Kopf der Katze in die linke Hand, um die hinteren Halsmuskeln anzuspannen, und durchtrennt die oberste Muskelschicht in der Mittellinie 6 bis 8 cm vom Schädel abwärts. Diese Muskeln werden auch mit beschwerten Haken auseinandergehalten. Man kann den Dornfortsatz des zweiten Halswirbels in der Mittellinie fühlen. Er wird beiderseits von Muskeln befreit, die man möglichst dicht am Knochen durchschneidet, jedoch nicht zu nahe am Kopf. Die am unteren Ende des Spinalfortsatzes inserierenden Muskeln werden durchschnitten und nunmehr der ganze Fortsatz mit einer Knochenzange entfernt. In diesem Stadium der Operation muß die Katze so tief wie möglich narkotisiert sein, um den Blutverlust auf ein Minimum zu beschränken. Knochenblutungen lassen sich leicht mit Plastilin stillen. Andere Gewebsblutungen kann man immer mit einem Stück Watte stillen, das man in heiße Kochsalzlösung taucht, auspreßt und für 1 bis 2 Minuten auf die blutende Stelle drückt. Mit einer kleinen starken Knochenzange wird nun der Wirbelknochen über dem Rückenmark langsam Stückchen für Stückchen entfernt, bis ein etwa 1 cm langes Stück der Dura mater in ihrer ganzen Breite freigelegt ist. Jetzt wird der Kopf der Katze von einem Assistenten gehalten und Dura und Rückenmark mit einer Schere durchschnitten. Im selben Moment wird das Narkoticum weggenommen und künstliche Atmung begonnen. Mit einem 3 bis 4 mm dicken Stab, den man durch das Foramen magnum schiebt, wird das Gehirn zerstört. Dann wird der Stab herausgezogen und an seine Stelle ein lang ausgezogener Plastilinstab rasch hineingesteckt. Das Foramen magnum wird mit einem kleinen Kork, den man fest hereinpreßt, geschlossen. Man entfernt alle abgebröckelten Plastilinstückchen aus dem Wirbelkanal, so daß das obere Ende des Rückenmarks sauber und glatt durchgeschnitten daliegt mit ungefähr 1 cm Abstand vom unteren Ende des Korks. Manchmal blutet es aus dem Rückenmark, was man mit Watte, die mit heißer Kochsalzlösung (60° C) getränkt ist, bald stillen kann. Die Nackenhaut wird zusammengenäht und die Katze wieder auf den Rücken gelegt.

Man bindet eine Kanüle in die linke Arteria carotis communis, um den Blutdruck zu schreiben, und eine in die rechte Vena jugularis externa zum Injizieren. Nach der oben beschriebenen Operation kann der Blutdruck eine Höhe von 150 mm Hg erreichen. Innerhalb einer Stunde fällt er gewöhnlich bis zu einem Niveau ab, das dann oft 24 Stunden lang konstant bleibt, vorausgesetzt, daß man die Körpertemperatur des Tieres nicht absinken läßt. Nach Beendigung der Operation deckt man die Katze am besten warm zu und läßt sie so etwa eine Stunde liegen. Der Blutverlust beim Präparieren ist verschieden und kann sogar beunruhigend werden; er ist aber niemals so groß, daß die Katze für die Auswertung unbrauchbar würde. Mit einiger Übung kann man die Blutung erheblich reduzieren.

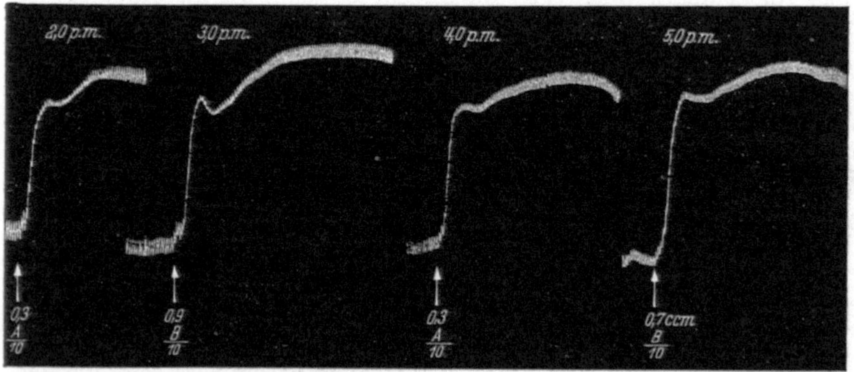

Abb. 16. Die Bestimmung der blutdrucksteigernden Wirkung an der Spinalkatze. 0,3 ccm *A*/10 ist schwächer als 0,9 ccm *B*/10 und ebenso wirksam wie 0,7 ccm *B*/10.

Die Auswertung. Die Injektionen von Hinterlappenextrakt werden in Abständen von 1 Stunde gemacht. Bei manchen Katzen kann die Pause auf eine halbe Stunde oder sogar 20 Minuten abgekürzt werden, das muß man ausprobieren. Ein Auszug, von dem man annimmt, daß er 10 Einheiten im Kubikzentimeter enthält, wird 10mal verdünnt, und von der Verdünnung werden 0,2 bis 0,5 ccm, also 0,2 bis 0,5 Einheiten, injiziert. Der aus dem Standardpulver bereitete Extrakt mit 2 Einheiten im Kubikzentimeter wird mit dem gleichen Volumen Kochsalzlösung verdünnt. Wenn man dann findet, daß 0,3 ccm des unbekannten Auszuges (10mal verdünnt) dieselbe Blutdruckerhöhung bewirken wie 0,3 Einheiten des Standards, dann muß der Auszug 10 Einheiten im Kubikzentimeter enthalten. In Abb. 16 ist ein Beispiel der Auswertung gegeben.

C. Die Bestimmung der antidiuretischen Wirksamkeit.

Zur Bestimmung der antidiuretischen Wirksamkeit sind Hunde, Kaninchen, Ratten und Mäuse benutzt worden. Aber welche Tierart man auch nehmen mag, immer muß die Methode eine vergleichende sein, denn die Reaktion jedes einzelnen Tieres oder jeder Gruppe von Tieren auf eine gegebene Menge diuresehemmender Substanz schwankt hochgradig. Es ist deshalb ein variables und kein konstantes Maß, wenn man die Einheit der Wirksamkeit als diejenige Hormonmenge ausdrückt, die nötig ist, um die Wasserausscheidung eines Hundes oder einer Anzahl Mäuse um eine bestimmte Zeiteinheit zu verzögern. Da die Reaktion verschiedener Tiere schwankt, ist es notwendig, die durchschnittliche Wirkung an einer Gruppe von Tieren zu bestimmen, und kleinere Tiere, also Ratten und Mäuse, sind dazu geeigneter als Hunde oder Kaninchen. GIBBS (1930) hat zuerst Mäuse vorgeschlagen. In seiner Methode werden 8 Mäuse genommen und jede wird auf ein weitmaschiges Drahtnetz in einen Glastrichter gesetzt, jeder Trichter wird mit einem kleineren umgekehrten Trichter zugedeckt. Man stellt die Trichter in einen Ständer und sammelt den unten abfließenden Urin in Meßzylindern. Jede Maus erhält 1 ccm warmes Leitungswasser intraperitoneal. 4 Mäuse erhalten Hinterlappenextrakt subcutan, und 4 werden als Kontrolltiere genommen. Nach etwa 2 Stunden sezernieren die Kontrollmäuse zunehmende Mengen Urin, die injizierten Tiere nichts. GIBBS schlug vor, die kleinste Menge Hinterlappenextrakt zu bestimmen, die die Wasserausscheidung um 3 Stunden verzögert.

Die Messung der Urinmenge, die von Mäusen ausgeschieden wird, ist ziemlich ungenau, da sie so klein ist. Deshalb sind Ratten vorzuziehen. BURN (1931) hat eine Methode angegeben.

Die Auswahl der Tiere. Man nimmt 16 männliche, ungefähr gewichtsgleiche Ratten. Weibchen werden nicht gebraucht, da sie in ihrem Verhalten viel stärker schwanken. Die Ratten sollen nicht weniger als 140 g und nicht mehr als 240 g wiegen. Am Abend vor dem Versuch wird das Futter weggenommen; wenn dies nicht geschieht, werden die Resultate zu ungleichmäßig.

Die Verabreichung des Wassers. Zu Beginn des Versuchs wird jede Ratte gewogen und mit einer Magensonde 5 ccm Wasser pro 100 g Gewicht gegeben. Ein weicher Gummikatheter Nr. 3 ist für den Zweck geeignet, da er zu dick ist, um in die Trachea zu rutschen. Eine 10-ccm-Rekordspritze wird durch ein Stück Gummischlauch mit dem Katheter verbunden und mit angewärmtem Wasser gefüllt. Das Ende des Katheters wird in Glycerin getaucht, damit man ihn leichter in den Magen der Ratte einführen kann. Ein kleiner Holzknebel (s. Abb. 17), der in der Mitte ein Loch für den Katheter hat, wird mit einer Klammer, die an einem stabilen Ständer befestigt ist, horizontal gehalten. Ein Assistent hält die Ratte vertikal und schiebt vom freien Ende her den Knebel seitlich in das Maul der Ratte bis zu dem Loch; dann wird das freie Ende des Knebels mit einer zweiten Klammer fixiert. Der Katheter wird durch das Loch in den Oesophagus geschoben, wobei man keinerlei Gewalt anwenden darf. Wenn es schwer geht, so liegt das meistens daran, daß der Assistent die Haut am Genick der Ratte zu fest hält. Ein guter Griff ist, die Nackenhaut zwischen Daumen und Zeigefinger zu nehmen und den Mittelfinger gegen die Wirbelsäule zu drücken. Man kann das Einführen des Katheters auch dadurch erleichtern, daß man gleich anfangs den Knebel ganz nach hinten schiebt, bis die Zunge vorn zwischen Knebel und Unterkiefer zu liegen kommt.

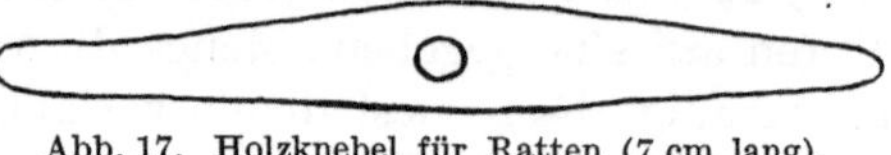

Abb. 17. Holzknebel für Ratten (7 cm lang).

Die Dosierung des Hinterlappenauszugs. Sofort nachdem das Wasser gegeben ist, muß der Hinterlappenextrakt subcutan gespritzt werden. Ein vom Standardpulver bereiteter Auszug, der 2 Einheiten pro Kubikzentimeter enthält, wird so verdünnt, daß er 0,02 Einheiten pro Kubikzentimeter enthält. Von dieser Verdünnung werden 0,2 ccm pro 100 g Ratte injiziert, so daß also die Dosis 0,004 Einheit pro 100 g ist. Da die Empfindlichkeit der Ratten schwankt, kann es vorkommen, daß diese Menge keine genügende Verzögerung der Diurese bewirkt. Gewöhnlich ist sie aber ausreichend. Von einem unbekannten Extrakt, der 10 Einheiten im Kubikzentimeter enthalten soll, wird 0,2 ccm auf 100 ccm verdünnt; davon werden 0,2 ccm pro 100 g Körpergewicht injiziert.

Das Sammeln des Urins. Nach der Injektion werden die Ratten in runde Käfige (25 cm Durchmesser) mit einem weitmaschigen Drahtboden gesetzt und die Käfige in große Glastrichter gestellt, die den Urin in Meßzylinder leiten. Es kommen 4 Ratten zusammen in einen Käfig, so daß die mit dem Standard injizierten Tiere in 2 Käfigen, und die mit dem unbekannten Auszug gespritzten Tiere in 2 weiteren Käfigen sind. Der Urin wird in 10-ccm-Zylindern gesammelt, die nötigenfalls in größere Gefäße ausgeleert werden.

Die Bestimmung der antidiuretischen Wirkung. Für das Verabreichen von Wasser und die Injektionen von 4 Ratten braucht man gewöhnlich 6 bis 8 Minuten. Der Zeitpunkt in der Mitte dazwischen wird notiert und als Anfangszeit für die Gruppe gerechnet. Die Berechnung der Zeit, die bis zum Eintritt der maximalen Wasserausscheidung verstreicht, versteht man am besten an Hand der Tabelle 18.

Die Ratten der Gruppe I erhielten um 11 Uhr vormittags Wasser und Injektion. Um 12.30 nachmittags erfolgte die erste Urinausscheidung; es wurden 1,4 ccm notiert. Von da an wurde alle 15 Minuten die Gesamtmenge festgestellt, bis 3 Uhr nachmittags, als anzunehmen war, daß weitere Beobachtungen überflüssig waren, da die vier letzten Einzelmengen alle klein waren. In der dritten Spalte der Tabelle 18 sind

Tabelle 18.

Erste Gruppe von 4 Ratten			Zweite Gruppe von 4 Ratten		
Wassergabe und Injektionen von Hinterlappenauszug um 11 vormittags			Wassergabe und Injektionen von Hinterlappenauszug um 11.25 vormittags		
Zeit	Gesamtmenge Urin	Einzelmenge in den letzten 15 Minuten	Zeit	Gesamtmenge Urin	Einzelmenge in den letzten 15 Minuten
12.30	1,4	—	12.05	0,5	—
12.45	1,6	0,2	12.20	0,5	—
1.00	4,2	2,6	12.35	0,5	—
1.15	7,8	3,6	12.50	2,2	1,7
1.30	14,8	7,0	1.05	3,5	1,3
1.45	17,0	2,2	1.20	6,3	2,8
2.00	20,5	3,5	1.35	8,2	1,9
2.15	21,6	1,1	1.50	13,0	4,8
2.30	23,2	1,6	2.05	14,4	1,4
2.45	24,3	1,1	2.20	17,5	3,1
3.00	24,3	0,0	2.35	20,0	2,5
			2.50	22,0	2,0
			3.05	22,0	0,0
Zeit bis zum Eintritt der maximalen Wasserausscheidung 145 Minuten			Zeit bis zum Eintritt der maximalen Wasserausscheidung 140 Minuten.		

die in je 15 Minuten ausgeschiedenen Urinmengen verzeichnet, zusammen 22,9 ccm, wobei die zu allererst sezernierte Menge unberücksichtigt bleibt. Die Hälfte von 22,9 ist 11,4; dazu wird die anfängliche Menge 1,4 ccm addiert, das ergibt 12,8 ccm. Diese Menge wurde zwischen 1.15 und 1.30 nachmittags erreicht. Um 1.15 nachmittags waren es 7,8 ccm, um 1.30 nachmittags 14,8 ccm. Den Zeitpunkt der Ausscheidung von 12,8 ccm findet man, indem man die 15 Minuten von 1.15 bis 1.30 im Verhältnis 5 zu 2 teilt, nämlich etwa 1.25 nachm. Von 11 Uhr vormittags bis 1.25 nachmittags sind 145 Minuten; diese werden als die Zeit bis zum Eintritt der maximalen Ausscheidung genommen. Dieser Versuch sieht so aus, als ob man den Zeitpunkt bis zur maximalen Wasserausscheidung durch direkte Betrachtung der dritten Spalte in Tabelle 18 sofort hätte herausfinden können. In anderen Versuchen, z. B. bei der zweiten Rattengruppe, ist aber die einfache Betrachtung wenig wert und eine feste Regel zur Berechnung des Maximums erforderlich.

Man kann fragen, warum nicht einfach der Zeitpunkt genommen wird, zu dem die halbe Gesamturinmenge ausgeschieden war. Hierzu ist zu sagen, daß gelegentlich nach einer initialen Ausscheidung von 1,0 bis 3,0 ccm Urin eine Pause von einer halben bis einer Stunde eintritt, in der nichts sezerniert wird. In einem solchen Fall scheint die Anfangsmenge nicht zu der wirklichen Ausscheidungsperiode zu gehören und sollte daher auch die Bestimmung des Mittelwertes nicht zu stark beeinflussen. In den meisten Versuchen liegt allerdings der maximale Ausscheidungspunkt nahe bei dem Zeitpunkt, zu dem die Hälfte der Gesamtmenge ausgeschieden war. Es kann außerdem noch die Frage auftauchen, ob denn die Feststellung des Eintritts der maximalen Ausscheidung nicht durch die Länge der Zeit, während der man beobachtet, beeinflußt wird. Sobald die Ausscheidung annähernd vollständig ist, d. h. wenn von 4 Ratten 20 bis 30 ccm Urin gewonnen wurden, ist es praktisch gleichgültig, wie lange die Beobachtung fortgesetzt wird, und die errechnete Zeitspanne bis zur Maximalausscheidung ändert sich höchstens um 1 oder 2 Minuten.

Die Verwertung der Befunde. Wenn der unbekannte Auszug nur einmal mit dem Standard verglichen wird, so unterliegt der Vergleich dem Fehler der verschiedenen Empfindlichkeit der Tiergruppen. Deshalb führt man den Versuch 2 oder 3 Tage später nochmals aus, indem man nun den Ratten, die das erste Mal den Standard erhalten hatten, den unbekannten Auszug gibt, und umgekehrt. Die Werte in Tabelle 19 zeigen ein Beispiel.

Tabelle 19.

Datum	Rattengruppe	Extrakt	Zeit bis zum Eintritt der maximalen Wasserausscheidung
23. Sept.	A	Standard	136 Minuten
	B	,,	131 ,,
	C	Unbekannt	176 ,,
	D	,,	144 ,,
25. Sept.	A	Unbekannt	121 Minuten
	B	,,	124 ,,
	C	Standard	166 ,,
	D	,,	149 ,,

Der Durchschnittswert für alle mit dem Standard gespritzten Ratten ist 145 Minuten, für den unbekannten Auszug 141 Minuten. Die dieser Wirkung entsprechenden Dosen findet man aus der Kurve in Abb. 18, in der die Dosis zum Zeitpunkt der maximalen Wasserausscheidung in Beziehung gesetzt wird. Die Kurve zeigt, daß die Ordinate *145* der Abszisse *2,3*, und die Ordinate *141* der Abszisse *2,1* entspricht. Die Dosis des unbekannten Auszugs war 0,0006 ccm pro 100 g, die der Standardlösung entsprach 0,003 mg Standardpulver pro 100 g. Also ist

$$\frac{0{,}0006 \text{ ccm unbekannter Auszug}}{0{,}003 \text{ mg Standardpulver}} = \frac{2{,}1}{2{,}3}$$

oder 1 ccm unbekannter Auszug = 4,5 mg Standard = 9 Einheiten.

Die Kurve, die das Verhältnis von Dosis zu Wirkung darstellt. Die Kurve in Abb. 18 wurde aus Beobachtungen, die an 4 Tagen an 64 männlichen Ratten gemacht worden waren, konstruiert. An jedem dieser Tage wurden 0,004, 0,006, 0,008, 0,012 Einheiten pro 100 g je einer Gruppe von 4 Ratten gegeben. Tabelle 20 zeigt das Ergebnis.

Tabelle 20.

Dosis des Hinterlappenauszugs Einheit pro 100 g	Befunde an verschiedenen Gruppen von je 4 Ratten (Minuten)	Durchschnittswerte (Minuten)
0,004	126, 138, 144, 152	140
0,006	140, 145, 178, 163	156,5
0,008	191, 156, 159, 159	166
0,012	210, 174, 163, 175	180,5

In Abb. 18 sind die Dosen willkürlich als *2*, *3*, *4* und *6* auf der Abszisse, die durchschnittlichen Wirkungen auf der Ordinate eingetragen. Diese willkürlichen Werte sind mit Absicht statt der tatsächlichen Dosen gewählt worden, um deutlich zu zeigen, daß die Kurve nicht dazu benutzt werden kann, um aus einem gegebenen Befund die Wirksamkeit direkt in Einheiten abzulesen, sondern man muß den Vergleich mit dem Standard machen. Wer die Methode viel gebraucht, sollte die Kurve für sein Laboratorium speziell bestimmen.

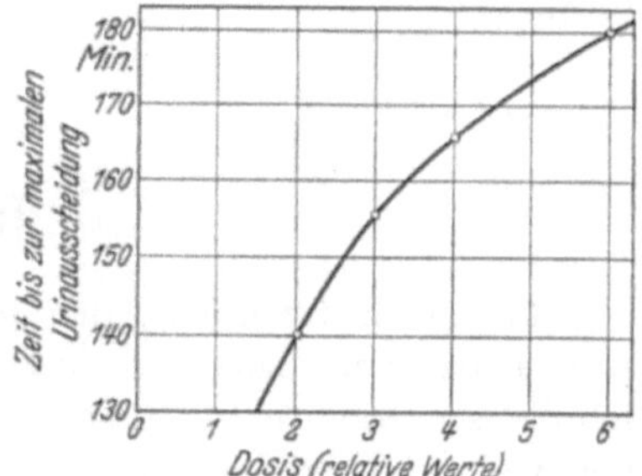

Abb. 18. Die Beziehung zwischen der Dosis von Hypophysenhinterlappenauszug zur Zeit, die bis zur maximalen Urinausscheidung verstreicht. Ordinate: Zeit in Minuten, Abszisse: Angabe des Größenverhältnisses, nicht der wirklichen Dosen.

Die Fehlergrenze. BURN (1931) hat die Zahlen von 8 Vergleichen angegeben, bei denen die wirklichen relativen Werte bekannt waren. Die gefundenen Werte wichen bis zu 23% ab, die mittlere Abweichung betrug 12%.

Der Vergleich mit am Uterus gewonnenen Resultaten. WOKES (1932) verglich eine Reihe von Hinterlappenauszügen mit beiden Methoden, und seine Befunde zeigten, daß das Verhältnis von diuresehemmender und uteruserregender Wirksamkeit bei 16 Extrakten von 0,64 bis zu 1,35 schwankte. Da beide Auswertungsmethoden experimentellen Fehlerquellen unterliegen, scheint es, als ob die Wirksamkeit in Einheiten pro Kubikzentimeter ausgedrückt in beiden Methoden dieselbe war. Bei vier anderen Extrakten war das Verhältnis 1,57, 2,44, 0,59 und 0,56. Hier scheint ein Unterschied zwischen den Ergebnissen der beiden Methoden zu bestehen, doch muß man, bevor man diesen Schluß zieht, folgendes bedenken: Erstens hat die Auswertungsmethode am ausgeschnittenen Uterus gelegentlich 100% Fehler; zweitens ist der Herstellungsprozeß eines Handelspräparates aus Hypophysenhinterlappen so einfach, daß es unwahrscheinlich ist, daß die eine oder andere Substanz im Hinterlappen stärker extrahiert wird. WOKES Befunde machen es vielmehr wahrscheinlich, daß in den meisten Extrakten die uteruserregende und diuresehemmende Wirksamkeit gleich groß ist, sie lassen es ungewiß, ob dies für alle Extrakte zutrifft.

Literatur.

BURN, Quart. J. Pharm. Pharmacol. **4**, 517 (1931).
DALE and LAIDLAW, J. of Pharmacol. **4**, 75 (1912).
GADDUM, Pharmaceut. J. **119**, 580 (1927). — GIBBS, J. of Pharmacol. **40**, 129 (1930).
HOGBEN, SCHLAPP and MACDONALD, Quart. J. exper. Physiol. **14**, 301 (1924).
SMITH and MCCLOSKY, Hyg. Lab. Bull. No. 138 (1924).
TRENDELENBURG, P., Arch. f. exper. Path. **138**, 301 (1928).
WOKES, Quart. J. Pharm. Pharmacol. **5**, 390 (1932).

Kapitel V.

Insulin.

Für die Entwicklung der biologischen Methoden ist die Insulinstandardisierung von ausschlaggebender Bedeutung gewesen. In der Klinik ist absolute Genauigkeit bei der Standardisierung des Insulins von viel größerer Bedeutung als bei der Standardisierung irgendeiner anderen Substanz, denn für den diabetischen Patienten kann ein Unterschied von 10% in der Wirksamkeit des Insulins ernste Folgen haben. Ist das Insulin stärker als gewöhnlich, so treten hypoglykämische Erscheinungen auf, ist es schwächer, so wird mehr Zucker im Urin ausgeschieden. Die Insulinstandardisierung ist deshalb in allen Einzelheiten untersucht worden; die Befunde können jedoch in diesem Kapitel nur ganz kurz wiedergegeben werden. Denjenigen, die regelmäßig über Insulin arbeiten, seien die Veröffentlichungen von HEMMINGSEN und MARKS (1932), MARKS (1932), HEMMINGSEN (1933), HEMMINGSEN und MARKS (1933) und auch das Quarterly Bulletin of the Health Organisation of the League of Nations, Special Number, November 1936, empfohlen. Letzteres enthält alle Einzelheiten der Methoden, die in sechs verschiedenen Laboratorien angewandt wurden, um den neuen internationalen Standard von 1935 mit dem alten internationalen Standard von 1925 zu vergleichen.

Der Standard. Der erste internationale Standard für Insulin wurde auf der Konferenz in Genf 1925 angenommen. Er bestand aus einem trockenen haltbaren Präparat, und laut Vereinbarung enthielt 0,125 mg eine Wirkungseinheit. Der jetzige Standard wurde 1935 angenommen. Er ist eine Probe des reinsten Insulins, das man durch Umkrystallisieren der krystallinischen Substanz erhielt. Die ganze Materialmenge wurde von dem Insulinkomitee der Universität Toronto in den Connaught Laboratorien hergestellt. Die Entdeckung von D. A. SCOTT, daß krystallinisches Insulin ein Zinksalz ist, machte es möglich, ungefähr 51 g dieses reinen Materials zur Verfügung zu stellen.

Für Nordamerika wird der Standard vom Insulinkomitee der Universität Toronto zur Verteilung bereit gehalten. Für alle anderen Länder wird er im National Institute for Medical Research, London, aufbewahrt.

Der Standard ist auf Ampullen verteilt, die je ungefähr 20 mg enthalten. Diese Ampullen wurden vorher mehrere Wochen lang *in vacuo* über Phosphorpentoxyd aufbewahrt, bis das Pulver vollkommen trocken war, dann wurden sie mit getrocknetem Stickstoff gefüllt und zugeschmolzen. Sie werden unter 0° C im Dunkeln aufbewahrt.

Die Einheit. Als Ergebnis des Vergleichs zwischen diesem neuen und dem alten Standard beschloß man, als Einheit die spezifische Insulinwirksamkeit in $^1/_{22}$ mg des neuen Standards 1935 zu bezeichnen. Also enthält der augenblickliche internationale Standard 22 Einheiten pro Milligramm.

Der Gebrauch des Standards. Um von dem Standard eine Lösung herzustellen, wird eine Ampulle geöffnet und der Inhalt in ein Wägeglas gegeben, ausgewogen und in destilliertem Wasser aufgelöst, das 0,85% Natriumchlorid enthält, so viel Salzsäure, um ein p_H von 2,5 zu erzielen, und 0,3% Trikresol, um das Wachstum von Schimmel zu verhüten. Man verwendet so viel Lösungsmittel, daß man eine runde Zahl, z. B. 20 Einheiten pro Kubikzentimeter, erhält. Wenn man diese Standardlösung in einem gut verschlossenen Gefäß aufbewahrt, möglichst kalt, aber so, daß sie gerade noch nicht gefriert, hält sie sich wenigstens ein Jahr.

Vergleichsmethoden.

Zum Vergleich zweier Insulinproben gibt es zwei bewährte Methoden, erstens die Blutzuckermethode an Kaninchen, und zweitens die Krampfmethode an Mäusen. Mit beiden Methoden erhält man gewöhnlich die gleichen Ergebnisse, außer wenn ein verunreinigtes Insulinpräparat mit einem sehr reinen verglichen wird. Als z. B. das krystallinische Insulin, das jetzt der internationale Standard 1935 ist, mit dem früheren, weniger reinen internationalen Standard verglichen wurde, beobachteten verschiedene Untersucher, daß das krystallinische Insulin nach der Kaninchenmethode 20 bis 22 Einheiten pro Milligramm, dagegen nach der Mäusemethode 24 bis 28 Einheiten pro Milligramm enthielt. Die Befunde verschiedener Laboratorien sind in Tabelle 21 wiedergegeben, die dem obenerwähnten Quarterly Bulletin of the Health Organisation entnommen ist.

Tabelle 21.

Laboratorium	Kaninchenmethode		Mäusemethode		
	Ergebnis Einheiten pro mg	Lösungsmittel	Ergebnis Einheiten pro mg	Lösungsmittel	Temperatur im Thermostat
Toronto (Hershey & Lacey)	21,3	Saure Kochsalzlösung	24,8	Saure Kochsalzlösung	37,5°
(Scott)			24,0		37,5°
„A.B.“ Insulin-Laboratorien . .	21,9	„	28,0	„	37°
Wellcome-Laboratorien			27,04	Neutrale Kochsalzlösung	34°
Kopenhagen . . .			25,4	Saure Kochsalzlösung	29°
Indianapolis . . .	21,9	„			
Hampstead. . . .	20,4	Wasser	20,6	Wasser	29°
Mittelwert	21,5		Außer Hampst. 25,2		

Das Insulin wird heute fabrikmäßig sehr rein hergestellt und gibt deshalb gewöhnlich beim Vergleich mit dem neuen internationalen Standard 1935 mit beiden Methoden dasselbe Resultat.

A. Die Auswertung an Kaninchen.

Diese Methode wurde zuerst von MARKS (1926) eingeführt. Sie beruht auf der durch Insulin bewirkten Blutzuckersenkung.

1. Auswahl und Vorbereitung der Tiere. Es werden Kaninchen von 1,5 bis 2 kg Gewicht mit möglichst großen Ohren ausgesucht. Sie erhalten eine Kost von Hafer (etwa 100 g täglich), Heu und Grünfutter. Man braucht für jede Auswertung 12 bis 20 Kaninchen und muß zuerst feststellen, ob sich darunter welche befinden, die leicht Krämpfe bekommen. Als Vorbereitung für die Auswertung nimmt man deshalb an einem Nachmittag das Futter weg (Wasser wird im Käfig gelassen) und spritzt am nächsten Tage jedem Kaninchen eine Einheit Insulin subcutan. Man beobachtet sie dann 5 Stunden lang, um zu sehen, ob sie Krämpfe bekommen. Ungefähr 15% der Kaninchen reagieren auf diese Insulindosis mit Krämpfen und müssen vor dem Insulintest durch solche, die nicht mit Krämpfen reagieren, ersetzt werden.

2. Die Durchführung des Tests. An einem anderen Tage, für den die Kaninchen wieder durch Fasten über Nacht vorbereitet werden, teilt man sie in zwei gleiche Gruppen. Die erste Gruppe erhält den Standard. Dazu wird das Standardpulver so gelöst und verdünnt, daß jedes Kaninchen im Injektionsvolumen von 0,5 ccm eine Einheit enthält. Man spritzt subcutan seitlich oder am Rücken, wo die Haut locker sitzt. Da sich das Gewicht der Tiere während der Versuchsdauer nicht ändert, ist es unnötig, die Dosis nach Körpergewicht zu berechnen. Die zweite Gruppe erhält eine Dosis des unbekannten Präparates, von der man annimmt, daß sie einer Wirkungseinheit entspricht.

Vor der Insulineinspritzung wird von jedem Kaninchen eine Blutprobe entnommen, und nach der Injektion wieder in Abständen von je einer Stunde 5 Stunden lang. Es ist sehr wichtig, daß die Insulindosis nicht größer ist als 0,5 Einheit pro Kilogramm, also 1 Einheit für ein 2 kg schweres Kaninchen. MARKS hat die Beziehung der Dosis zum hypoglykämischen Effekt bestimmt und gefunden (s. Abb. 19), daß bei Steigerung der Dosis über 0,75 Einheit pro Kilogramm kein weiterer Wirkungsanstieg erfolgt. Nach Abb. 19 liegen die Effekte höherer Dosen auf dem horizontalen Teil der Kurve, sind also der Dosis nicht mehr proportional und stellen deshalb keine Werte dar, aus denen die Wirksamkeit des unbekannten Präparates ersichtlich wäre.

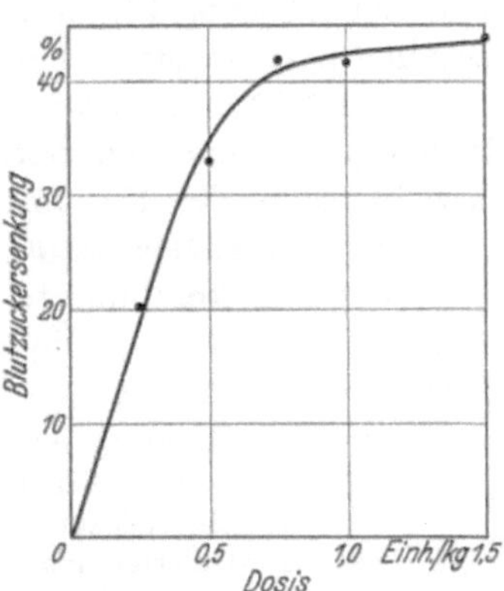

Abb. 19. Eine an 40 Kaninchen gewonnene Kurve für das Verhältnis von Insulindosis zu Blutzuckersenkungsprozentsatz. Durch Steigerung der Dosis über 0,75 Einheit pro Kilogramm wird keine Zunahme der Wirkung auf den Blutzucker mehr erzielt. (MARKS.)

3. Die Blutentnahme. Es ist nicht unbedingt notwendig, das Kaninchen zur Blutentnahme festzubinden. Manche Untersucher setzen es zwischen 2 Bretter, so daß es sich nicht seitlich bewegen kann; manche setzen es in einen Kasten, aus dem nur der Kopf hervorguckt. An der Außenseite eines Ohres wird das Haar vorsichtig abrasiert, dann wird das Ohr erwärmt, am besten 1 bis 2 Minuten lang mit einer elektrischen Lampe oder durch Reiben. Die Vene, die an der Außenkante entlang läuft, tritt dann deutlich hervor und bleibt einige Minuten lang erweitert. Das Geheimnis der Blutentnahme besteht darin, daß das Ohr vorher gründlich erwärmt und dann erst der Einstich gemacht wird. Nahe am Ansatz des Ohres wird eine kleine Arterienklemme auf die Vene gesetzt und die Vene entweder mit einer scharfen dreikantigen Nadel oder mit der Spitze eines scharfen ophthalmologischen Skalpells angestochen. Der Einstich wird in der Richtung des Venenverlaufs nach dem Ohransatz hin gemacht, ungefähr 1 bis 2 cm von der Arterienklemme entfernt. Sobald man die Nadel herauszieht, tröpfelt das Blut rasch aus der Einstichstelle heraus. Meistens ergeben 25 bis 30 Tropfen 1 ccm Blut. Manchmal läßt die anfängliche Geschwindigkeit nach, das Tröpfeln wird langsamer oder hört ganz auf. Man kann es dann wieder in Gang bringen, indem man die Mitte des Ohres nahe dem Ansatz mit dem Finger reibt. Wenn sich ein Gerinnsel an der Einstichstelle festsetzt, kann man es mit einem Stückchen Watte entfernen und den Einstich mit der Nadel wieder öffnen. Man sollte aber die Nadel so wenig wie möglich gebrauchen, um die Vene möglichst wenig zu schädigen. Sobald genug Blut aufgefangen ist, nimmt man die Arterienklemme weg und hält ein Stückchen Watte auf die Einstichstelle, bis es aufhört zu bluten. Das Blut wird in zylindrischen Glasgefäßen mit flachem Boden, ungefähr 3,5 cm hoch und 2,5 cm weit, aufgefangen. Vorher tut man in jedes Glas Kaliumoxalat, ungefähr 5 mg/ccm Blut.

4. Die Blutzuckerbestimmung. MARKS benutzt zur Blutzuckerbestimmung eine kombinierte Methode, bei der er die Eiweißfällung nach SOMOGYI (1930) und die Zuckerbestimmung nach HAGEDORN und JENSEN (1923) macht.

Lösung A:

Zinksulfat ($ZnSO_4$, $7H_2O$)		25 g
N-Schwefelsäure		62,5 ccm
Destilliertes Wasser	ad	2000 ccm

Lösung B:

N-Natronlauge		100 ccm
Destilliertes Wasser	ad	2000 ccm

Lösung B muß so eingestellt werden, daß 8 ccm davon 4 ccm der Lösung A genau neutralisieren.

Ein Gemisch der beiden Lösungen in diesem Verhältnis darf mit Phenolphthalein nicht rot werden, und bei weiterer Zugabe von Lösung B darf die klare überstehende Flüssigkeit keinen weiteren Niederschlag von Zinkhydroxyd ergeben.

Lösung C:

Kaliumferricyanid	0,825 g
Wasserfreies Natriumcarbonat	5,3 g

gelöst in destilliertem Wasser und ad 1250 ccm verdünnt.

Lösung D:

Eisessig		3,0 ccm
Destilliertes Wasser	ad	100 ccm

Lösung E:

10 ccm der Lösung E_1 auf 90 ccm der Lösung E_2.

Lösung E_1:

Kaliumjodid		25 g
Destilliertes Wasser	ad	100 ccm

Lösung E_2:

Zinksulfat		25 g
Natriumchlorid		125 g
Destilliertes Wasser	ad	450 ccm

Lösung F:

N/10-Natriumthiosulfat		5 ccm
Natriumbicarbonat		0,01 g
Destilliertes Wasser	ad	100 ccm

Als Indikator wird eine Stärkelösung bereitet, indem man 1 g lösliche Stärke mit etwas destilliertem Wasser anrührt und dann in 100 ccm kochende gesättigte Kochsalzlösung schüttet.

Ausführung der Bestimmung. In einem Reagensglas gibt man 0,5 ccm Blut zu 4 ccm Lösung A. 8 ccm Lösung B werden hinzugefügt, das Reagensglas wird geschüttelt und 2 bis 3 Minuten in ein kochendes Wasserbad gestellt. Die Flüssigkeit wird dann durch ein trockenes Filter filtriert. 5 ccm des Filtrats und 5 ccm der Lösung C werden in ein Reagensglas gegeben, auf das ein kleiner Glastrichter aufgesetzt wird, um das Verdampfen der Flüssigkeit auf ein Minimum zu beschränken. Dies Reagensglas kommt für 15 Minuten in ein kochendes Wasserbad. Darauf wird abgekühlt und 2 ccm der Lösung D sowie 3 ccm der Lösung E hinzugefügt. Die Titration erfolgt mit Lösung F aus einer Bürette, indem man als Indikator die Stärkelösung benutzt.

Bei genauer Befolgung dieser Vorschrift muß die Leertitration, d. h. der Verbrauch an Lösung F, ohne Hinzufügung des Blutfiltrats, also bei Abwesenheit von Zucker, genau 2 ccm betragen. Tabelle 22 gibt die Blutzuckerprozente an, die den Thiosulfatmengen unter 2 ccm entsprechen. Diese Tabelle ist allerdings für die gewöhnliche HAGEDORN - JENSEN - Methode hergestellt, bei der nur 0,1 ccm Blut benutzt wird. Da hier aber 5 ccm Blutfiltrat hinzugefügt wurden, die 0,2 ccm Blut entsprechen (in 12,5 ccm sind 0,5 ccm Blut, in 5 ccm sind 0,2 ccm Blut), muß man die Werte für den Blutzuckerprozentsatz in der Tabelle durch 2 teilen.

Tabelle 22.

ccm N/200 Thiosulfat	Blutzuckerprozentsatz	ccm N/200 Thiosulfat	Blutzuckerprozentsatz
0,0	0,385	1,0	0,177
0,1	0,355	1,1	0,159
0,2	0,331	1,2	0,141
0,3	0,310	1,3	0,124
0,4	0,290	1,4	0,106
0,5	0,270	1,5	0,088
0,6	0,251	1,6	0,070
0,7	0,232	1,7	0,052
0,8	0,213	1,8	0,034
0,9	0,195	1,9	0,017

Die zwischen diesen Zahlen liegenden Werte kann man bestimmen, indem man die in der Tabelle angegebenen Zahlen graphisch darstellt, wobei man die Kubikzentimeter $N/200$ Thiosulfat als Abszisse, den Blutzuckerprozentsatz als Ordinate einträgt.

5. Die Verwendung von Mischproben. Es ist unnötig, die Zuckerbestimmung in jeder der 5 Blutproben, die nach der Insulineinspritzung stündlich entnommen werden, einzeln vorzunehmen, sondern es genügt, eine Doppelbestimmung an Mischproben zu machen, und zwar in folgender Weise: Man entnimmt von jedem Kaninchen bei jeder Blutentnahme etwas mehr als 0,2 ccm und gibt davon je 0,1 ccm in 2 Reagensgläser mit je 4 ccm Lösung A. In diese beiden Reagensgläser kommen also alle 5 Blutentnahmen eines Kaninchens, so daß sich am Ende des

Versuches in jedem Reagensglas 0,5 ccm Blut befinden, mit einem Zuckerprozentsatz, der dem Durchschnittsgehalt der fünf einzelnen Proben entspricht. Die Eiweißfällung geschieht durch Hinzufügung der 8 ccm Lösung B, und man verfährt weiter, wie oben beschrieben.

6. Der Kreuztest. Am ersten Versuchstage wird die Hälfte der Kaninchen mit einer Einheit Standardinsulin gespritzt und die andere Hälfte mit einer Menge des unbekannten Präparates, von der man annimmt, daß sie etwa eine Einheit enthält. Am zweiten Versuchstage werden die Gruppen so ausgewechselt, daß die Tiere, die vorher den Standard erhielten, jetzt mit dem unbekannten Präparat gespritzt werden, und umgekehrt. Wird die zweite Hälfte des Versuches sofort am nächsten Tage gemacht, so läßt man die Kaninchen zwischendurch fasten. Man kann aber auch mehrere Tage dazwischen vergehen lassen.

7. Der Ausdruck für die hypoglykämische Reaktion. Man berechnet den hypoglykämischen Effekt beim Kaninchen in folgender Weise: Wenn der anfängliche Blutzucker 0,106% betrug und der Durchschnitt der 5 Blutentnahmen 0,080%, dann ist die durchschnittliche Blutzuckersenkung während dieser 5 Stunden 0,026%. Dies wird in Prozenten des Anfangswertes ausgedrückt und „Blutzuckersenkungsprozentsatz" genannt; für dieses Beispiel beträgt er:

$$\left(\frac{0,026}{0,106} \cdot 100\right) = 24.5\%.$$

Tabelle 23 ist ein Beispiel einer vollständigen Insulinauswertung an 12 Kaninchen. Im ersten Versuchsteil wurden alle Kaninchen, die den Standard erhielten, mit einer Einheit Insulin gespritzt, und alle Kaninchen, die das unbekannte Präparat erhielten, mit einer Menge, von der man annahm, daß sie eine Einheit enthielt. Die Reaktion war zu stark, d. h. der durchschnittliche Blutzuckersenkungsprozentsatz war ungefähr 40. Deshalb war es nötig, den Kaninchen in einem zweiten Versuchsteil nur 0,5 Einheit des Standards und entsprechend nur die halbe Menge des unbekannten Präparates zu verabreichen. Der durchschnittliche Blutzuckersenkungsprozentsatz war 25 bis 30.

8. Die Berechnung des Ergebnisses. Die in den 2 Versuchsteilen erhobenen Befunde kann man zur Illustration verschiedener Punkte benutzen. Im ersten Teil erschienen das unbekannte und das Standardpräparat gleich stark, während im zweiten Teil das unbekannte Präparat schwächer wirkte. Der Grund für diese Divergenz ist, daß die Dosen beim ersten Versuch zu hoch und die Effekte fast maximal waren, obwohl die Dosis nur eine Einheit pro Kaninchen, also ungefähr 0,5 Einheit pro Kilogramm betrug. Beim zweiten Versuch betrug die Dosis nur 0,5 Einheit pro Kaninchen und der Blutzuckersenkungsprozentsatz 25 bis 30. Das Insulinkomitee des Laboratoriums in Toronto gibt als Dosis 2 Einheiten für ein 2 kg schweres Kaninchen an; entweder sind

Tabelle 23.

1. Versuchsteil:

Erster Tag.

Standard. Dosis: eine Einheit pro Kaninchen.

Kaninchen Nr.	Gewicht g	Anfangswert. Blutzucker mg pro 100 ccm	Mischprobe von 5 Stunden. Blutzucker mg pro 100 ccm	Blutzucker-senkungs-prozentsatz
1	1800	112	60	46,4
2	2000	106	54	49,0
3	2150	102	73	28,4
4	1950	102	60	41,1
5	1800	106	66	37,7
6	1900	106	54	49,0
				251,6
Unbekanntes Präparat. Dosis: 0,5 ccm des 20mal verdünnten Präparates pro Kaninchen.				
7	1750	112	70	37,5
8	2000	110	64	41,8
9	1900	102	54	47,1
10	1900	116	76	34,5
11	1550	106	66	37,7
12	2500	100	50	50,0
				248,6

Zweiter Tag.

Unbekanntes Präparat. Dosis: 0,5 ccm des 20mal verdünnten Präparates pro Kaninchen.

Kaninchen Nr.	Gewicht g	Anfangswert. Blutzucker mg pro 100 ccm	Mischprobe von 5 Stunden. Blutzucker mg pro 100 ccm	Blutzucker-senkungs-prozentsatz
1	1800	86	40	53,5
2	2000	90	40	55,5
3	2150	100	66	34,0
4	1950	100	66	34,0
5	1800	96	70	27,1
6	1900	104	54	48,1
				252,2
Standard. Dosis: eine Einheit pro Kaninchen.				
7	1750	100	66	34,0
8	2000	94	66	29,8
9	1900	104	46	55,8
10	1900	112	66	41,1
11	1550	96	46	52,1
12	2500	94	64	31,9
				244,7

Gesamtwert für die Kaninchen, die den Standard erhielten: 496,3.
Gesamtwert für die Kaninchen, die das unbekannte Präparat erhielten: 500,8.
Die Wirkung des unbekannten Präparates beträgt also 101% der Standardwirkung.

also die Kaninchen in Toronto viel insulinresistenter als die Kaninchen in London, oder die in Toronto benutzte Dosis ist zu hoch.

Tabelle 23 (Fortsetzung).

2. Versuchsteil:

Erster Tag.

Standard. Dosis: 0,5 Einheit pro Kaninchen.

Kaninchen Nr.	Gewicht g	Anfangswert. Blutzucker mg pro 100 ccm	Mischprobe von 5 Stunden. Blutzucker mg pro 100 ccm	Blutzucker-senkungs-prozentsatz
1a	2000	110	92	16,4
2	2250	92	64	30,4
3	2250	112	80	28,6
4	1850	100	66	34,0
5	1950	92	66	28,2
				137,6
Unbekanntes Präparat. Dosis: 0,5 ccm des 40mal verdünnten Präparates pro Kaninchen.				
7a	2300	86	54	37,2
8	2200	100	76	24,0
9a	1950	102	80	21,5
10	2000	106	80	24,5
12	2250	92	52	43,5
				150,7
Zweiter Tag.				
Unbekanntes Präparat. Dosis: 0,5 ccm des 40mal verdünnten Präparates pro Kaninchen.				
1a	2000	110	80	27,3
2	2250	86	60	30,2
3	2250	100	72	28,0
4	1850	110	86	21,9
5	1950	100	80	20,0
				127,4
Standard. Dosis: 0,5 Einheit pro Kaninchen.				
7a	2300	96	54	43,8
8	2200	100	76	24,0
9a	1950	96	80	16,6
10	2000	94	72	23,4
12	2250	86	46	46,5
				154,3

Gesamtwert für die Kaninchen, die den Standard erhielten: 291,9.
Gesamtwert für die Kaninchen, die das unbekannte Präparat erhielten: 278,1.
Die Wirkung des unbekannten Präparates beträgt also 95,2% der Standardwirkung.

a) Korrektion des Blutzuckeranfangswertes. Man kann die Resultate auf Grund von Unterschieden zwischen den Anfangswerten korrigieren. Im zweiten Versuchsteil ist die Summe der Blutzuckeranfangswerte für die Kaninchen, die den Standard erhielten, 978 (mg/100 ccm Blut), die Summe für die Kaninchen, die das unbekannte Präparat erhielten, 992.

Die letzteren Kaninchen fingen also mit einem höheren Blutzuckeranfangswert an. Wären nun die Zahlen für die Blutzuckersenkung ein ideales Maß für die Insulinwirkung, so müßten sie vom Blutzuckeranfangswert unabhängig sein. HEMMINGSEN und MARKS (1932) haben aber gezeigt, daß das nicht der Fall ist, sondern die Werte für den Blutzuckersenkungsprozentsatz zunehmen, je höher der Blutzuckeranfangswert ist. Wenn also der Anfangswert für das unbekannte Präparat höher liegt als für den Standard, wird der Wert für die Blutzuckersenkung relativ zu hoch werden. Da es keine genaue Korrektionsmethode gibt, vernachlässigen manche Untersucher den Unterschied der Anfangswerte. Am besten macht man aber erfahrungsgemäß die Korrektur, indem man die Differenz zwischen den Summen der Anfangswerte mit 0,22 multipliziert und das Produkt zu der Summe der Blutzuckersenkungsprozentsätze derjenigen Seite, die den geringeren Anfangswert hatte, addiert. Im zweiten Versuchsteil ist z. B. die Differenz zwischen der Summe der Anfangswerte $992 - 978 = 14$. 14 multipliziert mit 0,22 ist 3,08. Dies wird zu der Summe der Blutzuckersenkungsprozentsätze für den Standard addiert, da der Standard mit einer niedrigeren Anfangssumme anfing. Also beträgt der Senkungsprozentsatz für den Standard $291{,}9 + 3{,}08 = 294{,}98$. Die Wirkung des unbekannten Präparates ist also $\frac{278{,}1}{294{,}98} \cdot 100$, oder 94% des Standards.

b) Das Verhältnis von Dosis zu Wirkung. Nachdem man zu dem korrigierten Ergebnis für das Wirkungsverhältnis zwischen dem unbekannten und dem Standardpräparat gekommen ist, muß man daraus die relative Wirksamkeit bestimmen. Viele Befunde sprechen dagegen, daß diese Beziehung linear ist, wie man manchmal angenommen hat. MARKS hat zweimal das Wirksamkeitsverhältnis zweier Präparate von sehr verschiedenem Reinheitsgrad mit einem Zwischenraum von zehn Jahren bestimmt, und da er jedesmal zu denselben Ergebnissen kam, kann man wohl annehmen, daß sie richtig sind. In Abb. 20 ist eine Kurve aus MARKS' Arbeit im Quarterly Bulletin of the Health Organisation, Nov. 1936, wiedergegeben, aus der man die Wirkung des unbekannten Präparates (als Prozentsatz der Standardwirkung angegeben) zu dem Logarithmus des Wirksamkeitsprozentsatzes des unbekannten Präparates in Beziehung setzen kann. Die Neigung der Linie ergibt pro 1% Unterschied im Wirkungsverhältnis eine Differenz von 0,0066 für den Logarithmus der Dosis. Bei dem oben angeführten Beispiel ist das Wirkungsverhältnis 94%, also ein Unterschied von 6% gegenüber dem Standard. Der Unterschied für den Logarithmus der Dosis ist also $6 \cdot 0{,}0066 = 0{,}0396$. Da die Wirkung 6% weniger als die des Standards ist, muß man $-0{,}0396$ oder $\bar{1}{,}9604$[1] setzen. Dies ist der Logarithmus

[1] $\bar{1}{,}9604$ ist eine verkürzte Schreibweise für $(0{,}9604 - 1)$.

von 0,9128. Die Wirksamkeit der unbekannten Probe beträgt also 91,28% des Standards.

Manche bevorzugen folgende Formel, die das Ergebnis sofort in Einheiten pro Kubikzentimeter liefert. Die „angenommene Wirksamkeit“ ist die auf dem Schildchen verzeichnete Stärke, von der man, um die Dosis der unbekannten Probe zu bestimmen, *annimmt*, daß sie richtig ist.

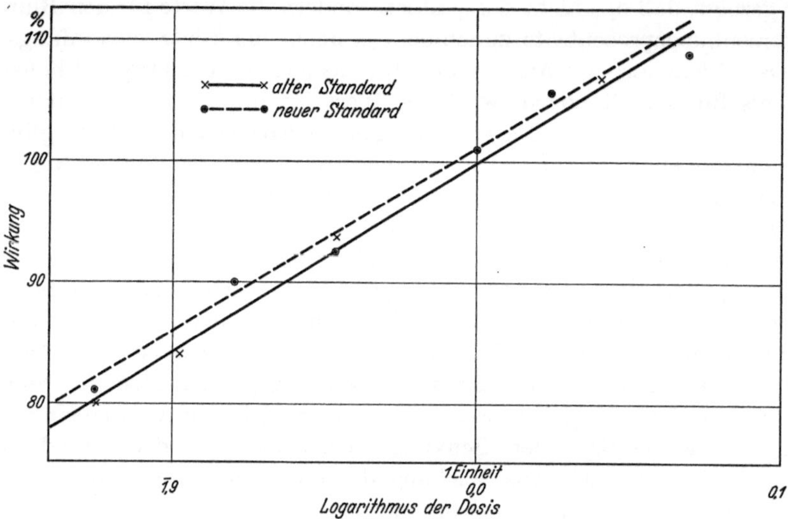

Abb. 20. Die geraden Linien stellen die Beziehung dar zwischen dem Logarithmus des Wirksamkeitsprozentsatzes des unbekannten Präparates (Abszisse) und der Wirkung des unbekannten Präparates, als Prozentsatz der Standardwirkung angegeben (Ordinate). (MARKS.)

$$\text{Log des Ergebnisses} = \text{Log der angenommenen Wirksamkeit} + \frac{2}{3}\left(\frac{\text{Wirkung des Unbekannten}}{\text{Wirkung des Standards}} - 1\right).$$

Für das oben angeführte Beispiel ist:

$$\begin{aligned}\text{Log des Ergebnisses} &= \text{Log } 40 + \frac{2}{3}\left(\frac{278{,}1}{294{,}98} - 1\right)\\ &= \text{Log } 40 + \tfrac{2}{3}\,(0{,}94 - 1)\\ &= 1{,}6021 - 0{,}04.\end{aligned}$$

Also ist das Ergebnis 36,5 Einheiten pro Kubikzentimeter.

c) *Häufige Irrtümer.* Viele Untersucher benutzten gar keine Formel, um die relative Wirkung in die relative Wirksamkeit umzurechnen, sondern sie nehmen einfach an, daß die Wirksamkeit der Wirkung direkt proportional ist. Da experimentell festgestellt ist, daß die Beziehung nicht direkt proportional ist, wird ein solches Vorgehen zu schwerwiegenden Irrtümern führen. Nimmt man z. B. an, daß die Dosis des unbekannten Präparats stärker sei als die Dosis des Standards, so wird die dadurch hervorgerufene Wirkung nicht im selben Verhältnis größer sein, sondern verhältnismäßig geringer. Wenn man eine direkte Proportionalität annimmt, unterschätzt man dadurch die Wirksamkeit des unbekannten Präparates. Andererseits wird man das unbekannte Präparat überschätzen, sobald die Dosis schwächer ist als die des Standards. Nach welcher Richtung sich auch die beiden Präparate unterscheiden, jedesmal wird die Differenz verkleinert.

Die Fehlerquelle wird durch die Befunde von WALDEN im Quarterly Bulletin (1936) sehr gut illustriert. Als er krystallinisches Insulin im Vergleich zum früheren Standard auswertete, nahm er zuerst an, daß die Krystalle 24 Einheiten pro Milligramm enthielten. Er fand 22,9 pro Milligramm. Darauf nahm er an, daß sie 22 Einheiten pro Milligramm enthielten und fand 21,9. Schließlich nahm er 20 Einheiten pro Milligramm an und fand 20,9. Die Befunde, die er an jeweils 113, 55 und 119 Kaninchen erzielte, hingen also von seiner vorher gemachten Annahme ab. Diese Abhängigkeit eines Befundes von der vorher gemachten Annahme macht die Methode ganz lächerlich und würde sehr viel geringer gewesen sein, wenn das wirkliche Verhältnis, das in Abb. 20 dargestellt ist, benutzt worden wäre.

9. Fortlaufende Insulinauswertungen. Wenn man fortlaufend Insulinbestimmungen macht, kann man das Verhältnis, das in Abb. 20 dargestellt ist, für Kaninchen seines eigenen Laboratoriums in den Routineversuchen gleichzeitig mitbestimmen. Man macht es am besten so, daß man jedesmal 2 Standarddosen spritzt, nämlich 0,9 Einheit und 1,1 Einheit pro Kaninchen statt 1 Einheit. Die Hälfte der Kaninchen, die den Standard erhalten, werden mit der kleineren, die andere Hälfte mit der größeren Dosis gespritzt. Die kleine Abweichung der Dosen von 1,0 kann man bei der Berechnung der Wirksamkeit des unbekannten Präparates vernachlässigen, aber im Laufe der Zeit sammelt man eine große Menge von Befunden, durch die man die Lage der beiden, 0,9 und 1,1 entsprechenden Punkte in Abb. 20 feststellen kann. Eine gerade Linie durch diese beiden Punkte ergibt dann das Verhältnis von Wirksamkeit zu Wirkung.

B. Die Mäusemethode.

Die Krampfmethode an Mäusen ist im Prinzip sehr einfach. Sie besteht in dem Auffinden einer Dosis des unbekannten Präparates, die bei demselben Prozentsatz der Mäuse Krämpfe erzeugt wie eine Dosis des Standards. Die folgende Beschreibung beruht auf Angaben von TREVAN und MARKS, sowie auf den Arbeiten von HEMMINGSEN.

Die Versuchsbedingungen. Bei der Ausführung des Versuches muß man zwei Bedingungen besonders beachten: erstens die Temperatur, und zweitens die vorangehende Hungerperiode. Bei Zimmertemperatur bewirkt sogar eine hohe Insulindosis an manchen Mäusen niemals Krämpfe. Um bei annähernd 100% Krämpfe zu erzeugen, muß man die Temperatur erhöhen. TREVAN arbeitet bei 34° C, HEMMINGSEN bei 29° C. Ebenso wichtig ist die Hungerperiode. TREVAN läßt seine Mäuse 17 bis 22 Stunden, HEMMINGSEN $1^1/_2$ Stunden vorher hungern. HEMMINGSEN und MARKS (1933) haben gezeigt, daß die Neigung der Kurve, die das Verhältnis zwischen Insulindosis und dem Prozentsatz der Mäuse, bei denen Krämpfe auftraten, darstellte, steiler verlief, wenn die Mäuse 24 Stunden vorher hungerten und bei 37° C zum Versuch kamen, als nach $1^1/_2$ Stunden Hungerperiode und 29° C. Ließen sie die Hungerperiode unverändert, so hatte der Temperaturunterschied keinen Einfluß auf die Neigung der Kurve.

Macht man die Auswertung nach TREVAN, so sterben mehr Mäuse. Wenn man also möglichst viele Mäuse noch einmal verwenden will, ist HEMMINGSENS Methode besser. Von manchen Seiten wird es überhaupt abgelehnt, dieselben Mäuse zweimal zu gebrauchen, und der Standpunkt vertreten, daß man besser Kaninchen benutzt, wenn man wenig Mäuse zur Verfügung hat.

Apparatur zur Temperaturregulierung. Die verschiedensten Apparate sind im Gebrauch, um die Mäuse auf der gewünschten Temperatur zu halten. TREVAN hat ein Wasserbad beschrieben, und HEMMINGSEN ein Luftbad. Das einfachere Wasserbad sei zuerst beschrieben.

Die Mäuse kommen in 12,5 cm große würfelförmige, um den oberen Rand zur Durchlüftung perforierte Zinkkästchen, die dreiviertels in ein Wasserbad von 34° C eingetaucht sind. Die Kästchen haben Glasdeckel (Abb. 21). Ein Wasserbad faßt 10 Kästchen, und in jedem Kästchen sind 4 Mäuse. Das Wasser wird mit 4 Kohlenfadenlampen konstant auf einer Temperatur von 34° C gehalten und fortwährend durch einen Luftstrom gemischt. Man muß die Apparatur vor Zugluft schützen.

Das Luftbad, das MARKS benutzt, beruht auf den Angaben von KROGH und HEMMINGSEN. Es besteht aus einem hölzernen Schrank, auf dessen Regalen sich die Glasbehälter mit den Mäusen befinden. Man beobachtet die Mäuse durch Glasfenster in den Türen. Auf beiden Seiten des Schrankes sind die Abteilungen für die Mäuse, in der Mitte ein elektrischer Ventilator, der die Luft in Bewegung hält, und ein Thermoregulator. Die Innenmaße des Schrankes sind: 114 cm Höhe, 147 cm Breite, 14 cm Tiefe. Der mittlere Teil, in dem sich keine Regale befinden, ist 15 cm breit. Der aus 1,6 cm dickem Holz gemachte Schrank ist, mit Ausnahme der Vorderseite, von einem wärmeisolierenden Material umschlossen. Vorne befinden sich 4 Türen mit Glasfenstern zu den beiden Seitenabteilungen und eine Holztür in der Mitte. Auf jeder Seite befinden sich 7 Fächer, so daß der Schrank mit 6 Behältern auf jedem Regal und 2 Mäusen in jedem Behälter im ganzen 168 Mäuse fassen kann. Gewöhnlich wird das untere Fach nicht benutzt. Die Regale bestehen aus Holzstangen, die 5 cm voneinander entfernt sind und unten mit einer perforierten Zinkplatte verbunden sind. Die Glasbehälter stoßen direkt an das darüberliegende Regal, so daß die Mäuse nicht entschlüpfen können, und dennoch eine gute Luftzirkulation innerhalb des Schrankes und eine gute Ventilation für die Mäuse gewährleistet ist.

Der Schrank wird mit einem Drahtwiderstand, der in Glasröhren direkt unter den Mäusebehältern liegt, geheizt. Der Draht fängt in der Mitte an, läuft am obersten Fach entlang zur Seite, dann am nächsten Fach entlang wieder zur Mitte, usw. Der einfache Drahtkreis ist ungefähr 10 m lang und hat einen Widerstand von ungefähr 500 Ohm. Es ist zweckmäßig, einen zweiten Stromkreis zu haben, der parallel geschaltet werden kann, um den Brutschrank vor dem Versuch schnell anzuheizen, und auch hintereinander geschaltet werden kann, um die Wärmeregulation bei kaltem Wetter zu erleichtern.

Der Ventilator wird auf straff gespannten Druckschlauch gestellt, so daß eine Vibration des Brutschrankes vermieden wird.

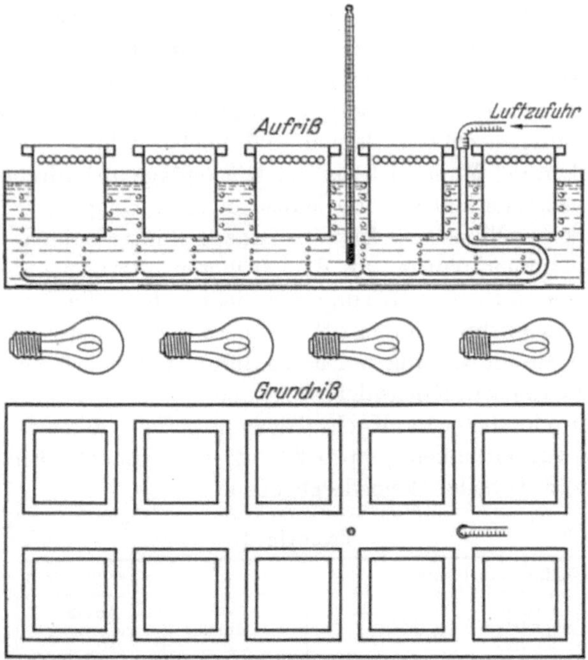

Abb. 21. Apparatur für Mäuse nach TREVAN und BOOCK. Siehe Text.

Die Vorbereitung der Mäuse. Einige Tage vor dem Versuch werden die Mäuse mit Weißbrot und Milch gefüttert. Das Futter wird entweder um 5 Uhr nachmittags am Vortag oder $1^1/_2$ Stunden vor dem Versuch weggenommen, je nachdem, welche Hungerperiode man bevorzugt. Die Mäuse müssen gewogen und in 2 Gruppen geteilt werden, in denen sich die gleiche Anzahl Mäuse vom selben Gewicht befindet. Bei dem Vergleich des krystallinischen Insulins mit dem früheren Standard brauchte TREVAN 0,4 bis 0,5 γ krystallinisches Insulin oder 0,009 bis 0,011 Einheit, die er den Mäusen in einem Volumen von 0,5 ccm Kochsalzlösung pro

20 g Maus injizierte. HEMMINGSEN spritzte eine ähnliche Dosis und benutzte jedesmal gewichtsgleiche Mäuse. MARKS nahm 2 Dosen, von denen die größere das Doppelte der kleineren betrug. Die größere Dosis war 0,023 bis 0,03 Einheit pro Maus, ungeachtet des Körpergewichts. Er injizierte größere Dosen, weil er sie in destilliertem Wasser gab. Im allgemeinen sollten alle Verdünnungen mit auf p_H 4 angesäuerter Kochsalzlösung gemacht werden.

Nach der Insulininjektion werden die Mäuse sofort in das Wasserbad oder in den Wärmeschrank gesetzt und 1 und 2 Stunden später angesehen.

TREVANS Methode. Zum Vergleich eines unbekannten Präparates mit dem Standard wählt TREVAN gewöhnlich nur eine Dosis von jedem. Diese spritzt er einer großen Anzahl Mäuse und bestimmt den Prozentsatz der Tiere, bei denen die Reaktion positiv ist. Eine positive Reaktion ist entweder das Eintreten von Krämpfen oder das Steifwerden der Mäuse mit ausgestreckten Beinen und hochgestelltem Schwanz, oder die Unfähigkeit der Maus, sich aus der Rückenlage umzudrehen. TREVAN gebraucht meistens 200 bis 300 Mäuse in einer Gruppe. Für den Vergleich des krystallinischen Insulins, das als internationaler Standard (1935) angenommen wurde, mit dem früheren internationalen Standard stellte er sich z. B. eine Lösung von jedem her, die 1 mg/ccm einer Kochsalzlösung enthielt, die mit Salzsäure auf p_H 2 angesäuert war. Zur Injektion wurde die Lösung weiter verdünnt, nämlich 0,5 ccm des alten Standards zu 160 ccm Kochsalzlösung, und 0,5 ccm des neuen Standards zu 500, 550 oder 600 ccm Kochsalzlösung gefügt. 0,5 ccm dieser Verdünnungen wurden subcutan pro 20 g Maus gespritzt. Ein Teil seiner Befunde ist in Tabelle 24 wiedergegeben.

Tabelle 24.

Krystallinisches Insulin			Alter Standard		
Verdünnung	Anzahl gespritzter Mäuse	Anzahl Tod oder Symptome	Verdünnung	Anzahl gespritzter Mäuse	Anzahl Tod oder Symptome
0,5/500	300	224	0,5/160	300	215
0,5/600	300	204	0,5/160	300	216

Die Betrachtung der Tabelle zeigt, daß die Verdünnung 0,5/160 des alten Standards eine Wirkung ausübt, die in der Mitte zwischen den Verdünnungen 0,5/500 und 0,5/600 des krystallinischen Insulins liegt. 0,003125 Teile des alten Standards sind also 0,000916 Teilen des krystallinischen Insulins äquivalent, oder das krystallinische Insulin ist 3,41 mal stärker als der frühere Standard.

Aus diesem Beispiel geht hervor, daß man 2 Präparate miteinander vergleichen kann, ohne die Dosiswirkungskurve zu benutzen. Man muß nur 2 Dosen von einem Präparat finden, von denen die eine einen größeren, die andere einen kleineren Prozentsatz Krämpfe erzeugt als die Dosis des anderen Präparates.

Trevan benutzt auch eine Kurve, die das Verhältnis der Insulindosis zum Prozentsatz der Mäuse, bei denen die Krämpfe auftreten, darstellt. 2 Formen dieser Kurve sind in Abb. 22 zu sehen. Abb. 22a ist die Kurve, die Trevan und Boock (1926) zuerst beschrieben haben. Abb. 22b ist

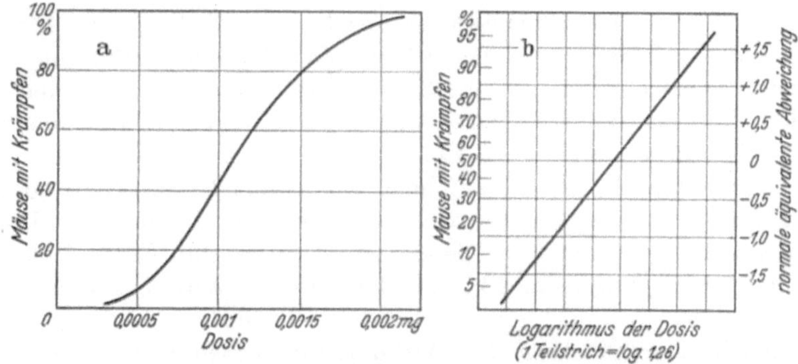

Abb. 22. a) Verhältnis von Insulindosis zum Prozentsatz der Mäuse mit Krämpfen, bei 37° C (Trevan und Boock). b) Verhältnis des Logarithmus der Insulindosis zu der normalen äquivalenten Abweichung (Hemmingsen).

die gerade Linie, die dann entsteht, wenn man die Dosis als Logarithmus und den Krampfprozentsatz als normale äquivalente Abweichung ausdrückt. Die Linie *b* stammt von Hemmingsen (1933).

Marks' Auswertungsmethode. Hemmingsen (1933) hat Beweise dafür erbracht, daß die Neigung der Linie *b* nicht konstant ist, sondern sich von Zeit zu Zeit ändert. Marks vermeidet die Frage, ob die Neigung der Linie veränderlich ist, und benutzt eine Methode, die am besten durch ein Beispiel aus seinem Vergleich des früheren mit dem neuen Insulinstandard erläutert wird. Er benutzte 4 Gruppen von je 40 Mäusen. 2 Gruppen wurden mit Dosen des früheren Standards gespritzt, die $^1/_{88}$ und $^1/_{44}$ Einheit entsprachen, und 2 Gruppen mit 0,473 γ und 0,946 γ krystallinischen Insulins. (Die beiden letzten Dosen wurden unter der Voraussetzung gewählt, daß das krystallinische Insulin 24 Einheiten pro Milligramm enthielt.) Die Befunde sind in Tabelle 25 wiedergegeben.

Tabelle 25. Zur Illustration von Marks' Mäusemethode.

Präparat	Dosis	Anzahl Mäuse	Anzahl mit Symptomen
Früherer Standard	1/88 Einheit	40	6
„ „	1/44 „	40	24
Krystall. Insulin	0,473 γ	40	7
„ „	0,946 γ	40	22

Die Berechnung der Ergebnisse beruht auf der Arbeit von HEMMINGSEN (1932), der zeigte, daß das Verhältnis zwischen dem Logarithmus der Dosis und dem Krampfprozentsatz einer normalen integrierten Häufigkeitskurve entspricht. Zwischen 15 und 85% ist diese Häufigkeitskurve fast eine gerade Linie, und deshalb kann man annehmen, daß innerhalb dieser Grenzen der Prozentsatz an Krämpfen oder sonstigen Symptomen dem Logarithmus der Dosis direkt proportional ist.

Da sich in jeder Gruppe dieselbe Anzahl Mäuse befindet, ist es nicht nötig, die Anzahl derer, bei denen Krämpfe auftreten, in Prozenten anzugeben, sondern kann man die Zahlen selbst benutzen. Aus den Befunden kann man zunächst ersehen, welchen Effekt eine Verdoppelung der Dosis auf die Anzahl Mäuse, bei denen Krämpfe auftreten, hat. Die Summe der Mäuse, die auf hohe Dosen mit Krämpfen reagieren, ist $24 + 22 = 46$. Die Summe derer, die auf die niedrigen Dosen beider Präparate mit Krämpfen reagieren, ist 13. Die Hälfte der Differenz zwischen diesen Summen, 16,5, ist der mittlere Wirkungsunterschied, der durch die Verdoppelung der Dosen erzielt wird.

Danach berechnet man den Wirkungsunterschied zwischen krystallinischem Insulin und dem früheren Standard. Die Differenz zwischen der Anzahl Mäuse, die auf die hohen Dosen mit Krämpfen reagieren, ist 2. Die Differenz der Anzahl, die auf die niedrigen Dosen mit Krämpfen reagieren, ist 1 (allerdings in umgekehrter Richtung). Die mittlere Differenz ist also $\frac{2-1}{2} = 0{,}5$.

Nun haben wir den oben berechneten Wirkungsunterschied (16,5), der durch Verdoppelung der Dosen erzielt worden war, und außerdem die Differenz zwischen der Wirkung des krystallinischen Insulins und dem früheren Standard. Da nun die Wirkung dem Logarithmus der Dosis direkt proportional ist, ist

$$\frac{16{,}5}{0{,}5} = \frac{\text{Logarithmus } 2}{x},$$

wobei x der Logarithmus des Wirksamkeitsverhältnisses der beiden Präparate in den gespritzten Dosen ist. In diesem Falle ist $x = 0{,}009$, und das Wirksamkeitsverhältnis der beiden Präparate also 1,021. Der Effekt des krystallinischen Insulins war kleiner, also ist $0{,}946\,\gamma$ krystallinisches Insulin $= \frac{1}{1{,}021} \cdot \frac{1}{44}$ Einheit, oder krystallinisches Insulin enthält 23,5 Einheiten pro Milligramm.

Andere Methoden zur Berechnung der Befunde. Die in Kapitel III angegebenen Methoden können auch zur Insulinauswertung verwandt werden. Eine vollständige Erörterung findet sich in den Arbeiten von HEMMINGSEN (1933) und von MARKS im Quarterly Bulletin (1936).

C. Die Auswertung von Protamin-Insulin-Suspensionen (zinkhaltig).

Seit der Einführung von Protamin-Insulin durch HAGEDORN befinden sich zweierlei Insulinpräparate im Handel, die eine protrahierte Wirkung haben sollen. Das eine Präparat besteht aus 2 Lösungen, von denen die eine Insulin und Protamin, die andere Natriumphosphat enthält; beim Mischen beider Lösungen entsteht eine Suspension, die dem Patienten gespritzt wird. Das andere Handelspräparat ist eine schon fertige Insulinsuspension, dem noch Zink zugefügt ist.

Jede Firma sollte bei der Herstellung dieser fertigen Insulinsuspension die zu beschreibenden Prüfungen, die vielleicht in Zukunft noch modifiziert werden, ausführen. Sie umfassen: 1. die übliche Wirksamkeitsbestimmung, 2. eine Prüfung, ob das Endprodukt eine verlängerte hypoglykämische Wirkung hat, 3. ob das Insulin im Endprodukt vollständig gebunden ist.

Wirksamkeitsbestimmung. Vor der Herstellung der Suspension wird das Insulin in der üblichen Weise auf seine Wirksamkeit geprüft, die so sein muß, daß nach Verdünnung mit dem Suspensionsmittel die Wirkungsstärke der fertigen Mischung mit der auf dem Schildchen vermerkten Wirksamkeit übereinstimmt.

Die Prüfung der verlängerten Blutzuckersenkung. Für diese Prüfung wird die Wirkung der Suspension mit der Wirkung des internationalen Standards verglichen. Es wird dazu der übliche Kreuztest an wenigstens 10 Kaninchen gemacht und gleich viele Tiere für den Standard wie für die Suspension verwendet.

a) Dosierung und Injektion. Die Dosis in Einheiten hängt von den Kaninchen ab, d. h. die Standarddosis solle eine 5 Stunden anhaltende Wirkung ausüben. Dies kann man meistens mit einer Einheit pro 2 kg erzielen. Dauert aber die Blutzuckersenkung länger als 5 Stunden, so muß man die Dosis verringern. Die Suspension muß ohne vorherige Verdünnung verabreicht werden, also in derselben Konzentration, wie sie Patienten gespritzt wird. Deshalb braucht man eine Spritze, mit der man ein Volumen von 0,025 ccm genau abmessen kann. (Die von TREVAN angegebene Mikrometerspritze ist geeignet; zu beziehen von Burroughs Wellcome & Co., London.) Der Standard wird in derselben Konzentration wie die Suspension verabreicht. Alle Injektionen werden subcutan gegeben.

Angenommen, eine Einheit des Standards habe die erwünschte Wirkung. Enthält dann eine Suspension angeblich 40 Einheiten im Kubikzentimeter, so erhalten die Hälfte der Kaninchen je eine Einheit des Standards in 0,025 ccm, und die andere Hälfte je 0,025 ccm der Suspension.

b) Blutzuckerbestimmung. Der Blutzuckerprozentsatz wird 6 Stunden lang nach der Injektion stündlich bestimmt. Dabei dürfen die einzelnen

Blutproben jedes Kaninchens aber nicht zusammen gegeben werden, sondern sie müssen jede einzeln untersucht werden.

c) *Die Feststellung des protrahierten Effekts.* Der mittlere Blutzuckerwert für jede Stunde wird sowohl für die Standardgruppe als auch für die mit der Suspension gespritzten Kaninchen bestimmt. Dann werden alle Blutzuckermittelwerte in Prozente von mittleren Anfangswert umgerechnet. Wenn z. B. der Anfangswert 0,122% war, dann ergibt sich für 0,076 der Wert 0,062. Aus diesen Werten werden Kurven konstruiert, die den hypoglykämischen Effekt des Standards und der Suspension darstellen.

Auf der Standardkurve wird der Punkt vermerkt, an dem der Blutzucker gerade zum Ausgangswert zurückgekehrt ist. Zu diesem Zeitpunkt darf der Blutzucker der Kaninchen, die die Suspension erhielten, nicht mehr als 80% des Ausgangswertes betragen.

Hat der Blutzucker der mit dem Standard gespritzten Kaninchen am Ende der Versuchszeit den Ausgangswert noch nicht erreicht, so nimmt man den Punkt, an dem der Blutzucker auf 90% des Anfangswertes zurückgekehrt ist. Zu diesem Zeitpunkt darf aber der Blutzucker der mit der Suspension gespritzten Kaninchen nicht mehr als 72% des Ausgangswertes betragen.

Die Prüfung auf vollständige Bindung. Das Endprodukt ist ein an Protamin gebundenes Insulin. Um sich von der Vollständigkeit dieser Bindung zu überzeugen, wird die Suspension durch Zentrifugieren aufgehoben. Danach soll die überstehende Flüssigkeit nicht mehr als 2,5% der gesamten Insulinwirksamkeit enthalten. Die Prüfung geschieht entweder mit dem Kreuztest an 6 Kaninchen oder an Mäusen unter Verwendung von 60 Tieren. Es ist nützlich zu wissen, daß eine Lösung reinen krystallinischen Insulins mit einer Einheit pro Kubikzentimeter ungefähr 0,007 mg Stickstoff pro Kubikzentimeter enthält. Wenn also die überstehende Flüssigkeit auch nur so wenig Stickstoff enthält, kann darin nicht mehr als die erlaubte Menge Insulin vorhanden sein.

Die zweite und dritte Prüfung beziehen sich auf das Endprodukt und können in irgendeinem Laboratorium ausgeführt werden; die erste Prüfung aber bezieht sich auf das Insulin, bevor es suspendiert wird, und muß also vom Hersteller vorgenommen werden. Eine annähernde Bestimmung des vorhandenen Insulins kann man jedoch machen, indem man die Suspension mit saurer Kochsalzlösung verdünnt und dann in der üblichen Weise mit dem Standardinsulin vergleicht. Bei 20facher Verdünnung z. B. wird die Suspension zerstört.

Literatur.

HAGEDORN and JENSEN, Biochem. Z. **135**, 46; **137**, 92 (1923). — HEMMINGSEN, Quart. J. Pharm. Pharmacol. **6**, 39, 187 (1933). — HEMMINGSEN and MARKS, Quart. J. Pharm. Pharmacol. **5**, 245 (1932); **6**, 81 (1933).

MARKS, Leag. of Nat. Rep. Insulin Standardisation, C. H. 398 (1926). — MARKS, Quart. J. Pharm. Pharmacol. **5**, 255 (1932).

Quarterly Bulletin of the Health Organisation, League of Nations, Geneva, Special Number, November 1936.

SOMOGYI, J. of biol. Chem. **86**, 655 (1930).

TREVAN and BOOCK, Leag. of Nat. Rep. on Insulin Standardisation, C. H. 398 (1926).

Kapitel VI.

Die Hormone der Nebenniere.

A. Nebennierenrindenextrakt.

Der Standard. Vorläufig gibt es noch keinen Standard für die Auswertung von Nebennierenrindenextrakt. Es werden sowohl Hunde- wie Ratteneinheiten gebraucht, aber beide sind so variabel, daß die Vorstellung einer genauen Standardisierung damit illusorisch wird. Die Schwankung der Hundeeinheit kommt daher, daß es unmöglich ist, große Gruppen von nebennierenlosen Hunden zu benutzen, und daß es sehr schwierig ist, eine Dosis zu bestimmen, die gerade genügt, einen solchen Hund am Leben zu erhalten. Das Schwanken der Ratteneinheit kommt durch den Einfluß, den die Nahrung und zweifellos auch noch andere Faktoren auf die Menge Rindenhormon, derer die Ratten bedürfen, ausübt. Eine bestimmte Dosis Rindenextrakt wirkt verschieden auf zwei verschiedene Rattengruppen, sogar wenn sie aus derselben Zucht stammen und dieselbe Kost erhalten. Ein Beispiel hierfür ist in Tabelle 26 wiedergegeben: dieselbe Dosis desselben Extraktes wurde in 2 Versuchen 2 Gruppen von 12 nebennierenlosen Ratten gegeben. Die Injektionen erstreckten sich über 5 Tage.

Tabelle 26.

Versuch	Unbehandelte Ratten		Ratten, die 5 Tage lang dreimal täglich 0,0125 ccm erhielten	
	Anzahl Ratten in einer Gruppe	Gewichtsänderung einer Gruppe in 6 Tagen	Anzahl Ratten in einer Gruppe	Gewichtsänderung einer Gruppe in 6 Tagen
Nr. 1	11	−26 g	12	−45 g
Nr. 2	11	−27 g	12	+31 g

Die Tabelle zeigt, daß die unbehandelten Tiere in beiden Versuchen an Gewicht abnahmen; bei dem ersten Versuch nahmen die gespritzten Ratten auch ab, aber im zweiten Versuch nahmen sie zu. Der Unterschied zwischen den gespritzten Ratten und den unbehandelten Ratten im zweiten Versuch zeigte sich auch deutlich an der Überlebensdauer. Am sechsten Tage waren alle unbehandelten Ratten tot, aber nur eine der gespritzten Ratten. Im ersten Versuch war dieser Unterschied nicht vorhanden.

Vergleichende Methoden.

Die Standardisierungsmethoden für Nebennierenrindenextrakt beschränken sich infolge des obenerwähnten Fehlens eines Standards auf Methoden, bei denen die Wirksamkeit von 2 Extrakten an Tiergruppen verglichen wird. 1936 hat SCHULTZER eine Methode beschrieben, bei der Ratten, und 1937 BÜLBRING eine Methode, bei der Enteriche benutzt werden.

1. Die Auswertung an Enterichen.

Der Vergleich der Wirksamkeit zweier Extrakte geht am schnellsten an Enterichen. PARKES und SELYE (1936), die sich für Gefiederveränderungen nach Herausnahme der Nebennieren an Vögeln interessierten, fanden, daß die Tiere nach dieser Operation sehr schnell starben. Die Entfernung der Nebennieren ist leichter an Enten als an Hühnern, und wiederum leichter an Enterichen als an Enten. Deshalb untersuchte BÜLBRING (1937) die Lebensdauer nebennierenloser Enteriche und deren Beeinflussung durch Nebennierenrindenextrakt.

Operationstechnik. Enteriche von 1,4 bis 1,9 kg Gewicht sind für die Operation am geeignetsten und sollten möglichst zur selben Rasse gehören. Sie brauchen nicht durch eine Hungerperiode vorbereitet zu werden. Man spritzt jedem Vogel 5 mg Atropin in die Brustmuskulatur und narkotisiert mit einem Gemisch von 3 Teilen Äther und einem Teil Chloroform. Als Narkosemaske dient ein Conus aus durchlöchertem Metall, der mit Mull überzogen wird. Die Vögel lassen sich oft nur schwer narkotisieren; manche sperren sich sehr und sind während der Operation nie ganz ruhig. Während die Narkose eingeleitet wird, rupft man die Federn in der Umgebung des Operationsfeldes unter den Flügeln.

Abb. 23. Operationsbrett für Enteriche. Siehe Text.

Als Operationstisch dient ein Holzbrett 45 × 40 cm, siehe Abb. 23. An 3 Stellen ist doppelter Gummischlauch über das Brett gespannt und zu beiden Seiten an Haken befestigt. Der Vogel wird auf die Seite gelegt, und beide Beine werden an einer Ecke des Brettes mit 2 Gummischläuchen festgehalten. Die Flügel nimmt man zusammen in eine Hand, schiebt sie unter die quer über das Brett gehenden Gummischläuche und dreht diese zur Sicherheit zweimal herum, so daß der Schlauch um den Ansatz der Flügel gewickelt ist. Hierdurch werden die Beine nach hinten zurückgezogen, und die Flügel nach oben.

Man macht einen ungefähr 6 cm langen Hautschnitt parallel zu den Rippen, gerade vor dem Kniegelenk. Mit einer langen stumpfen Schere wird ein Loch in die Intercostalmuskeln zwischen den beiden tiefsten Rippen, die man erreichen kann, gemacht. Diese Öffnung wird durch stumpfe Präparation mit 2 Fingern erweitert, und die Rippen mit einem Wundspanner ungefähr 4 bis 5 cm auseinander gespreizt. Zur Beleuchtung des Operationsfeldes dient eine Kopflampe, zum Operieren zwei lange, gerade, spitze Pinzetten. Um die Mitte der hinteren Bauchwand freizulegen, muß zunächst ein Luftsack zerrissen werden. Auf der rechten Seite liegt die gelbliche Nebenniere, direkt auf der Vena cava, zwischen Lungen, Niere und Hoden. Die Niere ist ein dunkelbraunes, weiches, leicht verletzliches Gewebe, das der hinteren Bauchwand an-

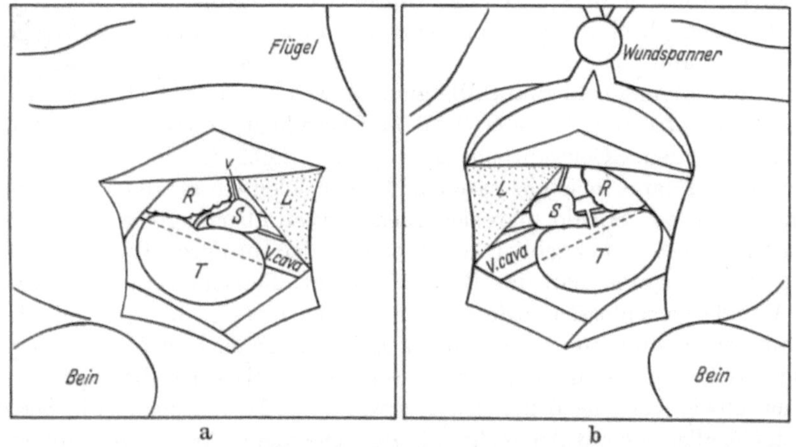

Abb. 24. Topographie der Nebennieren beim Enterich. a) rechts, b) links. L = Lunge, R = Niere, S = Nebenniere, T = Testis, v = Vene.

liegt, hinten und schwanzwärts von der Nebenniere. Der Hoden, der oft sehr groß ist, ist nierenförmig und liegt etwas schwanzwärts und vor der Nebenniere. Die Lungen liegen hinten und kopfwärts. Die Topographie ist in Abb. 24 zu sehen. Auf der linken Seite ist sie ähnlich, nur hat die Nebenniere hier einen Fortsatz nach hinten, der $^1/_2$ bis 1 cm lang sein kann und sich bis unter die Kapsel des Hodens erstreckt.

Mit einer langen geraden spitzen Pinzette wird die Kapsel über der Nebenniere möglichst sauber entfernt. Etwa zurückgelassene Reste behindern später die Herausnahme der Drüse. Eine Vene (*v* in Abb. 24a), die von der hinteren Bauchwand zur Drüse geht, wird einige Minuten lang mit einer Arterienklemme abgeklemmt. Zwischen der Klemme und der Drüse kann man sie dann einfach zerreißen und später die Klemme abnehmen; das Unterbinden ist unnötig.

Man fängt dann auf der rechten Seite damit an, die Drüse mit kleinen Wattebällchen, die man in einer geraden langen Pinzette hält, von der Unterlage weg zu reiben. Man arbeitet vom hinteren Rande zur Vena cava hin und wälzt die Drüse nach vorn. Manchmal kann man sie auf diese Weise ganz herauslösen, bis auf eine Stelle, an der die Vene aus der Drüse in die Vena cava mündet. Diese Vene kann mit 2 Pinzetten zerrissen und die Operation mit verhältnismäßig geringem Blutverlust dadurch beendigt werden. Meistens ist es aber nicht möglich, die Drüse durch einfaches stumpfes Präparieren von der Vena cava abzulösen, da manche Teile fest damit verwachsen sind. Diese entfernt man zweckmäßig, indem man sie mit einer Vakuumpumpe absaugt. Man benutzt dazu ein Glasrohr, das sich am einen Ende zu einer 1 mm weiten Öffnung verengt. Diese muß scharf abgeschliffen sein, so daß man den Rand der Öffnung gleichzeitig sowohl zum Abkratzen als auch zum Saugen benutzen kann. Die Blutung ist verschieden stark; meist ist sie nur venös und kommt bald zum Stillstand. Zuweilen wird jedoch eine kleine Arterie, die über dem hinteren Teil der Drüse liegt, zerrissen. Man kann sie unterbinden. Gelegentlich entsteht ein Loch in der Vena cava. Auch dieses kann meistens rasch mit einer Klemme gefaßt und unterbunden werden. Sobald man sich genau davon überzeugt hat, daß kein Drüsengewebe zurückgeblieben ist und keine profuse Blutung mehr besteht, befeuchtet man das Bett mit 5proz. Ferrichlorid. Dann wird die Wunde verschlossen. Die Rippen werden mit einem starken Faden zusammengehalten und die Haut zugenäht. Danach wird der Vogel umgedreht, um die linke Seite zu operieren. Hier ist die Operation etwas schwieriger wegen des schon erwähnten Gewebefortsatzes. Sonst geschieht alles wie auf der rechten Seite. Die kleine Arterie am hinteren Abschnitt der Drüse und die Vene zwischen dem vorderen Abschnitt und dem Hoden können Schwierigkeiten verursachen.

Operationssterblichkeit. Die Enteriche erwachen sehr schnell aus der Narkose, und wenn diese schon gegen Ende der Operation weniger tief war, stellen sie sich manchmal sofort hin und trinken Wasser. Die Operationszeit beträgt für den Geübten 20 Minuten, einschließlich Vorbereitung. Es kommen gelegentlich Todesfälle infolge der Narkose oder des Blutverlustes vor. Die Mortalität hängt wesentlich von der Geschicklichkeit des Operateurs und der Sorgsamkeit des Narkotiseurs ab.

Lebensdauer unbehandelter Enteriche. Während einiger Stunden nach der Operation können die Vögel stehen und laufen wie im Normalzustand. Danach setzen sie sich hin; beschleunigte Atmung ist das erste Zeichen des herannahenden Todes. Das Ende tritt sehr plötzlich unter Krämpfen ein. Die mittlere Lebensdauer nach der Operation ist nach Bülbring 7,5 bis 10,5 Stunden. 5 Versuche sind in Tabelle 27 wiedergegeben. Die Einzelbeobachtungen für die Versuche im November,

Januar und März schwanken zwischen 5,25 und 10,4 Stunden. Im Juni hört die Brutzeit auf, eine Periode von Senilität beginnt und dauert 3 Monate. Während dieser Zeit ist die Lebensdauer der operierten Tiere offenbar etwas verlängert und, wie man später sehen wird, genügt eine geringere Menge Rindenextrakt, um das Leben um eine bestimmte Zeit zu verlängern.

Tabelle 27. Lebensdauer unbehandelter Enteriche nach Herausnahme der Nebennieren (in Stunden).

	November 1935	Januar 1936	März 1936	Juli 1936	November 1936
	7,5	5,25	8,2	6,7	10,1
	9,25	7,5	10,0	8,8	6,7
	10,75	8,75	6,3	15,0	5,3
	10,5	7,5	10,4	9,5	6,7
	6,5	7,0	8,1	9,3	11,7
	7,4	9,5	7,6	8,9	11,0
	5,7	7,0	5,6	15,2	
			10,4	12,8	
				8,6	
Mittelwert:	8,2	7,5	8,3	10,5	8,6

Der Einfluß von Rindenextrakt auf die Lebensdauer nebennierenloser Enteriche. Es ist möglich, die Lebensdauer nach der Herausnahme der Nebennieren durch Injektion von Rindenextrakt um eine gewisse Zeit zu verlängern, aber die Verlängerungszeit nach einer großen oder einer kleinen einmaligen Dosis ist ungefähr gleich lang. Nach BÜLBRING gilt dies auch für 4 Injektionen, die 1, 3, 5 und 7 Stunden, und auch für solche, die $2^1/_2$, 5, $7^1/_2$ und 10 Stunden nach der Operation gegeben wurden. Hormonmengen, die so groß sind, daß sie das unmittelbare Bedürfnis übersteigen, werden also nicht aufgespeichert, sondern entweder zerstört oder ausgeschieden. Man kann jedoch die Wirksamkeit eines Extraktes feststellen, indem man die mittlere Lebensdauer von Enterichgruppen bestimmt, denen die Dosen jede Stunde für eine willkürlich angenommene Periode von 20 Stunden gespritzt werden. Wenn die Dosis groß genug ist, kann man damit alle Vögel in der Gruppe für diesen Zeitraum am Leben erhalten. Mit kleineren Dosen bleiben manche, aber nicht alle Vögel am Leben. Mit noch kleineren Dosen dagegen wird kein Vogel am Leben erhalten. Die Ergebnisse eines Versuches von BÜLBRING sind in Tabelle 28 wiedergegeben.

Die mittlere Lebensdauer von Enterichen, die mit 0,05 ccm Extrakt stündlich gespritzt wurden, war kaum mehr als die der unbehandelten. Die Lebensdauer der mit 0,1 ccm gespritzten Enteriche war 14,7 Stunden, und mit 0,2 ccm 19,8 Stunden. Im gleichen Sinn stieg die Anzahl der Enteriche, die die ganze Periode überlebten, von 1 von 9 Vögeln auf 8 von 10 Vögeln.

Tabelle 28. **Lebensdauer (in Stunden) nebennierenloser Enteriche, die nach der Operation stündlich 20 Stunden lang oder bis zum Tode gespritzt wurden. Die bei jeder Injektion gegebene Dosis ist angegeben.** Extrakt *C*.

	0,05 ccm	0,1 ccm	0,2 ccm	0,3 ccm
	6,7	9,25	22,0	27,4
	13,5	13,75	22,8	27,75
	9,4	13,5	13,8	17,0
	8,7	15,75	17,2	21,75
	12,25	13,6	18,0	15,75
	7,75	21,25	22,75	22,3
	8,0	16,7	23,25	29,0
	9,7	18,9	25,1	25,2
	12,25	10,1	13,2	25,0
				24,3
Mittelwert	9,8	14,7	19,8	23,5
Zahl der Tiere, die die 20 Stunden überlebten	0/9	1/9	5/9	8/10

Veränderungen der Empfindlichkeit. Die Zahlen in Tabelle 28 gäben die Möglichkeit, eine Einheit für den Rindenextrakt durch die Lebensdauer von nebennierenlosen Enterichen zu definieren. BÜLBRING fand aber, daß sich die Empfindlichkeit der Enteriche zwischen Ende Mai und Juli so verändert, daß im Juli nur ein Viertel der Dosis vom Mai notwendig war, um die Enteriche für dieselbe Zeit am Leben zu erhalten. Befunde, die mit demselben Extrakt zu verschiedenen Zeiten erhoben wurden, sind in Tabelle 29 wiedergegeben.

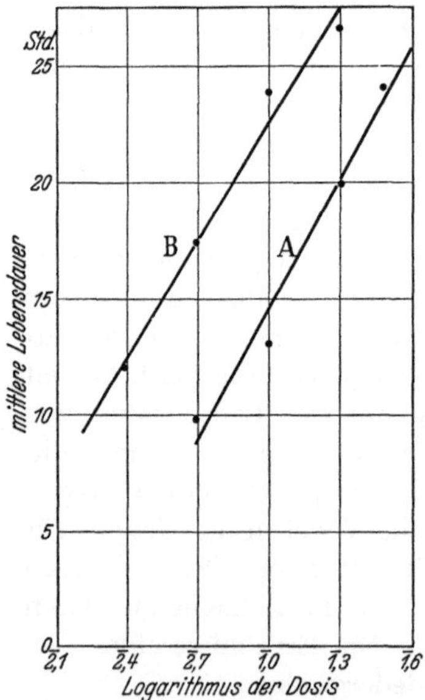

Abb. 25. Abszisse: Stündliche Dosen Rindenextrakt. Ordinate: Mittlere Lebensdauer nebennierenloser Enteriche (in Stunden). *A*: Resultate im Mai; *B*: Resultate im Juli. (BÜLBRING.)

Tabelle 29. **Lebensdauer nebennierenloser Enteriche, die mit demselben Extrakt im Mai und Juli gespritzt wurden (in Stunden).**

Datum	Dosis ccm				
	0,025	0,05	0,1	0,2	0,3
Mai	—	—	11,2	19,9	24,6
Juli	12,0	18,7	23,7	—	—

Die Zahlen in der Tabelle zeigen, daß man nicht annehmen darf, daß die Empfindlichkeit der Enteriche in der Periode zwischen Mai und Juli konstant ist, und neuere Beobachtungen zeigen, daß die Empfindlichkeit von Oktober bis Januar zurückgeht, um dann von Februar bis Mai wieder langsam zuzunehmen. Infolgedessen muß die Methode immer vergleichend sein und die relative Wirksamkeit von 2 Extrakten bestimmt werden. Die Befunde von Tabelle 29 sind zusammen mit anderen zur selben Zeit gemachten Beobachtungen in Abb. 25 graphisch dargestellt; der Logarithmus der Dosis ist als Abszisse und die mittlere Lebensdauer als Ordinate genommen. Die Gleichung der so entstandenen geraden Linie, S. 25, ist in Kapitel III A berechnet. Sie lautet:

$$y = 18{,}6x + 33{,}1.$$

Der Gebrauch der Methode für Routinezwecke. Zur Erklärung diene ein Vergleich zwischen einem Extrakt T und einem Extrakt S, der als Standard benutzt wurde. Am ersten Tage, an dem S und T verglichen wurden, wurde als vorläufige Dosis 0,05 ccm S drei Vögeln gegeben, weil man erwartete, daß diese Dosis die Enteriche für ungefähr 16 bis 17 Stunden am Leben erhalten würde. Da man annahm, daß T schwächer sei, wurde 0,1 ccm T drei Vögeln und 0,2 ccm T drei anderen Vögeln gegeben. Die Ergebnisse waren:

0,05 ccm S, mittlere Lebensdauer 21,9 Stunden (3 Vögel)
0,1 „ T, „ „ 13,9 „ (3 „)
0,2 „ T, „ „ 18,9 „ (3 „)

Der Gesamteindruck dieser vorläufigen Versuche ließ darauf schließen, daß die Wirksamkeit von T weniger als 50% derjenigen von S betrug. Im Hauptversuch am nächsten Tage wurde 5 Vögeln 0,1 ccm T gespritzt. Die Dosis für S wurde halbiert, weil die Lebensdauer von 21,9 Stunden zu nahe beim Maximaleffekt gelegen hatte. Aus demselben Grunde wurde für T 0,1 ccm statt 0,2 ccm gewählt. Die Ergebnisse waren:

0,025 ccm S, mittlere Lebensdauer 12,0 Stunden (5 Vögel)
0,1 „ T, „ „ 13,2 „ (5 „)

Am dritten Tage wurde der Vergleich abgeschlossen und 5 Vögeln 0,05 ccm S und 4 Vögeln 0,1 ccm T gespritzt. Es wäre allerdings besser gewesen, 0,2 ccm T zu spritzen. Das Ergebnis war:

0,05 ccm S, mittlere Lebensdauer 17,8 Stunden (5 Vögel)
0,1 „ T, „ „ 12,4 „ (4 „)

Wenn man die Befunde der 3 Tage zusammennimmt, stellen sie sich dar wie in Tabelle 30.

Tabelle 30.

Dosis	Anzahl der Vögel	Mittlere Lebensdauer
0,025 ccm S	5	12,0 Stunden
0,1 „ T	12	13,4 „
0,05 „ S	8	19,4 „
0,2 „ T	3	18,9 „

Offenbar betrug die Wirksamkeit von T annähernd 25% derjenigen von S. Das genaue Verhältnis von S zu T kann man entweder graphisch aus Abb. 25 ablesen, oder algebraisch aus der Gleichung der Regressionslinie berechnen. Beide Methoden können an dem ersten Paar der endgültigen Beobachtungen erläutert werden, daß nämlich 0,025 ccm S eine mittlere Lebensdauer von 12 Stunden und 0,1 ccm T eine mittlere Lebensdauer von 13,4 Stunden bewirkt. Die Abszissen in Abb. 25, Linie A, die 12 und 13,4 Stunden entsprechen, werden abgelesen, und da sie Logarithmen sind, werden die entsprechenden Antilogarithmen aufgesucht. Das Verhältnis der Wirksamkeit von 0,025 ccm S zu 0,1 ccm T ist dann dem Verhältnis dieser Antilogarithmen gleichzusetzen. Dies ist die graphische Methode. Bei der algebraischen Methode benutzt man die Gleichung der Regressionslinie $y = 18{,}6x + 33{,}1$. Wenn man 12 für y einsetzt, dann ist $x = -1{,}134$ oder $\bar{2}{,}866$[1]. Diese Zahl ist der Logarithmus von 0,734. Wenn 13,4 für y eingesetzt wird, dann ist $x = -1{,}059 = \bar{2}{,}941$. Diese Zahl ist der Logarithmus von 0,0873. Also ist

$$\frac{0{,}1 \text{ ccm } T}{0{,}025 \text{ ccm } S} = \frac{0{,}0873}{0{,}0734} = 1{,}19.$$

Also ist 1 ccm $T = 0{,}297$ ccm S. Oder T hat 29,7% der Wirksamkeit von S.

So wie die Methode hier beschrieben ist, erstreckt sie sich über 3 Tage, wenn man den ersten für einen vorläufigen Orientierungsversuch nimmt. Das Beispiel zeigt aber auch, daß man schon am ersten Tage sehr nützliche Resultate erhält, so daß die darauffolgenden Tage hauptsächlich dazu dienen, diese Resultate zu bestätigen oder zu verbessern. Die Berechnung der mittleren Lebensdauer aus einer geringen Anzahl Tiere ist oft weniger zuverlässig, als man erwarten könnte. Bei dem vorläufigen Versuch war die mittlere Lebensdauer für 0,1 ccm T tatsächlich 20,2, 13,0 und 8,5 Stunden. Diese Zahlen sehen so aus, als ob die Berechnung ihres Mittelwertes sehr leicht zu einem Irrtum führen könnte. Nichtsdestoweniger ist der Mittelwert 13,9, also kaum anders als der endgültige Mittelwert 13,4 für 12 Vögel.

Die Genauigkeit der Methode. Die Genauigkeit der Methode kann man prüfen, indem man die mittleren Fehler der mittleren Lebensdauer berechnet. Zum Beispiel ist in Tabelle 28 die mittlere Lebensdauer für 0,1 ccm 14,7 Stunden, der mittlere Fehler dieses Wertes ist 1,44 Stunden nach der Formel $\sqrt{\frac{\sum d^2}{n(n-1)}}$. Der mittlere Fehler der Lebensdauer 19,8 Stunden für 0,2 ccm ist 1,45 Stunden. Für drei andere Mittelwerte sind ebenfalls die mittleren Fehler bestimmt worden, deren Werte 0,95, 1,6 und 1,3 Stunden waren. Das Mittel aus diesen 5 Werten ist 1,3 Stunden. Wenn man nun die Lebensdauer 14,7 Stunden in Tabelle 28 für die Dosis 0,1 ccm nimmt, so sieht man, daß in 2 von 3 Fällen das Resultat zwischen 13,4 und 16 Stunden liegen wird. 13,4 entspricht $\bar{2}{,}94$, dem Logarithmus der Dosis 0,087 ccm (Abb. 25), und 16,0 Stunden $\bar{1}{,}075$, dem Logarithmus der Dosis 0,119 ccm. Also wird in 2 von

[1] $\bar{2}{,}866$ ist eine verkürzte Schreibweise für $(0{,}866 - 2)$.

3 Fällen, bei denen 0,1 ccm gespritzt wird, der Befund ergeben, daß nicht weniger als 0,087 ccm und nicht mehr als 0,119 gespritzt wurden. Der Fehler der Beobachtung würde also nicht mehr als 16% betragen. In 21 von 22 Fällen wird der Fehler nicht mehr als 32% sein. Diese Werte sind aus Versuchen berechnet, bei denen 10 Vögel pro Dosis benutzt wurden, um die mittlere Lebensdauer festzustellen. Der mittlere Fehler des Wirksamkeitsverhältnisses zweier Extrakte bei Benutzung von je 10 Vögeln wird aus der Formel $\sqrt{\sigma_1^2 + \sigma_2^2}$ berechnet, in der σ_1 der in Prozenten ausgedrückte mittlere Fehler der Bestimmung mit dem ersten Extrakt und σ_2 der in Prozenten ausgedrückte mittlere Fehler der Bestimmung mit dem zweiten Extrakt darstellt. In diesem Fall ist $\sigma_1 = \sigma_2 = 16$, und der mittlere Fehler des Wirksamkeitsverhältnisses beider Extrakte = 22,6%.

2. Die Auswertung an nebennierenlosen Ratten.

Schultzer hat kürzlich eine Methode zur Auswertung von Nebennierenrindenextrakt beschrieben, zu der er junge, 40 bis 50 g schwere Ratten braucht. Nach Herausnahme der Nebennieren werden sie 21 Tage lang mit Rindenextrakt gespritzt und festgestellt, wieviel Prozent der Ratten durch die täglich gegebene Dosis am Leben erhalten wurden.

Die Nebennierenexstirpation an der Ratte. Die Ratte wird mit Äther narkotisiert, auf den Bauch gelegt, das Haar in der Mitte des Rückens kurz geschnitten, mit Alkohol befeuchtet und ein 3 bis 5 cm langer medianer Hautschnitt gemacht. Die hintere Bauchwand wird mit einem kleinen, etwa 0,5 ccm langen Schnitt im Winkel zwischen der letzten Rippe und der Wirbelsäule eröffnet. Wenn man von unten her gegen die Eingeweide drückt, kann man die Niere durch diese Öffnung herausluxieren. Meistens sieht man dann gleich am oberen Nierenpol die Nebenniere. Das Ligament, das die Nebenniere kranial fixiert, wird mit einer kleinen gebogenen Arterienklemme gefaßt und abgerissen; dabei kommt die Nebenniere mit, sowie ein Stück der Nierenkapsel, der sie anhaftet. Damit ist die Exstirpation beendet, die Niere wird in die Bauchhöhle zurückgeschoben und die Öffnung in der Muskulatur mit einem Catgutstich zugenäht. Die Operation wird auf der anderen Seite genau so gemacht. Dann wird die Haut mit Seide genäht.

Lebensdauer der Ratten nach Nebennierenexstirpation. Schultzer fand, daß unbehandelte Tiere zwischen dem dritten und zwölften Tage nach der Operation sterben. Die durchschnittliche Lebensdauer von 77 Ratten war 5,7 Tage. Schultzer spritzte verschiedenen Gruppen nebennierenloser Ratten Rindenextrakt und berechnete die Dosen nach dem Gewicht frischer Drüse, einschließlich Mark. Er gab von einer täglichen Dosis, die 100 g Drüse entsprach, bis zu 1,5 g Drüse pro Ratte. Von einem Extrakt genügten 12,5 g Drüse, um die Mehrzahl der Ratten

21 Tage lang am Leben zu erhalten, dagegen waren Dosen von weniger als 3,1 g Drüse unwirksam. Tabelle 31 zeigt die Befunde.

SCHULTZER fand, daß alle Ratten starben, wenn man mit den Injektionen aufhörte, und zwar durchschnittlich 6,3 Tage später. Er kam

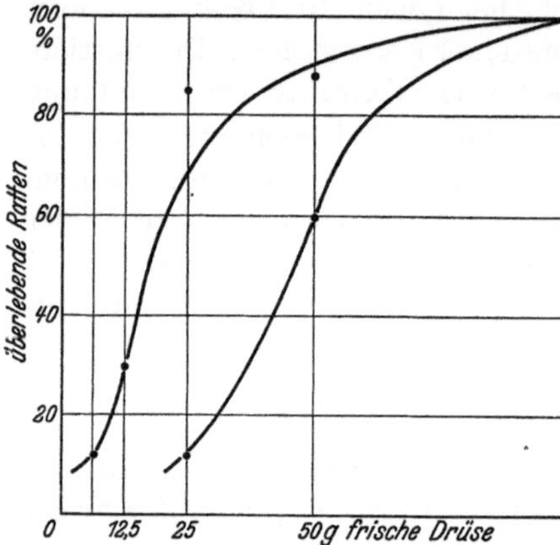

Abb. 26. Abhängigkeit des Prozentsatzes nebennierenloser Ratten, die die Operation 3 Wochen überlebten, von der täglichen Dosis Rindenextrakt (in Gramm frischer Drüse). Die beiden Kurven zeigen diese Abhängigkeit für zwei verschiedene Extrakte. (SCHULTZER.)

Tabelle 31.

Tägliche Dosis Nebenniere g	Zahl der gespritzten Ratten	Zahl der Ratten, die 21 Tage überlebten	Prozentsatz der überlebenden Ratten
3,1	24	3	12,5
6,2	46	14	30
12,5	20	17	85
25	26	23	88
50	15	15	100

zu dem Schluß, daß man mit dieser Methode 2 Extrakte miteinander vergleichen könnte. Zum Beispiel hielt von einem anderen Extrakt die Dosis, die 12,5 g Drüse entsprach, nur 12% der Ratten 21 Tage am Leben, 25 g Drüse 60% und 50 mg Drüse 100%. Die graphische Darstellung dieser Befunde zeigt Abb. 26, zusammen mit denen von Tabelle 31; man kann die relative Wirksamkeit beider Extrakte bestimmen, wenn man die Dosen, die denselben Prozentsatz der Tiere am Leben hielten, vergleicht.

Der Einfluß der Kost auf die Lebensdauer. Zweifellos ist die Lebensdauer junger Ratten nach Herausnahme der Nebennieren im höchsten Grade von der Kost abhängig. CLEGHORN, CLEGHORN, FORSTER und McVICAR (1936) haben gezeigt, daß die Zugabe von Brot das Leben verlängert, und auch andere Forscher haben dies beobachtet. SCHULTZER gab den Ratten GUDJONSSONS Kostform (1930):

Pulver aus abgerahmter Milch . . .	30%
Reismehl	40%
Autolysierte Hefe	15%
Gehärtetes Cocosnußöl und Haifischlebertran	15%

Viele Untersucher haben gefunden, daß die Ratten, die durch Rindenextrakt 21 Tage lang am Leben erhalten waren, nicht alle sterben, sobald man mit Spritzen aufhört. Kleine Stücke von Rindengewebe, die bei der Operation zurückgelassen wurden, hypertrophieren im Laufe dieser Zeit, und wenn dies bei mehreren Ratten eintritt, so wird das Resultat des Tests entwertet.

B. Adrenalin.

In 2 Fällen ist eine biologische Auswertung von Adrenalin erforderlich: erstens, wenn eine bestimmte Adrenalinprobe darauf geprüft werden muß, ob sie die volle Wirksamkeit der reinen Substanz besitzt; zweitens, wenn kleine, chemisch nicht mehr nachweisbare Adrenalinmengen ermittelt und annähernd gemessen werden sollen. Für den ersten Fall ist der Test am Blutdruck der Spinalkatze am besten; für den zweiten der am ausgeschnittenen Kaninchendarm.

1. Auswertung am Blutdruck der Katze.

Ausgewachsene männliche, nicht kastrierte Katzen sind am geeignetsten. Das Präparieren der Spinalkatze ist in Kapitel IV, S. 55, beschrieben. Ein niedriger konstanter Blutdruck bietet die besten Bedingungen für die Auswertung; schwankt der Blutdruck, so ist es zweckmäßig, das Rückenmark zu zerstören, indem man einen harten Draht in den Wirbelkanal schiebt. Nach Herausziehen des Drahtes verschließt man das obere Ende des Wirbelkanals mit Plastilin, um die Blutung zu stillen. Die Zerstörung des Rückenmarks bewirkt eine so starke Blutdrucksenkung, daß die Katze sterben kann, wenn man sie nicht sofort umdreht und eine intravenöse Adrenalininjektion macht.

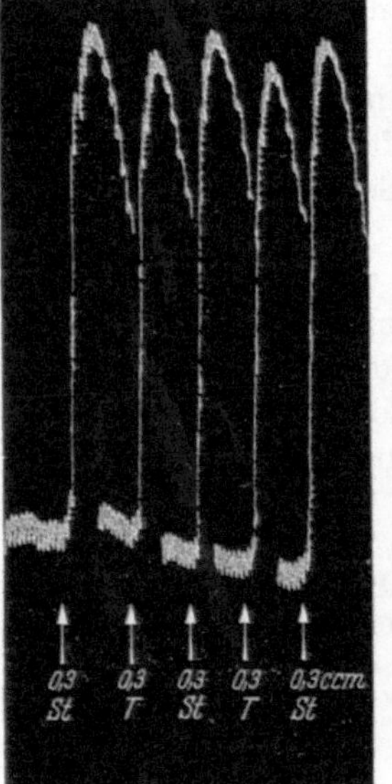

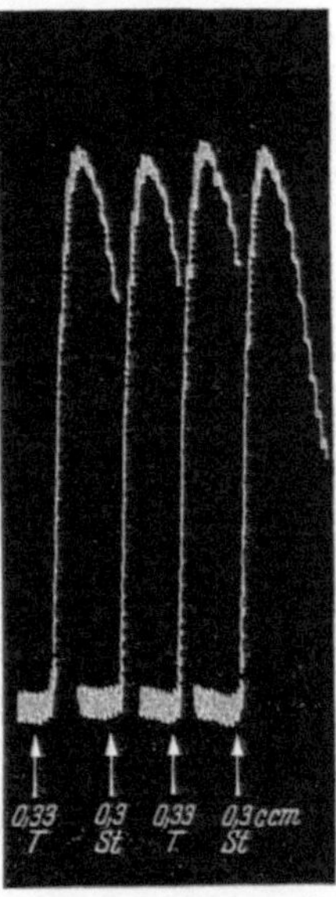

Abb. 27. Adrenalinauswertung am Blutdruck der Spinalkatze. Siehe Text.

Als Standard wird ein Adrenalin benutzt, das mit allen chemischen Proben als rein befunden wurde; die optische Drehung einer 4proz. Lösung in Normalsalzsäure muß —50° bis —53° betragen. Aus diesem Adrenalin wird eine Lösung in schwacher Salzsäure hergestellt und mit physiologischer Kochsalzlösung auf 1 in 40000 verdünnt. Sie muß gegen Lackmus sauer reagieren, sonst zersetzt sie sich. Genau solche Lösung macht man mit dem unbekannten Präparat. Als erstes ermittelt man eine Standarddosis, die sich für den Vergleich eignet. Eine Dosis, die einen submaximalen Effekt ausübt, wird ausgewählt, jedoch darf die Dosis nicht weit von der maximalen entfernt sein, da in diesem Bereich die Wirkung am gleichmäßigsten ausfällt. Die Adrenalinbestimmung mit dieser Methode ist sehr genau und man kann damit Unterschiede von 6% feststellen. Abb. 27 zeigt einen Vergleich, bei dem die Standardinjektion und die des unbekannten Präparates abwechselnd gegeben wurden. Aus der ersten Gruppe geht hervor, daß 0,3 ccm Standard stärker als 0,3 ccm des Unbekannten sind, aus der zweiten Gruppe ist ersichtlich, daß 0,3 ccm Standard etwas schwächer als 0,33 ccm des Unbekannten sind. Also sind 0,32 ccm der unbekannten Lösung 0,3 ccm der Standardlösung gleichwertig. Man stellt zweckmäßig jeden Vergleich so an, daß man sowohl eine Standarddosis ermittelt, die größer, als auch eine Standarddosis, die kleiner als die Dosis des unbekannten Präparates ist.

2. Die Auswertung am Kaninchendarm.

Die Apparatur für ausgeschnittene Organe ist im Kapitel IV beschrieben. Das Darmstück wird in einer Tyrodelösung, deren Zusammensetzung auf S. 46 angegeben ist, aufgehängt. Es muß frisch aus einem eben getöteten Kaninchen entnommen und etwa 3 bis 5 cm lang sein. Der Schreibhebel wird so beschwert, daß der Darm jedesmal zur selben Grundlinie erschlafft. Die Temperatur wird konstant auf 35 bis 36° C gehalten und die Sauerstoffzufuhr sorgfältig reguliert; ein zu rasches Durchperlen stört den Eigenrhythmus des Darmes. Wenn die Kontraktionsamplitude zu klein ist, kann man sie durch Zusatz von Pilocarpin vergrößern, man gibt dann 0,01 mg Pilocarpin in 100 ccm Tyrodelösung. Am empfindlichsten sind Stücke aus dem Ileum; eine Adrenalinverdünnung von nur 1 in 230 Millionen (oder 0,3 γ in ein Bad von 70 ccm) bewirkt eine Hemmung der rhythmischen Kontraktionen.

Literatur.

Bülbring, J. of Physiol. **89**, 64 (1937).
Cleghorn, Cleghorn, Forster and McVicar, J. of Physiol. **86**, 229 (1936).
Gudjonsson, Biochemic. J. **24**, 1591 (1930).
Parkes and Selye, J. of Physiol. **86**, 35P (1936).
Schultzer, J. of Phiol. **87**, 222 (1936).

Kapitel VII.

Schilddrüse.

Die Auswertung der biologischen Wirksamkeit von getrocknetem Schilddrüsenpulver ist noch nicht endgültig festgelegt. Es wird vielfach die Ansicht vertreten, daß die Wirksamkeit dem organisch gebundenen Jodgehalt proportional sei. So schreibt z. B. die Pharmakopöe der

Vereinigten Staaten (X und XI) vor, daß die Schilddrüsenpräparate 0,17 bis 0,23% Jod enthalten müssen. HARINGTON hat gezeigt, daß das organisch gebundene Jod in 2 Formen, nämlich als Thyroxin und als Di-Jodtyrosin, vorkommt. Von diesen beiden Substanzen ist nur das Thyroxin biologisch wirksam, dagegen ist Di-Jodtyrosin unwirksam. Aus diesem Grunde werden nach der britischen Pharmakopöe von 1932 die Schilddrüsenpräparate nicht nach ihrem gesamten organischen Jodgehalt standardisiert, sondern nach dem in Form von Thyroxin vorhandenen Jod. Dieses als Thyroxin gebundene Jod macht 30 bis 60% des gesamten Jodgehaltes aus. Neuere Untersuchungen seit 1932 haben es aber wahrscheinlich gemacht, daß der gesamte Jodgehalt der Schilddrüse wirksam ist.

Es ist unmöglich, Thyroxin und Trockenschilddrüse direkt zu vergleichen, da ersteres seine volle Wirksamkeit nur dann entfaltet, wenn es gespritzt wird und Schilddrüsenpulver nicht gespritzt werden kann. Man hat aber ein Thyroxinpeptid durch intensive Verdauung von Thyreoglobulin mit Pepsin hergestellt, das sowohl intravenös als auch per os gegeben werden kann. Diese Verbindung hat man mittels intravenöser Injektion mit Thyroxin und nach peroraler Verabreichung mit Schilddrüsenpulver verglichen. Wenn die jeweils verglichenen Dosen denselben Jodgehalt hatten, dann wirkte das Thyroxinpeptid ebenso stark wie das intravenös gegebene Thyroxin und auch wie das per os verabreichte Schilddrüsenpulver. HARINGTON (1935) deutete das Ergebnis dahin, daß das gesamte Jod der Schilddrüse wirksam sei und nicht nur das als Thyroxin gebundene Jod. Man kann also daraus den Schluß ziehen, daß bei der Standardisierung der Gesamtjodgehalt bestimmt werden soll.

A. Die Bestimmung des gesamten organisch gebundenen Jods.

10 g Schilddrüsenpulver werden 4 Stunden lang mit 100 ccm N-Natronlauge unter Benutzung eines Rückflußkühlers gekocht. Man filtriert die Flüssigkeit, solange sie noch heiß ist, mit Hilfe einer Saugpumpe und verdünnt nach dem Abkühlen das Filtrat mit Wasser auf 500 ccm. 25 ccm werden auf einem Wasserbad auf 5 ccm eingeengt, die man in einen Nickeltiegel gibt. Dazu fügt man 5 g Natriumhydroxyd und verdampft das Wasser durch Erwärmen. Nach Zusatz von einigen Milligramm Kaliumnitrat erhitzt man das Ganze auf einem Sandbad, bis alle organischen Bestandteile verbrannt sind. Nach dem Abkühlen fügt man nach und nach 200 ccm destilliertes Wasser zu und überführt den Rückstand damit in einen Glaskolben von 500 ccm. Man fügt Methylorange, 1 ccm 10proz. Natriummetabisulfitlösung ($Na_2S_2O_5$) und so viel konzentrierte Phosphorsäure hinzu, bis die Lösung schwach rosa ist. Dann gibt man so viel Brom dazu, bis die Lösung stark gelb gefärbt ist, und kocht 10 Minuten, wobei man durch einige Glasperlen das Stoßen verhindern muß. Nun werden 10 Tropfen 5proz. Natriumsalicylatlösung und nach dem Abkühlen 5 ccm 10proz. Kaliumjodidlösung sowie 5 ccm konzentrierte Phosphorsäure hinzugefügt. Man titriert mit $^{n}/_{200}$-Natriumthiosulfat und Stärke als Indicator. 1 ccm $^{n}/_{200}$-Natriumthiosulfat entspricht 0,1058 mg Jod.

B. Die biologische Auswertung.

Während man durch die chemische Bestimmung des Gesamtjods am schnellsten einen Anhaltspunkt für die Wirksamkeit gewinnen kann, werden dennoch biologische Methoden gebraucht, obwohl sie meistens zu ganz anderen Ergebnissen führen. Eines der ältesten Verfahren ist der Acetonitriltest nach Reid Hunt (1905); eine andere Methode beruht auf der Bestimmung der Gewichtsabnahme von Meerschweinchen nach Kreitmair (1928), und noch eine andere auf der Gasstoffwechselsteigerung, bei der entweder der Sauerstoffverbrauch oder die Kohlensäureabgabe (Mørch, 1929) bestimmt wird.

1. Der Acetonitriltest.

Die Methode beruht auf der Beobachtung, daß Schilddrüsenfütterung bei Mäusen die Resistenz gegenüber der Giftwirkung von Acetonitril steigert. Es geht aber unter anderem aus den Arbeiten von Wokes (1935)

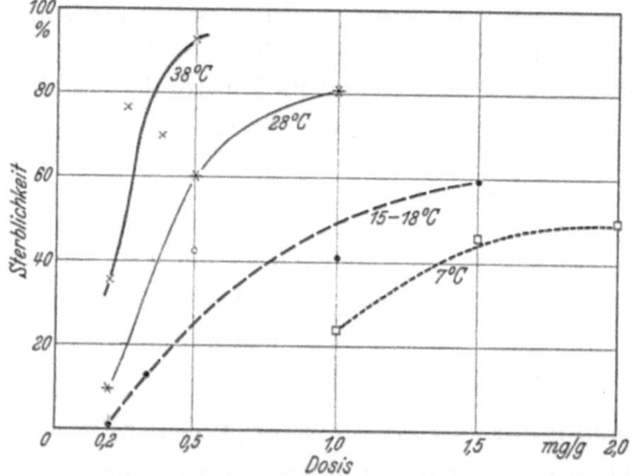

Abb. 28. Beziehung von Acetonitrildosis (Abszisse) zu Mortalitätsprozentsatz von Mäusen bei verschiedenen Temperaturen. Dick ausgezogene Kurve: 38°, dünn ausgezogene Kurve: 28°, gestrichelte Kurve: 15 bis 18°, punktierte Kurve: 7°. (Wokes.)

hervor, daß die Beziehung zwischen der Acetonitrildosis und dem Prozentsatz vergifteter Mäuse nicht befriedigend ist. Die Anzahl der von Acetonitril getöteten Mäuse steigt bei Zimmertemperatur nicht über 60%, auch nicht bei hohen Dosen, wie Abb. 28 zeigt. Nimmt man 2 Gruppen von Mäusen, so kann es geschehen, daß die eine Gruppe zu den sehr empfindlichen, die andere zu den weniger empfindlichen gehört. Hat man nun die Schilddrüse gerade den weniger empfindlichen Mäusen gegeben, so kann es so aussehen, als ob diese dadurch geschützt worden wären. Eine Methode dieser Art kann aber nur dann mit Erfolg angewandt werden, wenn die Dosiswirkungskurve steil auf 100% ansteigt.

WOKES fand, daß sie tatsächlich bei höherer Temperatur steiler wurde und bei 37° C ideal aussah. Leider verschwand aber bei dieser Temperatur von 37° auch die Schilddrüsenschutzwirkung. Auch GADDUM und HETHERINGTON (1931) konnten mit der Acetonitrilmethode nicht zu genauen Ergebnissen kommen.

2. Die Auswertung auf Grund der Gewichtsabnahme von Meerschweinchen.

KREITMAIR (1928) hat eine Methode beschrieben, bei der die Schilddrüsenwirksamkeit an Meerschweinchen durch Herabsetzung des Körpergewichts bestimmt wird. Er schlug vor, die kleinste Dosis zu bestimmen, die bei täglicher Schilddrüsenfütterung an einer Gruppe von 4 Meerschweinchen innerhalb von 7 Tagen 10% Gewichtsverlust hervorruft. Da die Wirkung einer bestimmten Schilddrüsendosis auf das Körpergewicht einer kleinen Gruppe von Meerschweinchen großen Schwankungen unterliegt, ist die Genauigkeit einer Auswertung dieser Art zweifelhaft. Man kann allerdings den Test an denselben Tieren in der Form eines Kreuztestes wiederholen.

Die Wirksamkeit zweier Schilddrüsenpräparate kann man an vier Gruppen zu je 6 Meerschweinchen vergleichen. Je 2 Gruppen erhalten dasselbe Präparat, eine davon die doppelte Dosis der anderen. Nach einer Zwischenpause von 14 Tagen wird der Versuch wiederholt und die Tiergruppen so ausgewechselt, daß diejenigen, die vorher das eine Präparat erhielten, nun das andere bekommen. Die Einzelheiten nach WOKES (unveröffentlicht) sind wie folgt:

4 Gruppen von 6 männlichen Meerschweinchen wurden ausgesucht. Die Gewichte waren in den einzelnen Gruppen möglichst gleichmäßig verteilt. Die Durchschnittsgewichte am Anfang des Versuches waren 225, 263, 260 und 267 g. Die Kost bestand aus gekochten Kartoffeln, Kleie und Grünfutter. Die Kartoffeln wurden gar gekocht und mit der Kleie im Gewichtsverhältnis 4 : 1 fein vermischt. Jedes Meerschweinchen erhielt täglich 40 g dieser Mischung und 50 g frisches Grünfutter. Sobald die Tiere gleichmäßig zunahmen, wurde 6 Tage lang das Schilddrüsenpräparat dem Futter zugegeben. Dazu wurde Schilddrüsenpulver in die Kleie getan, so daß es 2% der Futtermischung ausmachte, außerdem Carmin zugefügt, bis die rote Farbe gleichmäßig verteilt war. Die Vermischung der Kleie mit den Kartoffeln geschah wie vorher. Die Meerschweinchen wurden morgens früh gewogen und erst danach gefüttert. Von den 2 Schilddrüsenpräparaten, S und T, wurden je 10 mg und 20 mg täglich gegeben. Das Anfangsgewicht am Tage vor der Schilddrüsenbehandlung und das Endgewicht am Tage nach der 6tägigen Schilddrüsenbehandlung wurden bestimmt. Tabelle 32 zeigt die Befunde.

Tabelle 32. Durchschnittsgewichte von 6 Meerschweinchen.

Meerschweinchen Gruppe	Dosis mg	Anfangsgewicht g	Endgewicht g	Gewichtsverlust g	Gewichtsverlust %
1	10 *S*	278,5	264	14,5	5,2
2	20 *S*	285	254,5	30,5	10,7
3	10 *T*	275,5	262	13,5	4,9
4	20 *T*	279	251	28,0	10,0
3	10 *S*	310	286	24,0	7,7
4	20 *S*	302	271	31,0	10,3
1	10 *T*	324	294	30,0	9,2
2	20 *T*	322,5	285	37,5	11,3

Die Durchschnittswerte für die Gewichtsabnahmen in Tab. 32 sind:

1. nach 10 mg *S* Gewichtsverlust von 6,45%
2. „ 20 „ *S* „ „ 10,50%
3. „ 10 „ *T* „ „ 7,05%
4. „ 20 „ *T* „ „ 10,65%

Aus diesen Befunden geht hervor, daß *T* etwas stärker als *S* ist. Das genaue Wirksamkeitsverhältnis kann man nach der Methode von MARKS für die Insulinauswertung an Mäusen (s. S. 77) berechnen. Es wird vorausgesetzt, daß die Wirkung dem Logarithmus der Dosis proportional ist. Zuerst wird der Effekt nach Verdoppelung der Dosis berechnet, dieser ist für *S* 10,50 — 6,45 = 4,15, für *T* = 3,60. Das Mittel von 4,15 und 3,60 ist 3,875. Danach wird der Wirkungsunterschied zwischen *S* und *T* berechnet, dieser ist für 10 mg 0,60, für 20 mg 0,15. Das Mittel hieraus ist 0,375. Wenn x der Logarithmus des Wirksamkeitsverhältnisses von *S* und *T* ist, dann ist

$$\frac{3{,}875}{\text{Log } 2} = \frac{0{,}375}{x}$$

oder

$$x = \frac{0{,}375 \cdot 0{,}301}{3{,}875}$$

$$= 0{,}0287.$$

Dies ist der Logarithmus von 1,068. Also ist die Wirksamkeit von *T* = 106,8% von *S*.

Die chemische Bestimmung des organischen Jodgehaltes ergab für *S* 0,64% und für *T* 0,38%. Der als Thyroxin gebundene Jodanteil war für *S* 0,26% und für *T* 0,16%. Die biologische Wirksamkeit und der Jodgehalt stehen offenbar in keinem Verhältnis zueinander.

3. Die Auswertung auf Grund der Gasstoffwechselsteigerung.

MØRCH (1929) hat eine Auswertungsmethode für Schilddrüsenpräparate beschrieben, die auf der Gasstoffwechselwirkung beruht. GADDUM und HETHERINGTON (1931) haben die Methode mit wenigen Änderungen benutzt, und die hier folgende Beschreibung enthält einiges davon.

Auswahl der Tiere und Kostform. 18 bis 28 g schwere männliche Mäuse wurden ausgesucht und während des ganzen Versuches bei möglichst konstanter Temperatur gehalten. Wenn sie sich nicht im Apparat befanden, in dem die Temperatur 23° betrug, waren sie in einem Raum von 21° C. Das Futter bestand aus 70% ganz ausgemahlenem Mehl und 30% Trockenmilch. Jede Maus bekam täglich 4 g dieser Mischung mit 5 ccm Wasser angerührt. Wenn Schilddrüsenpulver gegeben wurde, wurde es einer ganzen Monatsration beigemengt. Um eine innige Vermengung zu gewährleisten, wurde Cochenillepulver hinzugefügt und das fertig gemischte Futter mikroskopisch untersucht.

Der Hergang des Versuchs. Die Mäuse wurden 8 Tage lang bei dieser Kost gehalten, dann einzeln in die Respirationskammern gesetzt und die Kohlensäureabgabe für 4mal 24 Stunden nacheinander bestimmt. Die Mäuse blieben tatsächlich 5mal 24 Stunden im Apparat; die Kohlensäureabgabe des ersten Tages wurde aber nicht berücksichtigt. Aus den Ergebnissen der nächsten 4 Tage wurde der Mittelwert für 24 Stunden berechnet. Die Mäuse bekamen dann 3 Wochen lang Schilddrüsenpulver enthaltendes Futter, und am Ende dieser Zeit wurde wieder in derselben Weise die Kohlensäureabgabe in 24 Stunden bestimmt.

Bestimmung der Kohlensäureabgabe. Die von MØRCH benutzte Apparatur ist in Abb. 29 gezeigt. GADDUM und HETHERINGTON setzten die Maus und den Futternapf in einen Glasbehälter von 500 ccm Inhalt

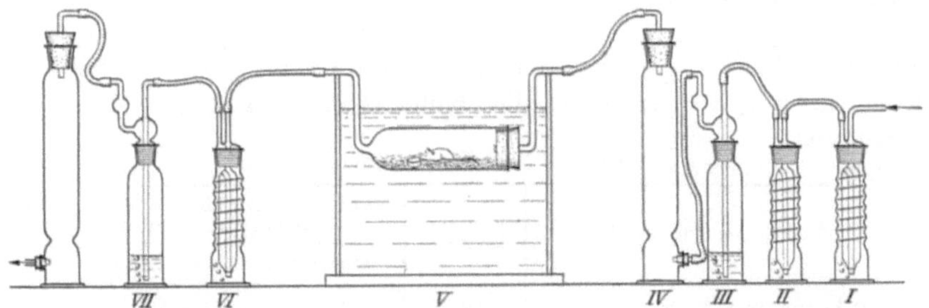

Abb. 29. Apparatur zur Bestimmung der CO_2-Abgabe an Mäusen. (MØRCH.)

und tauchten diesen in ein Wasserbad von 23° C. Mit einer Geschwindigkeit von 12 Litern pro Stunde wurde Luft, die vorher durch einen Zylinder mit Natronkalk strich, durch den Glasbehälter gesaugt. Die herauskommende Luft strömte durch 2 Absorptionsflaschen nach WINKLER mit 100 ccm CO_2-freier 1,5-N-Natronlauge und dann durch eine kleine Flasche mit Kalkwasser und Thymolblau, um zu sehen, ob die Kohlensäure völlig absorbiert war. Nach 24 Stunden wurde die Apparatur auseinandergenommen, die Natronlauge aus den Absorptionsflaschen quantitativ herausgewaschen und auf ein bestimmtes Volumen verdünnt. Ein aliquoter Teil wurde mit N-Salzsäure titriert. Als Indicator diente

Thymolblau. Der CO_2-Gehalt der Lösung wurde nach der Säuremenge berechnet, die, nachdem die Lösung gelb geworden war (p_H 8,4), verbraucht wurde, um den Umschlag in Orange zu bewirken (p_H 2,5). Bei p_H 8,4 ist das nicht neutralisierte Alkali praktisch nur in Form von Bicarbonat vorhanden ($NaHCO_3$), und man mißt die danach noch zur Zersetzung des Bicarbonats in NaCl und CO_2 benötigte Säure. Die Titration muß besonders vorsichtig gemacht werden, da sonst durch jeden Säuretropfen, bevor er sich mit dem Ganzen mischt, schon vor der ersten Ablesung Kohlensäure frei wird. Dies wurde vermieden, indem man die Säure ganz langsam durch ein Glasrohr einfließen ließ unter die Oberfläche der Lösung, die man fortwährend mit durchperlendem Stickstoff in Bewegung hielt. Zur Kontrolle der Genauigkeit wurden Lösungen von bekanntem Natriumbicarbonat- und Natriumhydroxydgehalt titriert. Tatsächlich waren 1 ccm N-Säure dem theoretisch berechneten CO_2-Gewicht (0,044 g) fast genau äquivalent. Die Titration konnte in 10 Minuten ausgeführt werden, ohne vor der ersten Ablesung Kohlensäure zu verlieren.

Schilddrüsendosierung. MØRCH gibt als tägliche Dosis 0,1 bis 1,0 mg getrockenetes Schilddrüsenpulver pro 20 g Maus an. GADDUM und HETHERINGTON mußten 5mal so große Mengen nehmen. Sie bestätigten MØRCHS Feststellung, daß die CO_2-Produktion während der ersten 2 bis 3 Wochen ansteigt und dann konstant bleibt.

Berechnung der Befunde. Das Ergebnis wird durch den Prozentsatz, um den die Kohlensäureproduktion pro Gramm Maus zunimmt, ausgedrückt. Einige Zahlen aus der Arbeit von MØRCH sind in Tabelle 33 wiedergegeben; sie bedeuten die Kohlensäuremengen pro Maus in 24 Stunden.

Tabelle 33. (Nach MØRCH.)

Tägliche Schilddrüsendosis	Gewicht der Maus	Gesamte CO_2-Abgabe pro Maus in Gramm in 24 Stunden	
		Anfangswert	Nach 30 Tagen
0,1 mg pro 20 g	18,7	3,25	3,52
0,25 „ „ 20 „	13,9	2,71	3,71
0,4 „ „ 20 „	13	2,36	3,18

GADDUM und HETHERINGTON fanden, daß die durchschnittliche CO_2-Abgabe pro Gramm Maus 0,193 g in 24 Stunden betrug, der mittlere Fehler war = 0,0028. In Abb. 30, auch aus MØRCHS Arbeit, ist das Verhältnis von täglicher Schilddrüsendosis in Milligramm zu dem Prozentsatz, um den die Kohlensäureabgabe zunimmt, dargestellt. Die Wirkung ist dem Logarithmus der Dosis direkt proportional.

Anwendung der Methode. Selbstverständlich muß die Methode als Vergleichsmethode gebraucht werden, d. h. zur Bestimmung der relativen Wirksamkeit zweier Präparate. Aus MØRCHS Befunden geht hervor, daß die Beeinflussung des Stoffwechsels dem organischen Jodgehalt nicht proportional ist. Seine Zahlen sind in Tabelle 34 aufgestellt.

Tabelle 34. (Nach Mørch.)

Schilddrüsenpräparat	Jodgehalt	Schilddrüsendosis, die 15% Zunahme der CO_2-Abgabe bewirkt
A	0,20	0,22 mg pro 20 g
B	0,19	0,46 „ „ 20 „
C	0,35	0,32 „ „ 20 „
D	0,23	>2,0 „ „ 20 „
E	0,30	0,44 „ „ 20 „
G	0,35	0,20 „ „ 20 „

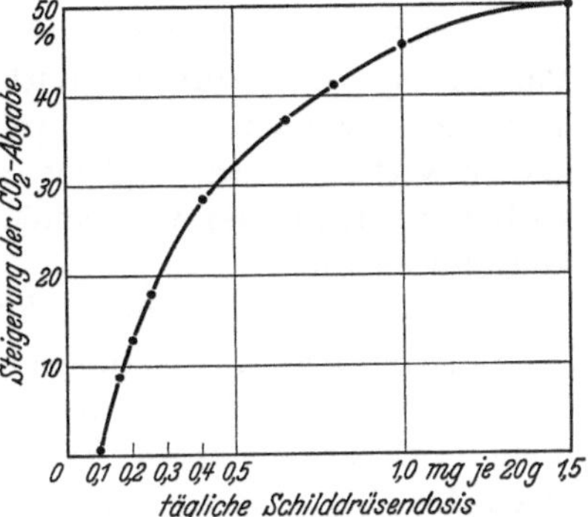

Abb. 30. Verhältnis von täglicher Schilddrüsendosis (Milligramm pro 20 g) zu Steigerung der CO_2-Abgabe. (Mørch.)

Eines der Präparate, die Mørch untersuchte, nämlich *D*, hatte keine Wirkung auf den Stoffwechsel, es enthielt aber mehr Jod als das Präparat *A*, das eines der wirksamsten Präparate in bezug auf den Stoffwechsel war. Gaddum und Hetherington fanden, daß eine ebenso große Diskrepanz zwischen dem als Thyroxin gebundenen Jodgehalt und der im Mäuseversuch gefundenen Wirksamkeit bestand.

Für die Auswertung von Substanzen mit Schilddrüsenwirkung, die injizierbar und sofort wirksam sind, kann man die Methode von Oberdisse (1931) gebrauchen. Mørchs Methode dient zur Auswertung von Schilddrüsenpulver, das nur per os gegeben werden kann und sehr langsam wirkt.

Literatur.

Gaddum und Hetherington, Quart. J. Pharm. Pharmacol. **4**, 183 (1931).
Harington, Lancet **228**, 1199, 1261 (1935). — Hunt, Biol. Chem. **1**, 33 (1905).
Kreitmair, Z. exper. Med. **61**, 202 (1928).
Mørch, J. of Physiol. **67**, 221 (1929).
Oberdisse, Arch. f. exper. Path. **162**, 153 (1931).
Wokes, Quart. J. Pharm. Pharmacol. **8**, 54 (1935).

Kapitel VIII.

Epithelkörperchenextrakt.

Der Standard. Es gibt noch keinen internationalen Standard für Parathyreoidextrakt, und es gibt auch noch kein haltbares Trockenpräparat des Hormons, das man als Standard benutzen könnte. Dyer (1936) versuchte ein Pulver herzustellen nach demselben Verfahren, mit dem man Hypophysentrockenpulver macht, fand dies aber unmöglich. Er behandelte dann die Drüsen direkt mit Pikrinsäure, führte das Pikrat in Sulfat über und nahm die Ausfällung des Hormons beim isoelektrischen Punkt vor. Er reinigte das Material, indem er es aus konzentriertem Phenol mit Äther ausfällte. Auf diese Weise erhielt er ein wasserlösliches Pulver, das die spezifische Wirksamkeit besaß. Die Ausarbeitung des Verfahrens ist aber noch im Anfangsstadium. Infolgedessen muß man zur Auswertung einen Vergleich mit einem früher ausgewerteten Präparat ausführen, damit die Wirksamkeit der nachher hergestellten Extrakte konstant bleibt.

Auswertungsmethoden.

Es sollen drei Auswertungsmethoden beschrieben werden. Die erste beruht auf der durch den Extrakt bewirkten erhöhten Calciumausscheidung im Urin von Ratten. Die zweite beruht auf der durch den Extrakt bewirkten Verminderung der Giftigkeit von Natriumoxalat oder der Herabsetzung der narkotischen Wirkung von Magnesiumsulfat an Mäusen. Die dritte ist die Originalmethode von Collip, die auf dem durch den Extrakt bewirkten Anstieg des Serumcalciums von Hunden beruht. Bisher ist keine dieser Methoden ganz befriedigend. Die Rattenmethode ist unten als Kreuztest beschrieben, bei dem zwei Extrakte an zwei Rattengruppen verglichen werden, die dann im zweiten Versuchsteil, wenn der Extrakt wieder gespritzt wird, vertauscht werden, so wie man das mit den Kaninchen bei der Insulinauswertung macht. Leider reagieren aber nun die Ratten beim zweitenmal nicht immer ebenso auf das Parathyreoidhormon und es kommt dann im zweiten Versuchsteil zu keinem Calciumanstieg im Urin. Die Mäusemethode hat ähnliche Nachteile, da es gelegentlich vorkommt, daß der Parathyreoidextrakt weder die Toxizität des Natriumoxalats noch die narkotische Wirkung des Magnesiumsulfats genügend herabsetzt.

A. Die Rattenmethode.

Hunde sind deshalb praktisch für Routinezwecke ungeeignet, weil man meistens nicht viele auf einmal unterbringen kann. Bei einer guten Methode soll man aber die Möglichkeit haben, einen Durchschnittseffekt an einer Tiergruppe zu bestimmen, wobei die Tiergruppe groß genug sein muß, um den durch die Tierwahl bedingten Fehler auf ein Minimum zu reduzieren. Deshalb sind die kleinen Laboratoriumstiere, wie Ratten und Mäuse, den Hunden vorzuziehen. Die Bestimmung der Blutzusammensetzung hat den Nachteil, daß die Konzentration der einzelnen Blutbestandteile nicht nur von der Abgabe derselben *in* das Blut, sondern auch von der Ausscheidung *aus* dem Blut abhängt. Nach der Injektion von Epithelkörperchenextrakt erfolgt eine Calciumabgabe aus den Knochen und ein Calciumanstieg im Blut. Aus dem kreisenden Blut wird das Calcium in den Zellen der verschiedenen Organe abgelagert, besonders in der Niere, von der es im Urin ausgeschieden wird. Der Serum-Calciumanstieg einige Stunden nach der Injektion von Parathyreoidextrakt ist deshalb kein rechtes Maß für die gespritzte Extraktmenge, da sicher etwas von dem Knochenkalk schon wieder aus dem Blut in andere Gewebe verschwunden ist. Um einen Maßstab für den Effekt zu gewinnen, ist es daher besser, nicht das Blut, sondern ein Gewebe oder eine Flüssigkeit zu untersuchen, in denen der Calciumanstieg irreversibel ist, wie z. B. den Urin. Spritzt man einem Tier Parathyreoidextrakt, so muß die Vermehrung der Calciumausscheidung im Urin von der Hormonmenge abhängig sein.

Auswahl der Tiere und Kostform. DYER nimmt eine Gruppe von 10 Ratten von 120 bis 160 g Gewicht, möglichst alle vom selben Geschlecht. Die Kost enthält ungefähr 1% Calciumcarbonat. Es zeigte sich, daß Parathyreoidextrakt die Calciumausscheidung im Urin viel mehr erhöht, wenn die Kost calciumreich ist; außerdem ließ sich bei calciumreicher Kost die erhöhte Calciumausscheidung im Urin einige Tage später an denselben Tieren wiederholen. Auf den Einfluß calciumreicher Kost wurde von BÜLBRING (1931) hingewiesen, die zeigte, daß Epithelkörperchenextrakt eine viel stärkere Calciumverarmung der Knochen bewirkte, wenn man die Ratten calciumreich ernährte. Die von DYER benutzte Kost war:

Mais (gemahlen) . .	65	Teile
Weizen (gemahlen) .	20	„
Trockenmilch . . .	20	„
Casein	9	„
Getrocknete Hefe .	5	„
Calciumcarbonat . .	1	Teil
Natriumchlorid . .	0,5	„

Nachdem man die Ratten einige Tage mit dieser Kost gefüttert hat, werden sie einzeln in Stoffwechselkäfige gesetzt. Dabei ist darauf zu achten, daß nichts von dem Futter in den unten aufgefangenen Urin fällt. Hat man den Futternapf außerhalb des Käfigs, so verstreut die Ratte doch etwas Futter im Käfig, hat man ihn im Käfig, so setzt sich die Ratte in den Futternapf und etwas Urin geht verloren. Um diesen Schwierigkeiten zu begegnen, machte DYER eine Paste aus:

Butter	10	Teile
Pulvis Tragacanth . .	10	„ [1]
oben aufgestellte Kost	80	„

In einem großen vorgewärmten Mörser wird der Tragacanth mit der geschmolzenen Butter vermischt und die Futtermischung langsam zu-

[1] Pulvis Tragacanthae compositus:

Traganth, fein gepulvert	150 g
Gummi arabicum	200 „
Stärke	200 „
Rohrzucker	450 „

gefügt. Schließlich fügt man so viel destilliertes Wasser zu, daß die Masse zusammenklebt und nicht krümelt. Ein Ball von 10 g wird 2mal täglich in jeden Käfig gegeben; die Ratten fressen dies sehr gern.

Die Stoffwechselkäfige. Man kann speziell zum Sammeln von Urin konstruierte Käfige fertig kaufen. Gewöhnlich haben sie einen weitmaschigen Drahtboden, durch den Urin und Faeces in einen Trichter fallen. An der Trichteröffnung ist eine Glasbirne umgekehrt aufgehängt, so daß die Spitze in das Sammelgefäß für den Urin hineinhängt. Die Faeces fallen an der Glasbirne seitlich ab, während der Urin daran entlang in das Sammelgefäß rinnt.

Die Calciumbestimmung im Urin. Täglich wird der Trichter des Stoffwechselkäfigs mit destilliertem Wasser in das Sammelgefäß ausgewaschen. Der Urin und das Waschwasser von 5 Käfigen (mit 5 Ratten) werden zusammengegossen und mit destilliertem Wasser auf 100 ccm verdünnt. Davon werden 50 ccm auf einem Sandbad in einem 125-ccm-Kolben bis zur Trockne eingedampft, wobei man mit Glasperlen das Stoßen verhindern muß. Auf den Rückstand gibt man 1 bis 2 ccm konzentrierte Salpetersäure, setzt einen kleinen Glastrichter auf die Kolbenöffnung und erhitzt wieder bis zur Trockne. Das Hinzufügen von Salpetersäure wird wiederholt, manchmal 4- bis 5mal, bis ein rein weißer Ascherückstand bleibt. Die Asche wird je nach der Menge in 5 bis 10 ccm 50proz. Salzsäure gelöst. Zu diesem Zweck muß man den Kolben erwärmen, wobei die überschüssige Salzsäure entweicht. Die Lösung wird auf 10 ccm aufgefüllt. Davon gibt man 5 ccm in ein Zentrifugenglas (das 15 ccm faßt), neutralisiert gegenüber Methylrot mit einer 2proz. Ammoniaklösung, fügt 1 ccm 4proz. Ammoniumoxalat zu und läßt über Nacht stehen. Am nächsten Tag wird zentrifugiert (10 Minuten bei 2000 Umdrehungen pro Minute), so daß sich der Niederschlag fest auf dem Boden ansetzt. Man gießt dann die überstehende Flüssigkeit ab und stellt das Zentrifugenglas für fünf Minuten umgekehrt auf Fließpapier. Danach wäscht man den Niederschlag in 2proz. Ammoniakwasser und zentrifugiert wieder wie oben, gießt die Flüssigkeit ab und stellt das Glas umgekehrt auf. Der Niederschlag wird in 2 ccm N-Schwefelsäure aufgelöst und im Wasserbad auf 70° C erwärmt. Man titriert, indem man aus einer Bürette 0,01 N-Kaliumpermanganatlösung tropfenweise zufügt, bis die rosa Farbe bestehen bleibt. Während der Titration muß die Temperatur auf 70° C gehalten werden. Die 0,01 N-Kaliumpermanganatlösung muß jedesmal frisch aus einer stärkeren hergestellt werden. (N-Kaliumpermanganatlösung enthält 3,16 g/l. 1 ccm einer 0,01 N-Lösung entspricht 0,2 mg Calcium.)

Die Wirkung des Parathyreoidextraktes auf die Calciumausscheidung im Urin. Tabelle 35 zeigt die Wirkung des Epithelkörperchenextraktes auf die Calciumausscheidung im Urin. Der Calciumgehalt im

Urin von 5 Ratten wurde 4 Tage lang täglich bestimmt; er betrug durchschnittlich 1,3 mg am Tage. Es wurde dann an drei aufeinanderfolgenden Tagen täglich einmal Parathyreoidextrakt gespritzt, worauf die Calciumausscheidung an diesen 3 Tagen sowie am darauffolgenden Tage auf durchschnittlich 7,8 mg täglich anstieg. Während der drei nächsten injektionslosen Tage sank die Tagesausscheidung wieder auf 3,8 mg, um, sobald die Injektionen wiederholt wurden, nochmals auf täglich 10,4 mg anzusteigen.

Tabelle 35.
Tägliche Calciumausscheidung im Urin von 5 Ratten vom Gesamtgewicht 750 g.

Tag	Parathyreoidextrakt	Gesamt-Calciumausscheidung mg	Durchschnittsmenge täglich mg
1	—	1,5	1,3
2	—	0,8	
3	—	1,9	
4	—	0,9	
5	0,4	6,5	7,8
6	0,4	8,5	
7	0,4	8,5	
8	—	7,7	
9	—	2,2	3,8
10	—	4,0	
11	—	5,1	
12	0,4	11,1	10,4
13	0,4	17,0	
14	0,4	7,2	
15	—	6,3	

Einzelheiten der Auswertung. Man nimmt für die Auswertung 2 Gruppen zu wenigstens 5 Ratten. Von jeder Gruppe wird die tägliche Calciumausscheidung im Urin 4 Tage lang bestimmt. Man muß den Ratten, wie oben schon erwähnt, ein paar Tage vorher die calciumreiche Kost geben, damit sie sich, bevor sie in die Stoffwechselkäfige kommen, daran gewöhnen. Sie werden dann 3 Tage lang mit Epithelkörperchenextrakt gespritzt, die eine Gruppe mit dem als Standard benutzten, die andere mit dem unbekannten Präparat. Die Tagesdosis pro Ratte ist ungefähr 0,4 ccm eines dem Parathormon (Eli Lilly) entsprechenden Präparates. Während der 3 Injektionstage und dem darauffolgenden Tage wird der Calciumgehalt des Urins bestimmt. Danach wendet man den für Insulin beschriebenen Kreuztest an. Man bestimmt wieder die Calciumausscheidung im Urin an 4 injektionslosen Tagen und gibt dann 3 Tage lang den Ratten, die vorher das unbekannte Präparat erhielten, den Standard, *und umgekehrt.* Am Schluß hat man dann die Wirkung von beiden Präparaten an beiden Rattengruppen festgestellt.

Die Beziehung von Wirksamkeit zu Wirkung. Die bisherigen Beobachtungen deuten darauf hin, daß die Beziehung zwischen Parathyreoiddosis und Calciumausscheidung linear verläuft. Da das Verhältnis aber bisher noch nicht feststeht, muß man versuchen, eine Dosis des unbekannten Präparates zu finden, die dieselbe Wirkung hat wie die Standarddosis. Der oben beschriebene Test dauert 16 Tage; muß er wiederholt werden, so dauert die Auswertung 32 Tage. In großen

Betrieben, wo die Präparate lange vor dem Gebrauch zur Verfügung stehen, ist das keine unüberwindliche Schwierigkeit.

B. Die Mäusemethode.

Die toxische Wirkung von Natriumoxalat für Mäuse kann man entweder mit Calcium oder, wie KOCHMANN (1934) gezeigt hat, mit Epithelkörperchenextrakt herabsetzen. Ebenso kann man, wie SIMON (1935) fand, die narkotische Wirkung von Magnesiumsulfat mit Epithelkörperchenextrakt vermindern. DYER (unveröffentlicht) bestimmte das Verhältnis von Natriumoxalatdosis zum Sterblichkeitsprozentsatz der Mäuse, WOKES (1935) die Beziehung der Magnesiumsulfatdosis zum Prozentsatz der narkotisierten Mäuse. Diese beiden Kurven (*a*) und (*b*) sind in Abb. 31 wiedergegeben. Danach kann man eine Natriumoxalatdosis, z. B. 5,5 mg pro 20 g Maus, aussuchen, die 80% der Mäuse tötet, und sehen, um wieviel geringer die Sterblichkeit nach vorheriger Verabreichung von Parathyreoidextrakt ist. In derselben Weise narkotisiert die Magnesiumsulfatdosis 30 mg pro 20 g Maus 80% der Tiere, wenn aber vorher Epithelkörperchenextrakt gespritzt wird, ist der Prozentsatz geringer.

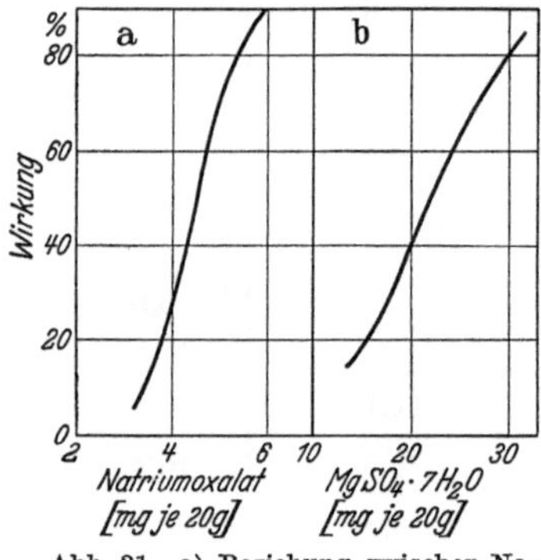

Abb. 31. a) Beziehung zwischen Natriumoxalatdosis und Sterblichkeitsprozentsatz; b) Beziehung zwischen Magnesiumsulfatdosis und Prozentsatz narkotisierter Mäuse.

Bei beiden Methoden füttert man die Mäuse auch schon ein paar Tage vorher mit calciumreicher Kost, genau wie sie oben für Ratten angegeben ist.

Tabelle 36.
Die Wirkung von Parathyreoidextrakt (3 Injektionen im Abstand von 2 Stunden) auf die durch Magnesiumsulfat (1,5 mg pro Gramm $1^1/_2$ Stunde nach der letzten Injektion des Parathyreoidextraktes) bewirkte Narkose.

Gesamtdosis Parathyreoid Extrakt pro 20 g	Anzahl Mäuse		Prozentsatz narkotisiert
	gespritzt	narkotisiert	
—	47	41	87
0,3 ccm	27	19	70
0,6 „	27	14	52
0,9 „	20	4	20

Einzelheiten der Auswertung. Es liegen bisher mehr Angaben über die Magnesiumsulfatnarkose als über die Natriumoxalatvergiftung vor. DYER fand, daß man die stärkste Parathyreoidwirkung erzielt, wenn man die Extraktmenge in 3 Injektionen verteilt im Abstand von 2 Stunden gibt und $1^1/_2$ Stunden nach der letzten Injektion das Magnesiumsulfat spritzt. 15 bis 30 Minuten nach der Magnesiumsulfatspritze sind die Mäuse narkotisiert; bei manchen dauert die Narkose nicht länger als 20 Minuten, bei manchen mehrere

Stunden, meistens aber ist sie $^3/_4$ Stunden nach der Magnesiumsulfatinjektion zu Ende. Eine Maus wird als narkotisiert gezählt, wenn sie in Rückenlage verharrt und keinen Versuch macht, sich umzudrehen.

Die Ergebnisse eines Versuches, bei dem verschiedene Parathyreoiddosen gespritzt wurden, sind in Tabelle 36 aufgestellt. Es geht daraus hervor, daß man die Dosis sehr steigern muß, um eine wesentliche Änderung des Prozentsatzes narkotisierter Mäuse hervorzurufen; z. B. reduziert die Verdoppelung der Dosis von 0,3 ccm auf 0,6 ccm den Prozentsatz nur von 70% auf 52%. Erhöht man die Dosis weiter um 50%, so sinkt der Prozentsatz narkotisierter Mäuse auf 20%. Man muß also sehr viele Mäuse für den Vergleich zweier Präparate verwenden, z. B. 100 bis 200 in einer Gruppe, um zuverlässige Werte für den wirklichen Prozentsatz zu bekommen.

C. Collips Originalmethode.

Nach Collip ist eine Einheit Parathyreoidextrakt ein Hundertstel der Menge, die dazu nötig ist, das Serumcalcium eines 20 kg schweren Hundes um 5 mg pro 100 ccm Blutserum zu steigern. Dazu wird der Calciumgehalt im Serum an 10 ungefähr 20 kg schweren Hunden bestimmt. Um 6 Uhr abends wird der Extrakt subcutan gespritzt, und am nächsten Morgen um 9 Uhr, 15 Stunden nach der Injektion, wird die Änderung des Calciumspiegels ermittelt. Der durchschnittliche Calciumanstieg wird festgestellt; beträgt dieser gerade 5 mg, so enthält die injizierte Dosis 100 Einheiten.

Einzelheiten der Auswertung. Man kann beim Hund die Blutprobe leicht aus der Ohrvene entnehmen. Am äußeren Rande des Ohres wird das Haar kurz geschnitten und (trocken) abrasiert. Reibt man das Ohr, so tritt die Vene alsbald deutlich hervor. Mit einem kleinen ophthalmologischen Skalpell wird die Vene angestochen; wenn man am Ohransatz die Vene staut, tropft das Blut rasch heraus. Der Hund spürt davon wenig, und die kleine Wunde schließt sich ohne weiteres. Man fängt ungefähr 10 ccm Blut in einem Zentrifugenglas auf, das 15 ccm faßt. (Man muß die Zentrifugengläser sorgfältig reinigen, indem man sie erst in Chromschwefelsäure stellt, dann in destilliertem Wasser auswäscht und sie in einem Ofen völlig trocknet.) Man stellt die das Blut enthaltenden Gläser warm bei 37°, damit sich der Blutkuchen zusammenzieht und sich soviel wie möglich Serum absetzt. Den Rand des Gerinnsels löst man mit einem Platindraht vom Glas ab. Dann zentrifugiert man so lange, bis man 4 ccm Serum abpipettieren kann. In 2 Zentrifugengläser gibt man je 2 ccm Serum, fügt 2 ccm destilliertes Wasser und 1 ccm 4proz. Ammoniumoxalat zu und läßt über Nacht stehen. Weiter verfährt man wie bei der Bestimmung des Calciumgehaltes im Urin und titriert ebenso mit Kaliumpermanganat. Für das Calcium in

2 ccm Serum braucht man ungefähr 1 ccm 0,01-N-Kaliumpermanganatlösung, was 0,2 mg Calcium entspricht.

Literatur.

BÜLBRING, Arch. f. exper. Path. **162**, 209 (1931).
COLLIP and CLARK, J. of biol. Chem. **64**, 485 (1925).
DYER, Quart. J. Pharm. Pharmacol. **6**, 426 (1933); **8**, 513 (1935).
KOCHMANN, Dtsch. med. Wschr. **60**, 406, 1062 (1934).
SIMON, Arch. f. exper. Path. **178**, 57 (1935).
WOKES, J. of Pharmacol. **43**, 531 (1931).

Kapitel IX.

Die Hormone des Ovariums.

A. Das brunstauslösende Hormon.

Das Standardpräparat. Es gibt 2 Standardpräparate für das brunstauslösende Hormon: Oestron und Oestradiol-Monobenzoat. Oestron wird aus dem Urin von Schwangeren gewonnen und wurde 1932 von der ständigen Kommission für biologische Standardisierung als internationaler Standard angenommen. Es ist die Hydroxyketonform des Hormons. Das Material, das sich im National Institute for Medical Research, London, befindet, wurde größtenteils von GIRARD, außerdem auch von LAQUEUR, DOISY und BUTENANDT zur Verfügung gestellt. Die einzelnen Proben wurden gemischt und auf Ampullen verteilt, die dann 10 Wochen lang im Vakuum über Phosphorpentoxyd stehengelassen wurden. Dann wurden die Ampullen mit trockenem Stickstoff gefüllt und zugeschmolzen.

In den Jahren nach der Einführung dieses Standards hat man veresterte Formen des Hormons hergestellt und angefangen, diese regelmäßig zu gebrauchen. Als man sie aber mit dem Standard verglich, fand man, daß die relative Wirksamkeit sich je nach dem Lösungsmittel und je nach der Tierart, die für die Auswertung benutzt wurde, veränderte. 1935 entschloß man sich deshalb bei einer zweiten Konferenz, einen zweiten Standard einzuführen, der das Monobenzoat der Dihydroxyform des Hormons sein sollte und Oestradiol-Monobenzoat genannt wurde. Das Material wurde von LAQUEUR, GIRARD und BUTENANDT zur Verfügung gestellt. Es wurde gemischt und unter denselben Vorsichtsmaßregeln auf Ampullen verteilt wie der erste Standard.

Die Einheit. Als Oestron als Standard eingeführt wurde, bezeichnete man als Einheit die spezifische brunstauslösende Wirksamkeit in 0,0001 mg Standard. Bei der Einführung von Oestradiol-Monobenzoat als zweiten Standard bezeichnete man ebenfalls als Einheit für die

Benzoesäurepräparate des Hormons die Wirksamkeit in 0,0001 mg des Standards. Dies sollte jedoch nicht bedeuten, daß die in einer Einheit der beiden Standardpräparate enthaltene Wirksamkeit dieselbe sei.

Die Zubereitung der Injektionslösung. Vom brunstauslösenden Hormon kann man wässerige oder ölige Lösungen herstellen. Für die Auswertung muß das Standardpräparat in demselben Lösungsmittel gelöst werden wie das unbekannte. Das Standardpräparat ist in alkoholischer Lösung gut haltbar, wie aus den Arbeiten von ROWLAND und CALLOW (1935) hervorgeht. Die Herstellung einer 0,1 proz. Lösung in 97,5 proz. oder absolutem Alkohol wird dadurch erleichtert, daß man den Alkohol erwärmt, bevor man ihn auf die Krystalle schüttet, die auf einem Uhrglas ausgewogen wurden. Die Krystalle müssen lange verrieben werden, damit sie sich auflösen. Man bereitet eine wässerige Lösung, indem man das erforderliche Volumen der alkoholischen Lösung zu einem viel größeren Volumen Wasser hinzufügt. Um eine ölige Lösung herzustellen, wird das Öl in einem Becher gewogen, nicht gemessen, sondern das Volumen wird aus dem spezifischen Gewicht berechnet: 9,15 g Olivenöl entsprechen 10 ccm. Die alkoholische Lösung wird hinzugefügt und der Alkohol durch Erwärmen auf einem Wasserbad abgedampft. Das Injektionsvolumen für Mäuse ist 0,1 ccm, für Ratten 0,2 ccm.

Die Bestimmung der Wirksamkeit. Um die relative Wirksamkeit von brunstauslösenden Hormonpräparaten festzustellen, gibt es zwei Methoden, nämlich die Vaginalabstrichmethode und die Methode der Feststellung des Uterusgewichtes. Bei der ersten Methode ist die Reaktion auf das Hormon qualitativ, und die Wirkung wird an dem Prozentsatz der Tiere, bei denen die Reaktion eintritt, gemessen. Bei der zweiten Methode ist die Reaktion quantitativ. Die erste Methode wird noch allgemein gebraucht, die zweite ist aber zuverlässiger, da Fehler auf Grund verschiedener Auslegung nicht vorkommen können. Für beide Methoden braucht man kastrierte Tiere.

Die Herausnahme des Ovariums bei Ratten und Mäusen. Die Tiere werden mit Äther narkotisiert. Es ist nicht nötig, streng aseptisch zu arbeiten, nur sehr sauber.

Der Hautschnitt wird 0,5 bis 1 cm lang gemacht. Die Leichtigkeit der Operation hängt davon ab, ob man diesen Einschnitt an die richtige Stelle setzt. Sie soll halbwegs zwischen der letzten Rippe und dem Knie liegen, ungefähr 1 ccm lateral von der Wirbelsäule. Nach dem Hautschnitt wird ein paralleler, aber kürzerer Schnitt durch die Muskulatur gemacht. An der richtigen Stelle sieht man unmittelbar darunter in der Peritonealhöhle Fettgewebe liegen, das mit einer Pinzette durch das Loch herausgezogen wird. Man findet darin das Ovarium, das am Uterus festhängt. Meistens unterscheidet es sich durch seine rote oder rötlichgelbe Farbe, ist aber gelegentlich farblos. Das Ovarium und gleichzeitig soviel wie möglich von dem daranhängenden Fett wird mit einem Seidenfaden abgebunden und herausgeschnitten. Danach legt man das Uterusende wieder in die Peritonealhöhle zurück. Ein Catgutstich genügt, um die Muskulatur zusammenzuhalten. Die Haut wird mit Seide zusammengenäht. Das Ovarium der anderen Seite wird in entsprechender Weise herausgenommen. Die vollständige beiderseitige Operation braucht nicht länger als 6 Minuten zu dauern. Nach der Operation muß man die Tiere warmhalten. Sie erholen sich dann schnell.

Wenn die Vaginalabstrichmethode benutzt wird, entfernt man zweckmäßig nicht nur das ganze Ovarium, sondern auch einen Teil des darangrenzenden Uterus, da dann eine geringere Regenerationsgefahr besteht. Für diese Auswertung braucht man wenigstens 40 Tiere.

1. Die Vaginalabstrichmethode.

Die ursprüngliche Methode, einen Vaginalabstrich zu machen, bestand darin, daß ein Glasstab oder ein Metallspatel mit einem glatten runden Ende an der Vaginalwand entlang gestrichen wurde und die so gewonnenen Zellen mit einem Tropfen Wasser auf einem Objektträger vermischt wurden. Es ist besser, die Tropfen Wasser in die Vagina einzuführen und ihn dann zur Untersuchung wieder herauszunehmen. Man benutzt dazu zweckmäßig eine kleine, mit Gummikappe versehene Pipette, die sich am Ende zu einer Öffnung von 2 mm Durchmesser verengt. Der Rand dieser Öffnung muß glatt sein. Ein Tropfen Wasser wird mit dieser Pipette in die Vagina der Ratte oder der Maus eingeführt, dann wieder herausgesaugt, auf einen Objektträger gebracht und mit einer schwachen Vergrößerung mikroskopisch untersucht. Man findet drei verschiedene Zellsorten:

a) die polymorphkernigen Leukocyten,

b) die größeren, runden, kernhaltigen Zellen,

c) die großen, schollenförmigen Epithelzellen, die oft verhornte Zellen genannt werden.

In dem Abstrich einer nicht mit Hormon gespritzten kastrierten Maus oder Ratte befinden sich gewöhnlich sehr viele Leukocyten, außerdem einige runde kernhaltige Zellen und gelegentlich vereinzelte Schollenzellen.

Für den Oestrus charakteristische Veränderungen. Das Epithel der Vagina eines kastrierten Tieres ist dünn und besteht aus sehr wenigen Zellagen. Infolgedessen durchdringen die Leukocyten leicht das Epithel und werden daher auf der Oberfläche gefunden. Unter dem Einfluß des Hormons wird die Epithelschicht dicker. Die kernhaltigen Zellen vermehren sich rasch, und diejenigen, die nahe an der Oberfläche liegen, verlieren ihre Kerne und bilden dann die großen Schollen. Durch diese

Lage von kernhaltigen Zellen und verhornten Schollenzellen können die Leukocyten nicht mehr durchdringen.

Diese Veränderungen erreichen ungefähr 48 Stunden nach der ersten Injektion des Hormons ihr Maximum. Wie lange die dicke, verhornte Schollenschicht erhalten bleibt, hängt vom Tier und von der gespritzten Hormonmenge ab. Wenn diese aber nicht besonders groß war, dauert das Stadium nur wenige Stunden. Wenn man also die Vagina um diese Zeit nicht untersucht, kann man die volle Entwicklung des Oestrus nicht feststellen, obwohl sie stattgefunden haben mag. Da man nun die Vaginaluntersuchung bei Routinearbeiten nicht sehr oft wiederholen kann, muß der Untersucher nicht nur darüber entscheiden, welche Tiere sich gerade im Oestrus befinden, sondern auch, welche Tiere wahrscheinlich bald soweit sein werden und welche Tiere gerade das Stadium hinter sich haben.

Vor dem Oestrus enthält der Abstrich entweder nur runde, kernhaltige Zellen oder eine Mischung von kernhaltigen Zellen und Schollen. Während des Oestrus enthält er ausschließlich Schollen. Nach dem Oestrus finden sich in dem Abstrich Schollen und viele Leukocyten, die dann auftreten, wenn sich das verhornte Epithel von der Vaginalwand ablöst.

Die Auswertung. Von einer öligen Lösung wird die Dosis in einer einzigen Injektion verabreicht. Von einer wässerigen Lösung gibt man die Dosis entweder in 3 Injektionen im Abstand von 4 Stunden oder in 4 Injektionen im Abstand von 12 Stunden. Wenn das Hormon in wässeriger Lösung gespritzt wird, nimmt man an, daß es schnell ausgeschieden wird, und deshalb gibt man mehrere Injektionen. Der Abstand zwischen den einzelnen Injektionen und ihre Anzahl muß jeder Untersucher selbst entscheiden, vorausgesetzt, daß dieselbe Einteilung für den Standard wie für das unbekannte Präparat vorgenommen wird. Man injiziert subcutan, nicht intramuskulär.

Wenn man die Injektionen in öliger Lösung gibt, tritt die positive Reaktion gewöhnlich am dritten Tage ein, obwohl man sie gelegentlich auch erst am vierten Tage beobachtet. (Gibt man die Injektionen in wässeriger Lösung, im Abstand von 12 Stunden, so tritt die Wirkung erst am vierten oder fünften Tage ein.) Der Vaginalinhalt wird zweimal am dritten und einmal früh am vierten Tage untersucht. Die eindeutigste positive Reaktion, die man beobachten kann, ist das ausschließliche Auftreten von Schollen. Die häufigste positive Reaktion, die man jedoch beobachtet, ist ein Gemisch von kernhaltigen Zellen und Schollen bei der ersten Untersuchung am dritten Tage und ein Gemisch von Schollen und Leukocyten bei der zweiten. Man kann auch solche Reaktionen als positive zählen, bei denen man nur kernhaltige oder ein Gemisch von kernhaltigen Zellen und Schollen bei beiden Untersuchungen am dritten Tage findet. Das Hauptmerkmal aller positiven Untersuchungen ist das Verschwinden der Leukocyten, obgleich dies Verschwinden mehr relativ als absolut ist, denn wenn man danach sucht, wird man meistens eine gewisse Anzahl von Leukocyten unter den Zellen finden.

Hieraus folgt, daß verschiedene Untersucher unter einer positiven Reaktion nicht immer dasselbe verstehen. Einen Befund, den der eine für positiv hält, hält der andere für negativ. Für manchen ist die Reaktion erst dann positiv, wenn der Vaginalkanal in seiner ganzen Länge von verhorntem Schollenepithel bedeckt ist. Angeblich soll die Begattung im normalen Tier nur unter dieser Bedingung stattfinden. Andere zählen eine Reaktion schon als positiv, wenn der Abstrich vorwiegend solche Zellen zeigt, die in der Vagina eines unbehandelten Tieres nicht vorhanden sein würden, sogar wenn sich darunter ein kleiner Prozentsatz von Leukocyten befindet. Alle diese Unterschiede erklären die große Schwankung der Angaben über das Quantum von verschiedenen Präparaten, das „eine Mäuseeinheit“ oder „eine Ratteneinheit“ enthalten soll.

Die Verteilung der Tiere für die Auswertung. Man braucht 40 Tiere, 20 davon erhalten eine Dosis des Standards und 20 eine Dosis des unbekannten Präparates. Die Gruppen sollen so eingeteilt sein, daß sich für jedes Tier eines bestimmten Gewichts der einen Gruppe ein anderes Tier von demselben Gewicht in der anderen Gruppe befindet. Dadurch erübrigt es sich, die Dosis genau nach dem Körpergewicht zu berechnen. Alle Tiere in der einen Gruppe erhalten dieselbe Dosis des Standards, und alle in der anderen Gruppe erhalten dieselbe Dosis des unbekannten Präparates. Man bestimmt dann den Prozentsatz der Tiere in jeder Gruppe, bei denen eine positive Reaktion eintritt. Manchmal werden vorläufige Untersuchungen an wenigen Tieren gemacht, um eine zweckmäßige Dosis des unbekannten Präparates für die Injektion der 20 Tiere zu finden. Oft sind jedoch die Resultate, die man an nur wenigen Tieren vorher gewonnen hat, so irreführend, daß man mit solchen Untersuchungen wenig Zeit spart. Manche Untersucher verwenden die Tiere für die Auswertung nicht öfter als einmal in 14 Tagen. Wenn man sie in kürzeren Zwischenräumen benutzt, wird die Reaktion häufig durch die Nachwirkung der vorherigen Injektion verstärkt. Vorausgesetzt, daß man jedesmal zum Vergleich der Hälfte der Tiere das Standardpräparat spritzt, kann man die Nachwirkung einer früheren Injektion vernachlässigen und die Tiere jede Woche benutzen.

Die Dosierung des Oestrons. Die Angaben verschiedener Autoren über die Menge Oestron, die an Wirksamkeit einer Ratteneinheit oder einer Mäuseeinheit entspricht, sind sehr verschieden, so verschieden, daß der Ausdruck „Ratteneinheit“ oder „Mäuseeinheit“ gänzlich bedeutungslos ist. In Tabelle 37 sind einige Werte angegeben, die aus den Veröffentlichungen willkürlich herausgegriffen sind.

Tabelle 37.

	Tierart	Oestronmenge (γ), die einer Ratten- oder Mäuseeinheit entspricht	
		Wasser	Öl
CURTIS und DOISY	Ratte	0,3	—
BURN und ELPHICK	„	0,6	1,0
D'AMOUR und GUSTAVSON	„	0,74	1,3
HAIN und ROBSON	„	2,5	3,3
BUTENANDT und HILDEBRANDT .	Maus	—	0,125
MARRIAN	„	0,06	—
ROWLAND und CALLOW	„	0,047	—
BURN und ELPHICK	„	0,36	—
SCHOELLER, DOHRN, HOHLWEG . .	„	—	0,5

Die Dosiswirkungskurve. Die Beziehung zwischen der Hormondosis und dem Prozentsatz der Tiere, bei denen eine positive Reaktion eintritt, wurde von COWARD und BURN (1927) bestimmt. Die Autoren machten ihre Beobachtungen an 90 Ratten und 70 Mäusen und fanden an beiden Tierarten dasselbe Verhältnis zwischen Dosis und Wirkungsprozentsatz. D'AMOUR und GUSTAVSON (1930) erhielten eine ähnliche Kurve, und ebenso ROWLAND und CALLOW (1935). Die Übereinstimmung der Kurve von COWARD und BURN mit der von ROWLAND und CALLOW ist deshalb interessant, weil die ersten Autoren ein ziemlich rohes Präparat in öliger Emulsion und die letzteren krystallinisches Oestron in wässeriger Lösung injizierten. Die Kurve ist in Abb. 32 wiedergegeben. Hierin ist die Dosis, die 50% positive Reaktion bewirkt, mit *1* bezeichnet.

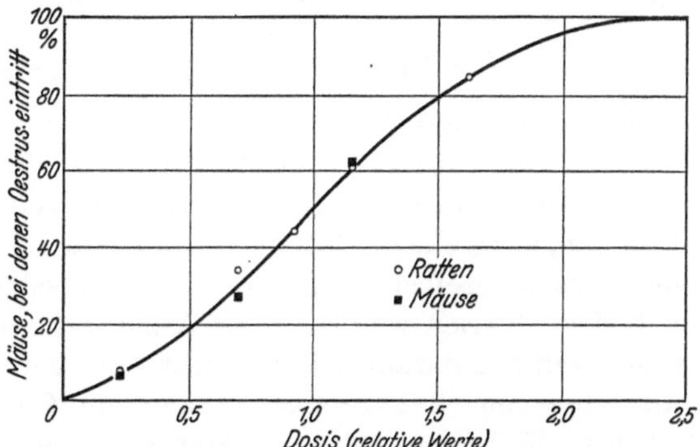

Abb. 32. Verhältnis der Dosis von brunstauslösendem Hormon zum Prozentsatz Mäuse oder Ratten, bei denen Oestrus eintritt. Die Zahlen für die Dosen sind nicht absolute, sondern relative Werte.

Der Kreuztest. LAQUEUR hat vorgeschlagen, daß ein Test, in dem ein unbekanntes Präparat mit einem Standard verglichen wird, in zwei Stadien durchgeführt werden soll. Im ersten Stadium bekommt eine Tiergruppe das unbekannte Präparat und eine andere den Standard, im zweiten Stadium werden die Gruppen vertauscht. Die Auswertung einer unbekannten krystallinischen Substanz, die mit dem internationalen Standard verglichen wurde, ergab z. B. folgende Befunde: Von beiden Präparaten wurde eine Lösung hergestellt von 1 mg in 25 ccm 97 proz. Alkohol. Von beiden alkoholischen Lösungen wurde eine ölige Lösung hergestellt, die 0,001 mg in 0,2 ccm enthielt. Beide Lösungen wurden je 20 Ratten gespritzt, die Dosis für jede Ratte war 0,2 ccm. Die Befunde eines Kreuztestes, der an 2 Tagen mit einer Woche Zwischenraum ausgeführt wurde, sind in Tabelle 38 wiedergegeben.

Tabelle 38.

Tag	Injektionsmaterial	Rattengruppe	Oestrusprozentsatz
1.	Standard	A	2 von 20
	unbekannt	B	6 „ 20
2.	Standard	B	12 „ 20
	unbekannt	A	10 „ 20

Die Injektion des Standards bewirkte Oestrus bei 14 von 40 Ratten, oder 35%. Die Injektion des unbekannten Präparates bei 16 von 40 Ratten, oder 40%. Aus Abb. 32 geht hervor, daß das Verhältnis der Dosen, die 40 bzw. 35% Wirkung entsprechen, wie 0,86 : 0,77 ist. Also ist die Wirksamkeit des unbekannten Präparates $\frac{0,86}{0,77}$, oder 1,12 mal so groß wie die des Standards. Infolgedessen enthält das unbekannte Präparat 11200 Einheiten pro Milligramm.

2. Die Methode, die auf dem Uterusgewicht beruht.

Bülbring und Burn (1935) haben eine Auswertungsmethode beschrieben, die auf der Gewichtszunahme des Uterus beruht, die das brunstauslösende Hormon an kastrierten Ratten bewirkt. Man nimmt dazu junge weibliche Ratten von ungefähr 40 g Gewicht, möglichst so viele aus demselben Wurf, wie man verschiedene Gruppen benutzen will. Die Ovarien werden unter Äthernarkose herausgenommen, indem man sorgfältig darauf achtet, nicht von dem daran grenzenden Uterus abzuschneiden. 2 Tage später erhält ein Teil der Tiere die erste Dosis subcutan in 0,2 ccm Olivenöl. Man wiederholt die Injektion an den drei darauffolgenden Tagen und tötet die Tiere 2 Tage nach der letzten Injektion, um die Uteri herauszupräparieren. Wenn also der Operationstag als erster Tag bezeichnet wird, werden die Injektionen am dritten, vierten, fünften und sechsten Tage gegeben und die Tiere am achten Tage getötet. Die Uteri werden in Bouins Flüssigkeit fixiert, die aus 750 ccm gesättigter Pikrinsäure, 150 ccm Formalin, 100 ccm Eisessig und 10 g Harnstoff besteht. Nach 24 Stunden werden die Uteri zwischen Filtrierpapier getrocknet und gewogen. Um eine einheitliche Behandlung zu gewährleisten, soll das Präparieren der Uteri von ein und derselben Person ausgeführt werden. Bülbring und Burn berechneten das Uterusgewicht pro 100 g Ratte. Wenn also eine 52 g schwere Ratte einen 19 mg schweren Uterus hatte, so entspricht dieses Gewicht 36 mg pro 100 g.

Es ist noch nicht sicher, ob diese Umrechnung vorteilhafter ist, denn die absoluten Werte mögen ebenso befriedigend sein, da das Gewicht der Ratten, die für das Experiment ausgewählt werden, in jedem Fall so einheitlich wie möglich sein soll. Tabelle 39 zeigt die Beziehung der Dosis krystallisierten Oestrons zu der Gewichtszunahme des Uterus.

Eine bestimmte Oestrondosis bewirkt an verschiedenen Ratten nicht immer dasselbe durchschnittliche Uterusgewicht. Dies geht aus Abb. 33 hervor, in der das Verhältnis zwischen mittlerem Uterusgewicht und dem Logarithmus der Dosis aus 4 Versuchen dargestellt ist. Die Ergebnisse zweier Versuche liegen auf einer Linie, die des dritten und vierten auf anderen Linien; aber alle drei verlaufen parallel. Hieraus folgt, daß in einem bestimmten Dosierungsbereich eine einfache lineare Beziehung vom Logarithmus der Dosis zur durchschnittlichen Gewichtszunahme besteht. Diese Beziehung kann selbstverständlich zum Vergleich zweier Präparate benutzt werden.

Tabelle 39. Die Werte sind Uterusgewicht in Milligramm pro 100 g.

Wurf	Unbehandelt	Dosis, vier Tage lang täglich gespritzt		
		0,2 γ	0,4 γ	0,8 γ
1	42	—	124 100	—
2	28	106	116	145
3	26	72	88	135
4	31	42	68	115
5	—	64	111	136
6	28	70	111	133
7	—	56	68	85
8	36	42	63	87
9	38	65 63	70 72	150
Mittelwert	33	64	90	123

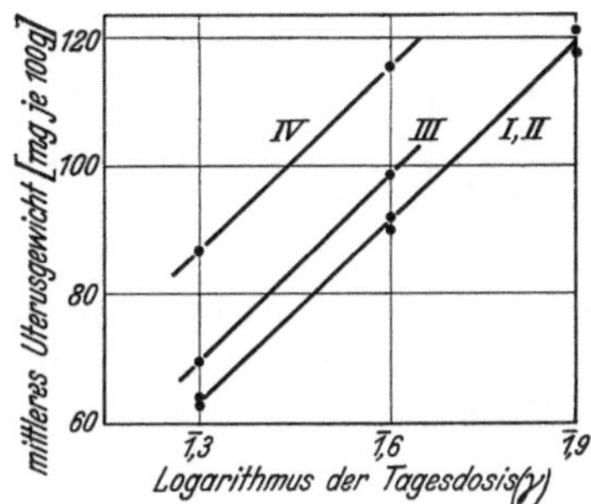

Abb. 33. Beziehung zwischen dem Logarithmus der täglichen Oestrondosis und durchschnittlichem Uterusgewicht (Milligramm pro 100 g) von Ratten.

Vergleichsmethode. Um eine ungefähre Vorstellung von der Wirksamkeit eines unbekannten Präparates zu erhalten, wählt man für einen vorläufigen Versuch eine Dosis, von der man annimmt, daß sie etwa dieselbe Wirkung wie 0,4 γ Oestron hervorruft. Diese Dosis wird 6 Ratten gegeben und die durchschnittliche Gewichtszunahme der Uteri an diesen bestimmt. Auf Grund des Befundes wählt man dann die Dosis, die zum Vergleich mit dem Standard benutzt wird.

Vom Standard injiziert man 0,2 γ und 0,4 γ je 6 Ratten. Vom unbekannten Präparat injiziert man 2 Dosen, von denen man auf Grund des vorläufigen Versuches annehmen kann, daß sie den Standarddosen entsprechende Wirkungen hervorrufen, wiederum je 6 Ratten. Jede Dosis wird in 0,2 ccm Olivenöl verabreicht. Tabelle 40 gibt ein Beispiel eines solchen Vergleiches.

Die Wirksamkeit des unbekannten Präparates wurde berechnet, indem die Uterusgewichte in Beziehung zu den Oestrondosen, wie in Abb. 33, graphisch dargestellt wurden. Daraus ergab sich, daß die Dosen der unbekannten Lösung 0,195 γ bzw. 0,375 γ Oestron entsprachen. Daraus ließ sich berechnen, daß 1 ccm der unbekannten Lösung 25,5 γ Oestron enthielt.

Tabelle 40. Die Werte sind Uterusgewicht in Milligramm pro 100 g.

Wurf	Oestrondosis		Dosis der unbekannten Lösung	
	0,2 γ	0,4 γ	0,0075 ccm	0,015 ccm
1	54	152	61	92
2	49	71	74	63
3	51	112	51	—
4	—	58	60	102
5	81	102	—	120
6	63	—	83	105
7	126	—	83	108
Mittelwert	70	99	69	95

Der Vorteil dieser Methode. Um mit der Vaginalabstrichmethode ein möglichst genaues Resultat zu erhalten, muß man immer einen Kreuztest ausführen, so wie er auf S. 112 beschrieben ist. Infolgedessen dauert der Vergleich einer unbekannten Lösung mit dem Standard mindestens 14 Tage, wenn man die Ratte jede Woche spritzt, und wenigstens drei Wochen, wenn man es für nötig hält, 14 Tage zwischen 2 Injektionen verstreichen zu lassen. Zählt man dazu die Zeit für etwaige orientierende Beobachtungen, dann dauert die vollständige Auswertung 3 bis 6 Wochen. Dagegen führt die hier vorgeschlagene Methode schon in 2 Wochen zum gleichen Resultat. Die Tiere werden allerdings getötet und können nicht wieder benutzt werden. Praktisch wird aber dieser Verlust durch die Ersparnis an Futter und Pflege aufgewogen.

B. Auswertung von Corpus luteum-Extrakten.

(Progestin.)

Der Standard. Auf der internationalen Konferenz in London 1935 wurde beschlossen, Progesteron als internationalen Standard zur Auswertung von Progestin anzunehmen. Der Standard wird vom National Institute for Medical Research, London, verteilt.

Die Einheit. Als Einheit wurde die spezifische Wirksamkeit in 1 mg Progesteron bezeichnet.

Auswertungsmethode. Bisher ist die bequemste Methode die an jungen immaturen Kaninchen. Clauberg (1930, 1931) hat als erster die Methode angegeben, und McPhail (1934) hat sie quantitativ ausgearbeitet. Progesteron selbst hat nur eine geringe oder gar keine Wirkung auf den Uterus junger Kaninchen. Die etwa vorhandene Uteruswirkung von Corpus luteum-Extrakten beruht auf darin vorhandenen oestrogenen Substanzen. Spritzt man jungen Tieren Oestrin, dann entwickelt sich der infantile Uterus (Abb. 34, 1) zum Brunstzustand (Abb. 34, 2); der Durchmesser wird 3- bis 4mal so groß, aber das Endometrium bleibt kompakt; es finden sich nur wenige Drüsen gleichmäßig im Stroma verteilt, die epitheliale Auskleidung des Lumens

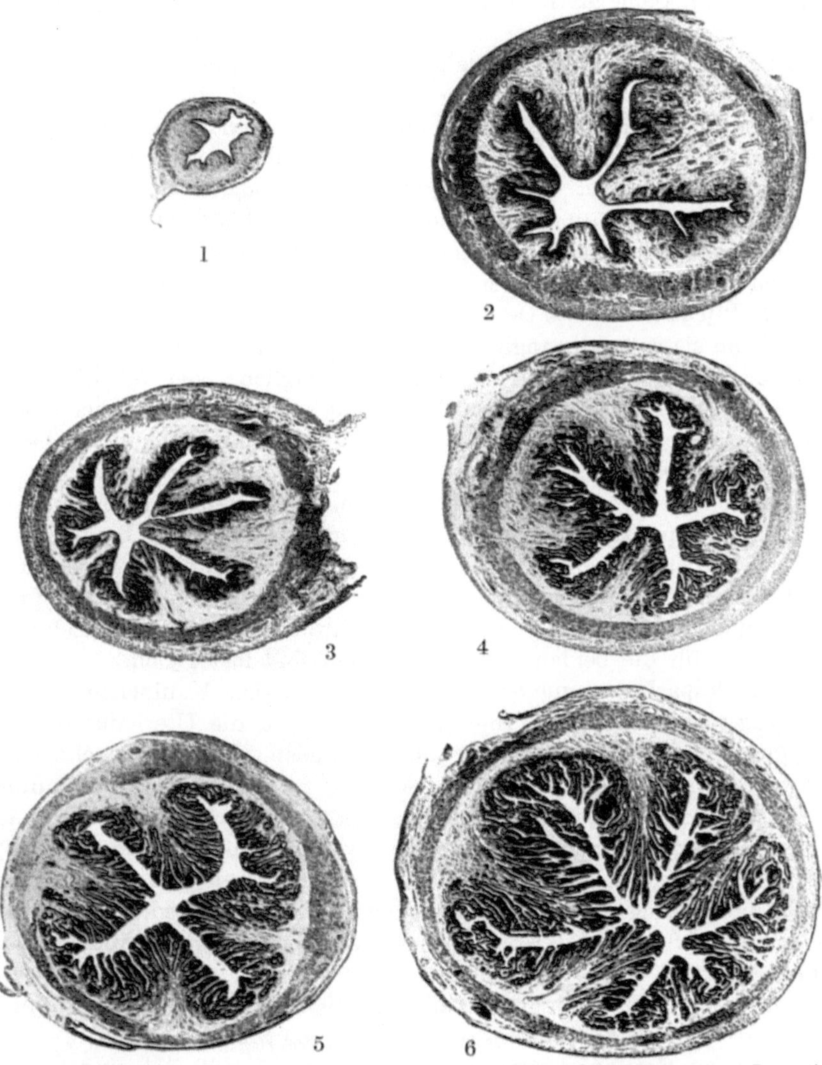

Abb. 34. Querschnitte der Uteri von Kaninchen, denen Oestrin und verschiedene Mengen Progestin gespritzt wurden. 1 = normaler infantiler Uterus; 2 = Uterus nach Oestrinbehandlung; 3 bis 6 = Oestrinvorbehandlung, danach verschiedene Mengen Progestin. (McPhail.)

ist nur selten von Drüsen unterbrochen. Wird nun in diesem Entwicklungszustand Progesteron gespritzt, dann kommt es zur typischen Schwangerschaftsproliferation. Der Grad der Veränderung ist abhängig

8*

von der Dosis. In Abb. 34, 3 bis 6, sind die verschiedenen Stadien abgebildet, die weiter unten beschrieben werden. McPhail hat eine Skala angegeben, bei der die Stufenwerte verschiedenen Proliferationsstadien entsprechen. Seine Methode besteht in der Bestimmung des Stufenwertes für den durchschnittlichen Proliferationsgrad bei einer mit einer gegebenen Progestindosis behandelten Kaninchengruppe. Als seine Arbeit veröffentlicht wurde, gab es noch keinen Standard. Da jetzt aber Progesteron isoliert worden ist, müssen bei allen Auswertungen die unbekannten Präparate mit Progesteron verglichen werden.

Die Versuchstiere. Die Kaninchen sollen möglichst 750 bis 950 g wiegen; McPhails äußerste Gewichte waren 700 bis 1120 g. Beim Aussuchen weiblicher Tiere muß man sehr sorgfältig vorgehen, da es bei jungen Kaninchen oft schwer ist, das Geschlecht zu unterscheiden.

Die Injektionen. Die Oestrininjektionen erstrecken sich über 6 Tage; man kann sie entweder täglich oder am ersten, dritten und fünften Tag geben. Die Dosis beträgt 25 Einheiten täglich, oder 50 Einheiten (= 5 γ Oestron) jeden zweiten Tag. Man spritzt 0,2 ccm einer öligen Lösung in die Oberschenkelmuskulatur, abwechselnd rechts und links. Die Gesamt-Oestrondosis ist also 150 internationale Einheiten.

Am siebenten, achten, neunten, zehnten und elften Tage wird täglich Progestin gespritzt. Eine geeignete Gesamtdosis ist 0,5 mg Progesteron, die auf tägliche Dosen in 0,1 oder 0,2 ccm Öl verteilt wird. Wenn man Zeit sparen muß, so kann man auch das Progestin nur 3 statt 5 Tage lang injizieren, muß aber dieselbe Gesamtdosis geben; die Ergebnisse McPhails für die beiden Versuchsperioden sind fast gleich.

Das Präparieren und Schneiden der Uteri. Die Kaninchen werden am Tag nach der letzten Injektion getötet und die Uteri untersucht. Es gibt viele geeignete histologische Methoden. Das Gefrierschneiden des frischen Uterusgewebes nach Schultz-Brauns wird weiter unten beschrieben werden. Man kann auch kleine Stücke 10 Minuten in warmem Formalin schnell fixieren, auswaschen und gefrierschneiden; es besteht aber die Gefahr, daß der zentrale Teil des Gewebsschnittes herausfällt. Langsamer sind Einbettungsmethoden entweder in Gelatine oder in Paraffin. Letztere kann man wesentlich abkürzen, indem man statt Alkohol und Aufhellungsmitteln Dioxan (Diäthylendioxyd) (Weissberger, Young und Carleton, 1934) benutzt. Kleine dünne Gewebsstücke werden in Dioxan innerhalb von 2 bis 3 Stunden wasserfrei. Andere Methoden sowie alle technischen Einzelheiten findet man in den Büchern von Carleton (1925) und Romeis (1932).

Das Gefrierschneiden des frischen, unfixierten Materials nach Schulz-Brauns. Bei einem gewöhnlichen Gefriermikrotom von Leitz muß der Gefriertisch durch einen Tisch mit einer geraden Kante ersetzt werden, die dem Messer in der Endstellung parallel gerichtet wird. Außerdem ist ein Messerkühler, dessen Düse über dem Messer aufschraubbar ist, erforderlich.

Das Kaninchen wird getötet, der Uterus herausgenommen und ein 5 mm langes Stück aus der Mitte eines Uterushorns herausgeschnitten. Dies wird dicht an die Gefriertischkante des Mikrotoms so aufgesetzt, daß die Schnittrichtung quer ist. Ist der Uterus sehr dünn, so kann man mehrere Stücke von mehreren Stellen nebeneinanderstellen, so daß sie sich gegenseitig stützen, und diese gleichzeitig schneiden. Es ist zweckmäßig, ein nasses Stückchen Filtrierpapier unterzulegen, damit der Gewebsblock besser haftet. Man gefriert nun das Gewebe und auch das Messer. Dabei ist zu beachten, daß das Gewebe nicht zu hart gefroren wird, denn dann werden die Schnitte rissig. Das Messer soll leicht bereift sein. Bilden sich Tropfen an den Seiten, so ist es zu warm. Ist das Gewebe zu warm, so werden die Schnitte weich, noch bevor man sie auffangen kann. Hat man den richtigen Kältegrad erreicht, so schneidet man den Schnitt nicht sofort ganz durch, sondern hält etwa 1 mm vor der Kante an. Meist rollt sich der Schnitt auf und muß deshalb mit einem feinen Haarpinsel geglättet werden. Einen sauberen fettfreien Objektträger stützt man mit einer Schmalseite gegen die Düse des Messerkühlers, senkt ihn dicht an den auf dem Messer ausgebreiteten Schnitt (ohne jedoch dabei die Messerschneide zu berühren!), worauf sich der Schnitt von selbst an das Glas anlegt. In diesem Augenblick wird er ganz abgeschnitten. Danach wird er über Osmiumsäure 10 bis 20 Sekunden fixiert, d. h. der Objektträger wird in ein verschließbares Gefäß gestellt, auf dessen Boden sich mit Osmiumsäure befeuchtetes Filtrierpapier befindet; darüber legt man einige Glasperlen, damit der Objektträger nicht von der Säure benetzt wird. Der Schnitt bleibt durch sein eigenes Eiweiß am Glas kleben. Man stellt das Präparat für kurze Zeit in 60proz. Alkohol und kann es danach sofort mit Hämatoxylin färben, wässern und unter dem Mikroskop betrachten.

Die Proliferationsstadien. Im Anfang der Schwangerschaftsproliferation entwickeln sich die Drüsen um das Uteruslumen herum, bleiben aber kurz und dringen nicht tief in das Stroma ein. Diesem Stadium gibt McPhail den Stufenwert 1 (s. Abb. 34, 3). Im Verlauf der Entwicklung nehmen die Drüsen an Zahl und Länge zu, doch bleibt das tiefer gelegene Stroma unberührt und nur schwach färbbar; dies ist der Stufenwert 2 (Abb. 34, 4). Während der weiteren Entwicklung verzweigen sich die Drüsen, dringen tiefer ins Stroma ein, dessen Ausdehnung im Querschnitt abnimmt. Die Drüsen haben noch dünne Schläuche, bilden aber nicht mehr einen gleichmäßigen Rand um das Lumen; dies ist der Stufenwert 3 (Abb. 34, 5). Schließlich dringen die Drüsen fast bis zur Muskelschicht vor, vom Stroma bleibt nur etwas im Innern jeder Endometriumfalte übrig. Die Drüsenschläuche sind erweitert und das Endometrium aufgelockert; dies ist der Stufenwert 4 (Abb. 34, 6).

Der quantitative Vergleich. Zum Vergleich eines unbekannten Extraktes mit dem Standard Progesteron muß man wenigstens 2 Gruppen von 5 Kaninchen verwenden. Die ersten 5 erhalten alle dieselbe Dosis des zu prüfenden Extraktes, die anderen 5 alle dieselbe Standarddosis. Durch die histologische Untersuchung der Uteri aller Tiere wird der durchschnittliche Proliferationsgrad für beide Gruppen bestimmt. Das Wirksamkeitsverhältnis von Dosen, die verschiedene Proliferationsgrade bewirkten, ist aus Abb. 35, die nach der Kurve in McPHAILS Arbeit konstruiert ist, ersichtlich. Angenommen, die Gesamtdosis d eines unbekannten Extraktes bewirkte eine durchschnittliche Proliferation mit dem Stufenwert 1,5, und die Progesterondosis 0,5 mg den Stufenwert 2,5, dann geht aus Abb. 35 hervor, daß das Verhältnis der Dosen mit dem Wirkungsverhältnis 1,5 zu 2,5 wie 0,65 zu 1,15 ist. Also enthalten d ccm unbekannter Extrakt $\frac{0,65}{1,15} \cdot 0,5$ mg Progesteron, oder 1 ccm Extrakt $= \frac{0,28}{d}$ mg Progesteron $= \frac{0,28}{d}$ Einheiten.

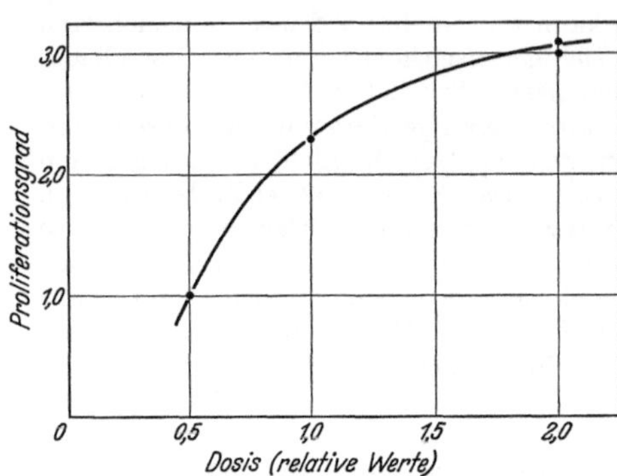

Abb. 35. Verhältnis von Progestindosis (relativer Maßstab) zum durchschnittlichen Proliferationsgrad des Endometriums des Kaninchenuterus (Ordinate). (McPHAIL.)

Literatur.

BÜLBRING and BURN, J. of Physiol. **85**, 320 (1935). — BURN and ELPHICK, Quart. J. Pharm. Pharmacol. **5**, 192 (1932). — BUTENANDT and HILDEBRANDT, Hoppe-Seylers Z. **199**, 243 (1931).

CARLETON, Histological Technique. London: Oxford University Press. 1925. — CLAUBERG, Zbl. Gynäk. **54**, 7, 1154, 2757 (1930) — Die weiblichen Sexualhormone. Berlin: Jul. Springer 1931. — COWARD and BURN, J. of Physiol. **63**, 270 (1927). — CURTIS and DOISY, J. of biol. Chem. **91**, 647 (1931).

D'AMOUR and GUSTAVSON, J. of Pharmacol. **40**, 473 (1930); **57**, 472 (1936).

HAIN and ROBSON, J. of Pharmacol. **57**, 337 (1936).

MARRIAN, J. soc. chem. Ind. **50**, 368 (1931). — McPHAIL, J. of Physiol. **83**, 145 (1934).

ROMEIS, Taschenbuch der mikroskopischen Technik. München: Oldenbourg 1932. — ROWLAND and CALLOW, Biochemic. J. **29**, 837 (1935).

SCHOELLER, DOHRN, HOHLWEG, Klin. Wschr. **23**, 826 (1935).

WEISSBERGER, YOUNG and CARLETON, Lancet **227**, 1279 (1934).

Kapitel X.

Die männlichen Sexualhormone.

Die wirksamen Substanzen. Es gibt mehrere Substanzen, die die Wirksamkeit männlicher Sexualhormone besitzen, und mindestens drei davon kommen im Organismus vor. Die erste Isolierung einer krystallinischen Substanz aus dem Urin von Männern gelang BUTENANDT (1931), der sie Androsteron nannte. RUZICKA und Mitarbeiter (1934) stellten es synthetisch aus Epicholestanol her. Im selben Jahr isolierten BU-

TENANDT und DANNENBAUM Dehydroandrosteron aus männlichem Urin, was RUZICKA wiederum durch Abbau von Cholesterin synthetisch herstellte. 1935 isolierten DAVID, DINGEMANSE, FREUD und LAQUEUR eine krystallinische Substanz aus dem Hoden, die sie Testosteron nannten; BUTENANDT und HANISCH synthetisierten es aus Dehydroandrosteron.

Die praktische Bedeutung dieser Substanzen für die Standardisierung besteht darin, daß sich ihre physiologischen Eigenschaften qualitativ voneinander unterscheiden; z. B. bewirken sowohl Androsteron als auch Testosteron Vergrößerung des Kapaunenkammes; wenn man aber Dosen, die denselben Effekt auf den Kamm ausüben, kastrierten männlichen Ratten injiziert, so ist die Wirkung beider Substanzen auf die akzessorischen Geschlechtsorgane, besonders auf die Samenbläschen, ganz verschieden (DEANESLY und PARKES, 1936). Männliche Sexualhormonpräparate, die aus dem Urin gewonnen sind, enthalten gewöhnlich sowohl Androsteron als auch Dehydroandrosteron. Auf der internationalen Konferenz in London 1935 wurde beschlossen, daß alle Vergleiche mit Androsteron mit der Kapaunenkamm-Methode ausgeführt werden sollten. Diese Methode wird deshalb hier zuerst beschrieben. Die Bedingungen, unter denen die Rattenmethode angewandt werden muß, sind noch nicht ganz festgelegt, denn der Test ist nicht ganz spezifisch. Wahrscheinlich kann man damit Testosteronvergleiche anstellen. Da der Rattentest einfach ist, wird er hier auch beschrieben.

Das Standardpräparat. Der internationale Standard ist synthetisch hergestelltes krystallinisches Androsteron, mit dem Schmelzpunkt 183,5 bis 184,5° C (korrigiert) und einer optischen Drehung $(\alpha)_D^{20°}$ + 97,3 in absolutem Alkohol. Es wurde in der Hauptsache von MIESCHER, Ciba-Werke, Basel, zur Verfügung gestellt. Die feinen zerriebenen Krystalle wurden auf kleine Glasröhrchen verteilt, in denen sie in vacuo über Phosphorpentoxyd getrocknet wurden. Danach wurden die Röhrchen mit Stickstoff gefüllt und zugeschmolzen. Die Ampullen enthalten etwa 50 mg und werden im National Institute for Medical Research, London, bei —2° C im Dunkeln aufbewahrt.

Für die Auswertung wird eine bestimmte Gewichtsmenge der Krystalle in Öl gelöst, und da man weiß, daß die ölige Lösung sogar bei 150° C 24 Stunden lang haltbar ist, kann man sie zur Auflösung der Krystalle unbesorgt erhitzen. Man muß darauf achten, daß sowohl der Standard als auch der zu vergleichende Extrakt in dem gleichen Lösungsmittel verabreicht werden; auch muß die Einteilung sowie der Zeitabstand zwischen den Dosen der gleiche sein. Auf der internationalen Konferenz wurde die Meinung vertreten, daß künstlich veresterte Präparate des männlichen Sexulahormons nicht mit dem Standard Androsteron verglichen werden können.

Die Einheit. „Die internationale Einheit des männlichen Sexualhormons ist die in 0,1 mg des internationalen Standards enthaltene Wirksamkeit, gemessen an einer spezifischen biologischen Reaktion.“

A. Die Kapaunenkamm-Methode.

Meistens benutzt man für diese Methode braune Leghornkapaune. Die verschiedenen Hühnerrassen sind nicht alle gleich geeignet; CALLOW und PARKES (1935) fanden, daß eine gegebene Androsteronmenge bei Plymouth-Rocks viel schwächer wirkte als bei braunen Leghorns. Braune Leghorns sind aber sehr große Vögel; sie nehmen im Laboratorium viel Platz ein und fressen entsprechend mehr. PARKES (1936) fand, daß die kleinen englischen Zwerghühner (Old English Game Bantam) viel einfacher zu halten sind. Ausgewachsene Vögel wiegen oft nicht mehr als 500 g. Die Kastrierung ausgewachsener Leghornhähne ist schwierig, so daß man sie gewöhnlich an 1 bis 2 Monate alten Vögeln vornehmen und dann 6 Monate warten muß, bevor man sie für die Auswertung benutzen kann. Demgegenüber kann man die Zwerghähne im ausgewachsenen Zustand kastrieren und sie schon 2 Monate später benutzen. Wenn man Zwerghähne kauft, muß man darauf achten, daß sie vollständige Kämme haben; manchmal wird der Kamm coupiert.

Operationstechnik. Der Vogel wird mit Äther narkotisiert und seitlich auf einem Brett befestigt, indem die Beine nach hinten und die Flügel aufwärts ausgestreckt werden. Die Lage ist die gleiche, wie sie für die Enterichoperation (S. 82) beschrieben ist. Man rupft die Federn über den zwei letzten Rippen und macht den Hautschnitt gerade vor dem Kopf der Tibia. Dann durchtrennt man die Muskeln zwischen den zwei letzten Rippen und hält sie mit einem kleinen Wundspanner auseinander. Der Operateur trägt eine Kopflampe, um das Operationsfeld zu beleuchten. Der Hoden ist beim jungen Vogel ein etwa 1 bis 1,5 cm langes und 0,3 bis 0,5 cm breites Organ. Er befindet sich nahe der Mittellinie der hinteren Bauchwand neben der Vena cava. Um heranzukommen, muß man den Darm zur Seite schieben und hält ihn am besten mit Wattestückchen zurück. Der Hoden ist von einer durchsichtigen Kapsel überzogen, und der Erfolg der Operation hängt davon ab, ob es gelingt, diese Kapsel zu eröffnen. Versucht man nämlich den Hoden in der Kapsel herauszunehmen, so entsteht eine Blutung. Wenn man jedoch die Kapsel mit Hilfe von langen spitzen Pinzetten und einer feinen Schere öffnet, kann man den Hoden leicht in ein oder zwei Stückchen ohne Unterbindung herausbekommen. Man muß dabei vermeiden, das Organ zu zerdrücken, sonst besteht die Gefahr, daß kleine Stückchen zurückbleiben. Die beiden Rippen werden mit einem Faden zusammengehalten, die Haut wird zugenäht. Dann wird die Operation an der anderen Seite vorgenommen.

Die Kastrierung ausgewachsener Zwerghähne (Old English Game Bantam) geschieht in der oben beschriebenen Weise, nur wird bei diesen Vögeln der Hoden abgebunden. Er ist viel weniger fest verwachsen als bei anderen Hühnerrassen, und wenn man die Unterbindung fest zuzieht, kann man den Hoden in seiner Kapsel unbeschädigt herausholen. Der Hodenstiel und der Stumpf des Ductus efferens werden kauterisiert.

Messung des Kammes. Um das Wachstum des Kammes zu messen, sind verschiedene Methoden angegeben worden. Am einfachsten nimmt man einen Zirkel und bestimmt die Summe von Länge und Höhe. Manche Untersucher photographieren den Kamm und messen die Größe der Photographie mit einem Planimeter. Man kann die Größe auch elektrisch bestimmen, indem man den Kamm zwischen eine Lichtquelle und eine photoelektrische Zelle bringt. GALLACHER und KOCH haben die Resultate direkter Messungen mit den Maßen der Photographien verglichen und gefunden, daß direkte Messung zuverlässiger ist.

Die Injektionen. Man gibt die Injektionen einmal täglich, 5 Tage lang, und zwar 0,2 ccm einer öligen Lösung, in die Brustmuskulatur. Die Wirkung hängt von der gespritzten Ölmenge ab. Man hat nämlich gefunden, daß eine bestimmte Hormonmenge in einem Volumen von 0,2 ccm Öl stärker wirkt, als wenn sie in 1,0 ccm gespritzt wird. Die Dosis wird unabhängig vom Körpergewicht berechnet.

Als Gesamtdosis eignen sich 10 bis 20 Einheiten, d. h. 2 bis 4 Einheiten täglich, 5 Tage lang. Die Anzahl der Injektionen muß für das unbekannte Präparat und für den Standard dieselbe sein.

Die Dosiswirkungskurve. GREENWOOD, BLYTH und CALLOW (1935) benutzten für einen Versuch 5 Gruppen von 5 Leghornkapaunen. Die Gruppen erhielten die Gesamtdosen von 0,5 bzw. 1,0, 2,0, 4,0 und 8,0 mg Androsteron. Täglich wurde $^1/_5$ dieser Gesamtdosen in 0,2 ccm Arachisöl gegeben. Die Beziehung der durchschnittlichen Wirkung an jeder Gruppe zur Dosis ist in Abb. 36a gezeigt, in der die Gesamtdosis als Abszisse und die Kammvergrößerung nach 5 Tagen (Länge + Höhe) als Ordinate eingetragen ist. In Abb. 36b ist der Logarithmus der Dosis genommen. Dann liegen die Punkte auf einer geraden Linie.

Auf Grund dieser Befunde kann man also den Vergleich zwischen einem unbekannten Präparat und dem Standard an 2 Gruppen von je 5 Vögeln machen. Die durchschnittliche mittlere Abweichung der Befunde von 25 Vögeln beträgt nach GREENWOOD, BLYTH und CALLOW 2,1 mm. Wenn also 5 Vögel in der Gruppe sind, ist der mittlere Fehler $\pm 1{,}0$ mm, und ein Unterschied in der Kammgröße ist nur dann signifikant, wenn er mindestens 3 mm beträgt. Eine brauchbare Kammvergrößerung ($L + H$) ist ungefähr 10 mm, was in diesen Versuchen von einer Gesamtdosis von 2 mg Androsteron (= 20 Einheiten) bewirkt wurde.

Wenn das Verhältnis zwischen Dosis und Kammvergrößerung für ein Laboratorium noch nicht festliegt, benutzt man 3 Gruppen zu 5 Vögeln, um ein unbekanntes Präparat mit dem Standard zu ververgleichen. Einer Vogelgruppe gibt man das unbekannte Präparat wie oben, den beiden anderen den Standard, und zwar der einen Gruppe die doppelte Dosis der anderen. Die Berechnung der Befunde soll in einem Beispiel erläutert werden.

Vom Standard wurde eine Gesamtdosis von 10 Einheiten gegeben, die ein Wachstum des Kammes um 6,1 mm bewirkte. Außerdem wurden

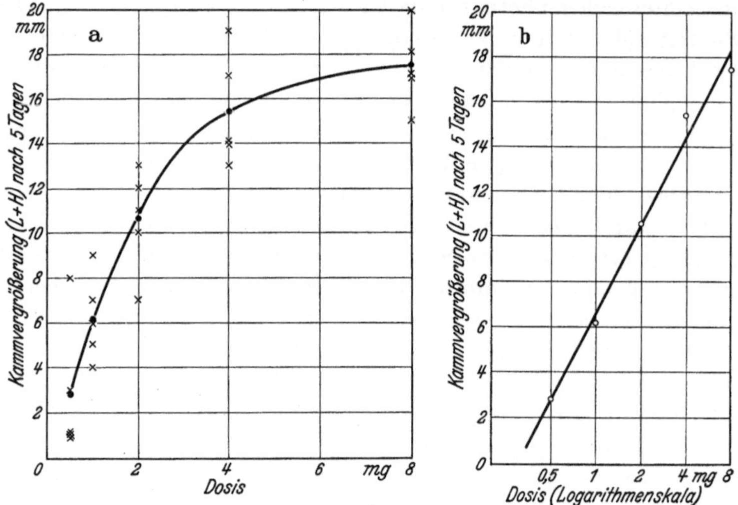

Abb. 36. a) Beziehung von Androsterondosis zum Wachstum des Hahnenkammes (Länge + Höhe). b) Beziehung des Logarithmus der Dosis zum Kammwachstum. (GREENWOOD, BLYTH und CALLOW.)

20 Einheiten injiziert, die ein Wachstum von 10,4 mm bewirkten. An einer dritten Vogelgruppe bewirkte die Gesamtdosis d des unbekannten Präparates ein Wachstum von 13 mm. Das Verhältnis der durch den Standard bewirkten Vergrößerungen zu den Logarithmen der Dosen wurde graphisch dargestellt; durch die beiden so gewonnenen Punkte wurde eine gerade Linie gezogen. Die durch das unbekannte Präparat bewirkte Größenzunahme wurde auf der geraden Linie abgetragen und der entsprechende Logarithmus der Standarddosis aufgesucht, die dieselbe Größenzunahme bewirkt haben würde. Die Dosis d des unbekannten Präparates entsprach dann dieser Standarddosis.

Pause zwischen 2 Versuchen. Wenn man die Einspritzungen unterbricht, geht die Größe des Hahnenkammes wieder zurück. War die Zunahme mehr als einige Millimeter, so dauert es sehr lange, bis die anfängliche Größe wieder erreicht wird, es ist aber nicht nötig, darauf zu warten, bevor man eine weitere Auswertung vornimmt. Beträgt die

Pause wenigstens 26 Tage, so beeinflußt der erste Versuch den zweiten sehr wenig. So fanden GREENWOOD, BLYTH und CALLOW, daß eine Gesamtdosis von 2 mg Androsteron ein durchschnittliches Wachstum von 10,6 mm beim ersten Versuch und 12,8 mm beim zweiten Versuch, der 26 Tage nach Beendigung des ersten Versuches an den gleichen Vögeln ausgeführt wurde, bewirkte. GALLAGHER und KOCH betonen den Einfluß vorangehender Versuche; und wenn man als Einheit die Hormonmenge bezeichnet, die notwendig ist, um ein gewisses Wachstum des Kammes hervorzurufen, mag der Einfluß vorangehender Versuche tatsächlich eine Rolle spielen. Wenn aber die Auswertung ein Vergleich des unbekannten Präparates mit dem Standard ist und alle Vögel bei allen Versuchen gleichzeitig benutzt werden, dann kann man vorhergehende Versuche vernachlässigen und nur die Pause von 26 Tagen einhalten. Bei Zwerghähnen kann die Pause sogar kürzer sein.

Alter und Gewicht der Vögel. Die Kammveränderung auf eine bestimmte Hormondosis ist unabhängig vom Alter der Vögel, z. B. dieselbe, ob die Vögel 4 Monate oder 6 Jahre alt sind. Auch braucht man die Dosen nicht nach dem Körpergewicht zu berechnen, da man gefunden hat, daß sich die Wirkung einer bestimmten Dosis an 1500 g schweren Vögeln von der an 3000 g schweren Vögeln nicht wesentlich unterscheidet.

Die Anfangslänge des Kammes. GALLAGHER und KOCH sind der Meinung, daß man für die Anfangslänge des Kammes eine Korrektion machen müsse. Sie berücksichtigen nur die Länge, nicht Länge + Höhe, und machen eine Korrektion von 0,2 mm für jeden Millimeter, um den sich die Anfangslänge von 57 mm unterscheidet. Wenn die Anfangslänge z. B. 62 mm ist und die Größenzunahme 10 mm, dann würde die korrigierte Größenzunahme 9 mm betragen. GREENWOOD, BLYTH und CALLOW konnten aber keine Beziehung zwischen dem Effekt und der anfänglichen Kammgröße feststellen. Die Kammreaktion soll durch Licht beeinflußt werden, deshalb müssen alle Vögel in denselben Belichtungsverhältnissen gehalten werden.

B. Die Rattenmethode.

Diese Methode beruht darauf, daß man junge männliche Ratten kastriert und die Wirkung des Hormons an dem Gewicht der Prostata und Samenblasen bestimmt.

Die Kastrierung. Junge, 30 bis 40 g schwere Ratten werden mit Äther narkotisiert, auf den Rücken gelegt und die Hinterbeine gespreizt an den Seiten des Operationsbrettes festgebunden. Das Haar über der Scrotalgegend wird kurz geschnitten und ein 1 cm langer transversaler Hautschnitt gemacht. Spreizt man die Wunde, so sieht man die Testes sofort. Mit einer chirurgischen Pinzette faßt man einen Hoden und trennt ihn stumpf von dem umgebenden Gewebe. Der Hoden ist von der durchsichtigen Tunica vaginalis überzogen. Ein Schnitt in das Ende der Tunica bewirkt, daß sie sich zurückzieht und der Hoden herausschlüpft. Man bindet einen Seidenfaden um die Tunica vaginalis und die darin liegenden Hodengefäße und schneidet den Hoden sowie das daranhängende Fett ab. Den zweiten Hoden entfernt man auf dieselbe Weise. Die Haut wird mit Seide zugenäht. Werden die Instrumente, der Tisch und die Hände sauber gehalten, so sind aseptische Vorsichtsmaßregeln unnötig. In den Tagen nach der Kastrierung nehmen Prostata und Samenblasen langsam an Gewicht ab, und man soll die Ratten nicht eher benutzen, als bis diese Verminderung praktisch zum Stillstand gekommen ist. 10 Tage genügen wahrscheinlich; manche Untersucher ziehen es aber vor, 30 Tage zu warten.

Die Versuchsanordnung. Zum Vergleich zweier Präparate miteinander nimmt man am besten eine Gruppe von unbehandelten Tieren, 2 Gruppen, die das eine, und 2 Gruppen, die das andere Präparat erhalten. Wenn jede Gruppe Tiere vom selben Wurf enthalten soll, kann man nur solche Würfe gebrauchen, in denen sich 5 männliche Tiere befinden. Deshalb muß man sich oft mit 4 Gruppen begnügen und auf die unbehandelte Kontrollgruppe verzichten. Man gibt die Injektionen in Öl, täglich, an wenigstens 5 Tagen. DEANESLY und PARKES (1936) geben die Injektionen 10 Tage lang. Dieselben Autoren haben gezeigt, wie wichtig das Volumen und die Zusammensetzung des Öles ist, in dem das Androsteron und Testosteron gelöst sind. Gaben sie 10 mg Androsteron in einer Gesamtdosis von 5 ccm Arachisöl, dann war das durchschnittliche Gewicht der Prostata 128 mg, gaben sie es aber in 1 ccm Arachisöl, dann war es 66 mg. Bei einem anderen Versuch verglichen sie die Wirkung der Gesamtdosis von 10 mg Androsteron in einem Volumen von 2 ccm Olivenöl mit derselben Dosis im selben Volumen Arachisöl, Ricinusöl und Propylen-Glykol (ein Lösungsmittel, das sich mit Öl und Wasser mischt). Die Durchschnittsgewichte der Prostata waren 78 mg bzw. 133 mg, 149 mg und 199 mg für die 4 Lösungen. Diese Unterschiede sind groß und zeigen deutlich, daß die Zusammensetzung des Lösungsmittels von größter Bedeutung ist. Schließlich haben DEANESLY und PARKES (1936) gezeigt, daß die Wirksamkeit von Testosteron verstärkt wird, wenn man Arachisöl mit 10% Palmitinsäure benutzt. Eine Gesamtdosis von 2 mg in 5 ccm Arachisöl bewirkte ein Prostatagewicht von 183 mg; wenn die 5 ccm Arachisöl 0,5 g Palmitinsäure enthielten, stieg das Gewicht auf 252 mg.

Für Routineauswertungen muß jeder Untersucher Volumen und Zusammensetzung des Öles, das er benutzt, festlegen. Eine geeignete Tagesdosis ist 0,5 ccm, die an verschiedenen Tagen an verschiedenen Stellen gespritzt wird.

Das Präparieren der Organe. Die folgende Beschreibung der Prostata und Samenblasen der Ratte beruht auf der Arbeit von CALLOW und DEANESLY, aus der die Abb. 37 wiedergegeben ist. Die Prostata besteht aus: 1. den kranialen Drüsenlappen, die an der Längsseite der Samenblasen sitzen; 2. den dorso-lateralen Lappen an der Basis der Samenblasen und fast rings um die Urethra; 3. den ventralen Lappen, die nur an ihren Ausführungsgängen hängen. Das Präparieren übt man am besten an großen Ratten, wo man die verschiedenen Teile leicht sehen kann. Danach kann man es an kleinen Ratten versuchen. Ist man im Zweifel, ob das Gewebe Prostatagewebe ist oder nicht, so kann man es unter dem Mikroskop untersuchen. Die Konvolute der Prostata kann man nicht verkennen. Besonders muß man darauf achten, die ventralen Lappen nicht abzuschneiden. Die Organe werden sauber von Fett-

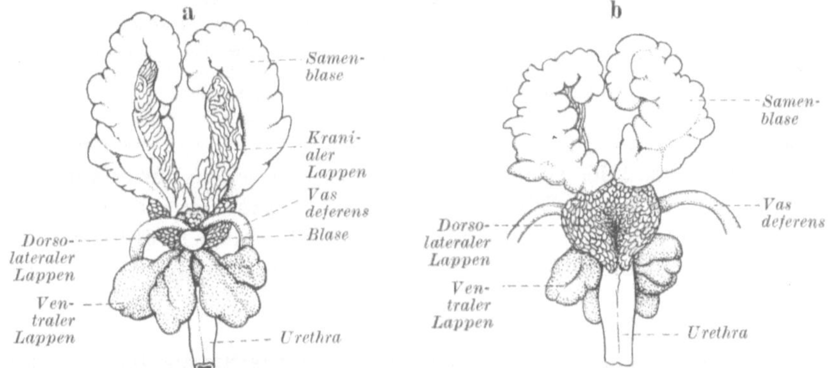

Abb. 37. Prostata und Samenblasen der Ratte; a) von vorn, b) von hinten. (CALLOW und DEANESLY.)

gewebe befreit, so, wie es in Abb. 37 gezeigt ist, und über Nacht in BOUINscher Flüssigkeit fixiert (s. S. 112). Ist Fettgewebe zurückgeblieben, so schwimmt das Gewebe an der Oberfläche; ist es sauber präpariert, so sinkt es unter. Am nächsten Tage wird das Gewebe zwischen Fließpapier getrocknet, die noch daranhängenden Stückchen vom Vas deferens und soviel wie möglich von der Urethra werden abgeschnitten und das Ganze gewogen. Man hat dann das gemeinsame Gewicht der Prostata, Samenblasen und des eingeschlossenen Stücks der Urethra. Man kann auch das Gewebe aus der BOUIN-Lösung in 70proz. Alkohol überführen, die Samenbläschen von den kranialen Prostatalappen abpräparieren, dann von den dorso-lateralen Prostatalappen trennen und einzeln wägen. Wenn man von unten her präpariert, lassen sich die ventralen und dorso-lateralen Lappen der Prostata von der Urethra trennen. Die einzelnen Teile der Prostata kann man dann auch zusammen wägen.

Das Verhältnis von Dosis zu Wirkung. Die Beziehung zwischen dem Logarithmus der Dosis und der Wirkung a) auf die Prostata, b) auf die

Samenblasen ist in Abb. 38 *a* und *b* zu sehen. Das Verhältnis ist sowohl für Androsteron als auch für Testosteron dargestellt. Die Beziehung ist nicht linear, sondern s-förmig. Die Kurven für die Wirkung beider

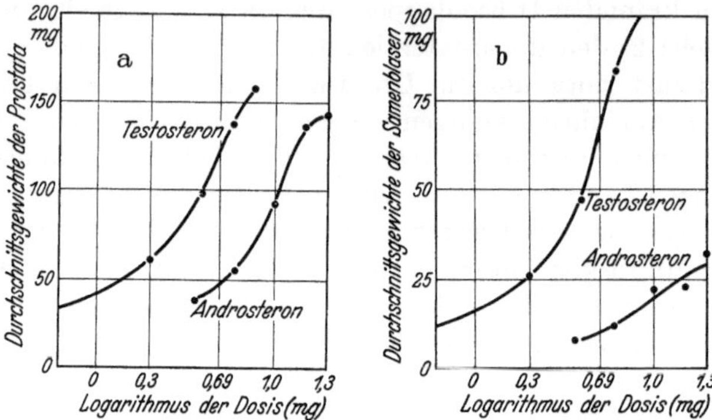

Abb. 38. a) Beziehung der Logarithmen der Androsteron- und Testosterondosen zum Wachstum der Prostata von Ratten; die Kurven sind parallel. b) Beziehung zum Wachstum der Samenblasen; die Kurven sind nicht parallel. (DEANESLY und PARKES.)

Substanzen auf die Prostata sind ungefähr parallel, woraus man entnehmen kann, daß der Unterschied zwischen den beiden nur quantitativ ist. Die Kurven für die Wirkung der beiden Substanzen auf die Samenblasen sind aber ganz verschieden, was darauf schließen läßt, daß hier nicht nur ein quantitativer, sondern auch ein qualitativer Unterschied besteht.

Literatur.

BUTENANDT, Z. angew. Chem. **44**, 905 (1931). — BUTENANDT and DANNENBAUM, Hoppe-Seylers Z. **229**, 192 (1934). — BUTENANDT und HANISCH, Ber. dtsch. chem. Ges. **68**, 1859 (1935).

CALLOW und DEANESLY, Biochemic. J. **29**, 1424 (1935). — CALLOW und PARKES, Biochemic. J. **29**, 1414 (1935).

DAVID, DINGEMARSE, FREUD und LAQUEUR, Hoppe-Seylers Z. **233**, 281 (1935). — DEANESLY und PARKES, Lancet **230**, 837 (1936).

GALLAGHER und KOCH, J. of Pharmacol. **55**, 97 (1935). — GREENWOOD, BLYTH und CALLOW, Biochemic. J. **29**, 1400 (1935).

PARKES, Quart. J. Pharm. Pharmacol. **9**, 669 (1936).

RUZICKA, GOLDBERG, MEYER, BRÜNGGER und EICHBERGER, Helvet. chim. Acta **17**, 1395 (1934). — RUZICKA und WETTSTEIN, Helvet. chim. Acta **18**, 986 (1935).

Kapitel XI.

Hypophysenvorderlappen.

Man weiß heute noch nicht, wie viele Hormone im Hypophysenvorderlappen vorhanden sind. Es besteht wohl allgemein die Ansicht, daß es Faktoren gibt, die das Wachstum der Schilddrüse, der Milchdrüsen und der Keimdrüsen beeinflussen. Die Existenz eines speziellen Wachstumsfaktors wird jedoch angezweifelt, und ebenso die eines Faktors, der auf die Nebennieren wirkt. Zur Ausführung der Vergleichsmethoden verschiedener Präparate braucht man nicht unbedingt an die Vielheit der Faktoren zu glauben, sondern für die Auswertung könnten die verschiedenen Wirkungen ebensogut von einer einzigen chemischen Substanz hervorgerufen werden.

Einige Bemerkungen über die Nomenklatur sind hier am Platze. Der Gebrauch der Ausdrücke thyreotrop, gonadotrop und adrenotrop ist offensichtlich unkorrekt. Ein „thyreotropes" Hormon bedeutet ein Hormon, das von der Thyreoidea angezogen wird, infolge eines Reizes, der von der Thyreoidea ausgeht. Der Faktor im Hypophysenvorderlappen, der die Schilddrüse beeinflußt, ist aber, soviel man weiß, nicht eine Substanz, die von der Schilddrüse angezogen wird, sondern eine Substanz, die ihrerseits die Schilddrüse beeinflußt. Ebenso wird das gonadotrope Hormon nicht von den Keimzellen angezogen, sondern ist ein Faktor, der seinerseits die Keimzellen anregt. Da nun aber die Einführung neuer Termini technici die Fortschritte der Wissenschaft nur behindert, soll hier keine neue Terminologie eingeführt werden. Die bereits im Gebrauch befindlichen Bezeichnungen werden also trotz der erwähnten Bedenken verwandt.

Für keines der Hypophysenvorderlappenhormone gibt es bisher einen internationalen Standard. Alle zu beschreibenden Methoden sind deshalb Vergleichsmethoden der Präparate untereinander zur Bestimmung ihres Wirksamkeitsverhältnisses.

A. Das thyreotrope Hormon.

Zur Auswertung dieses Hormons kann man entweder die Schilddrüse histologisch untersuchen oder die Gewichtszunahme bestimmen. Es ist natürlich möglich, für eine histologische Veränderung einen quantitativen Ausdruck zu finden, es ist jedoch umständlich und nur annäherungsweise durchführbar. Einfacher und genauer ist die Gewichtsbestimmung. Es wird zuweilen die Ansicht vertreten, daß die Gewichtsänderung der histologischen Veränderung nicht entspräche und deshalb unbrauchbar sei. Wahrscheinlich beruht aber diese Ansicht darauf, daß für die histologische Methode zu wenig Tiere gebraucht werden. Es ist jedenfalls sehr unwahrscheinlich, daß es im Hypophysenvorderlappen zwei schilddrüsenwirksame Substanzen gibt, von denen die eine das Gewicht und die andere das histologische Bild ändert. Gibt es also nur einen einzigen Faktor, dann ist es besser, seine Wirksamkeit mit der genaueren Methode zu bestimmen.

Die Auswertung nach Rowland und Parkes (1934). Man verwendet weibliche Meerschweinchen, die möglichst genau 200 g wiegen.

ROWLAND und PARKES fanden, daß die Schilddrüsen von Meerschweinchen dieses Gewichts, wenn sie sauber herauspräpariert und über Nacht in BOUINS Flüssigkeit fixiert waren, durchschnittlich 31 mg wogen; während des weiteren Wachstums der Tiere erfolgte für jede Gewichtszunahme von 6 g eine Zunahme des Schilddrüsengewichts um 1 mg. Die Zahl 31 mg schwankt infolge der Tiervariation und wird wahrscheinlich auch durch die Fixationsmethode beeinflußt; z. B. wogen in einem anderen Laboratorium bei einer Gruppe von 5 Meerschweinchen, die 225 bis 260 g wogen (Durchschnittsgewicht 238 g), die Schilddrüsen 20 bis 27 mg, durchschnittlich nur 22,6 mg.

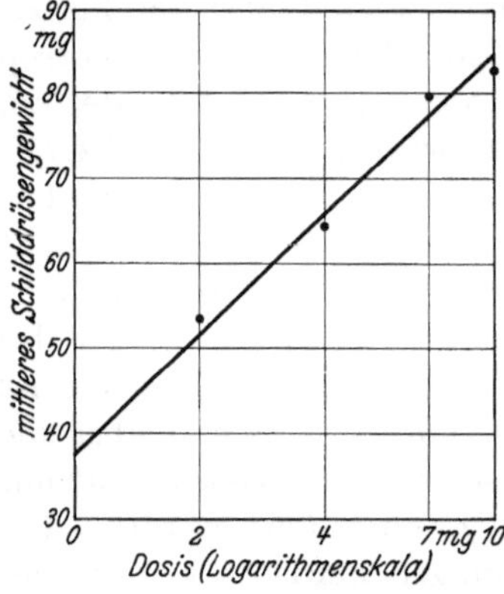

Abb. 39. Abszisse: Logarithmen der Hypophysenvorderlappendosen. Ordinate: Durchschnittsgewichte der Schilddrüsen von Meerschweinchen (Milligramm). (ROWLANDS und PARKES.)

Die Auswertungsmethode beruht auf der Beziehung zwischen täglicher Vorderlappendosis und mittlerer Gewichtszunahme der Schilddrüse an Meerschweinchengruppen, die in Abb. 39 graphisch dargestellt ist. Bei dem in Abb. 39 dargestellten Versuch befanden sich 10 Meerschweinchen in jeder Gruppe, die 5 Tage lang täglich je 2, 4, 7 und 10 mg erhielten. Die Tiere wurden subcutan gespritzt und am Tage nach der letzten Injektion getötet. Die durchschnittlichen Schilddrüsengewichte nahmen proportional zur Dosis zu, und wenn man die Werte graphisch zum Logarithmus der Dosis in Beziehung setzt, ergibt sich eine gerade Linie.

Der Vergleich zweier Präparate. Da es noch keinen internationalen Standard gibt, sollte der Hersteller jedes neue Präparat mit einem früheren vergleichen, um zu gewährleisten, daß die Wirkungsstärke seiner Fabrikate gleichbleibt. Man macht den Vergleich am besten so, daß man 3 oder 4 Gruppen, weibliche, ungefähr 200 g schwere Meerschweinchen nimmt. 2 Gruppen erhalten täglich das schon bekannte Präparat, das als Standard benutzt wird, und zwar die eine Gruppe die doppelte Dosis der anderen. Die dritte Gruppe, und wenn möglich noch eine vierte, erhalten das unbekannte Präparat. In jeder Gruppe sollen sich wenigstens 5 Tiere befinden. Die Injektionen werden täglich, 5 Tage lang, subcutan verabreicht. Am sechsten Tage werden die Schilddrüsen herauspräpariert. Die Zahlen in Tabelle 41 zeigen die Variation, die innerhalb einer Gruppe vorkommen kann.

Die durchschnittlichen Werte des als Standard benutzten Präparates werden graphisch als Ordinaten, die Logarithmen der Dosen als Abszissen dargestellt. Die so gefundenen Punkte ergeben eine gerade Linie. Der

Mittelwert der Drüsengewichte der Tiergruppe, die das unbekannte Präparat erhält, wird auf dieser Linie aufgesucht und dazu der Logarithmus der Standarddosis gefunden, die diese Wirkung ausgeübt haben würde. Der Antilogarithmus ist die der unbekannten Dosis gleichwertige Standarddosis.

Histologische Methoden. Diejenigen, die sich für histologische Methoden interessieren, finden sie in den Arbeiten von Aron (1930, 1932), Loeser (1932), Severinghaus (1933) und Heyl (1933).

Tabelle 41.

Unbehandelte Tiere		Gespritzte Tiere	
Körpergewicht g	Schilddrüsengewicht mg	Körpergewicht g	Schilddrüsengewicht mg
235	24	205	73
240	22	220	56
260	27	205	57
225	20	220	41
230	20	200	46
Mittelwert: 238	22,6	210	54,6

B. Prolactin.

Die Taubenmethode. Riddle, Bates und Dykshorn (1933) haben eine Methode an Ringtauben angegeben, bei denen Prolactin ein Wachstum und Milchsekretion der Kropfdrüsen sowohl beim Weibchen als auch beim Männchen hervorruft. Im Ruhezustand sehen die Drüsen nur wie eine runzelige Stelle in der Schleimhaut aus. Wenn man aber Tauben mit einem wirksamen Extrakt spritzt, wachsen die Drüsen in einer deutlich abgegrenzten Struktur. Abb. 40 zeigt die Lage der Drüsen.

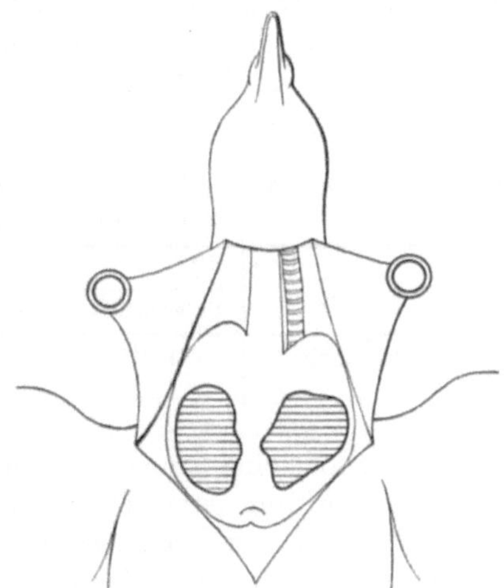

Abb. 40. Die Lage der Kropfdrüsen bei Tauben. Der Kropf ist von vorn aufgeklappt.

Riddle und Mitarbeiter haben in ihren Arbeiten Kurven veröffentlicht, die das Verhältnis des Kropfdrüsengewichts einzelner Vögel zur gespritzten Hormondosis darstellen. Leider sind dabei weder Drüsengewichte noch Dosen die tatsächlich gefundenen Gewichte und Dosen, sondern es sind korrigierte Werte, aus denen sich nur schwer die einfache Beziehung zwischen Dosis und Wirkung ersehen läßt, die zum Vergleich zweier Präparate notwendig ist. Dyer (1936) hat an Gruppen von 220 bis 530 g schweren Tauben, deren Durchschnittsgewicht ungefähr 350 g betrug, eine Reihe von Versuchen gemacht. Die Schwierigkeiten, die durch die großen Gewichtsunterschiede entstanden, wurden dadurch behoben, daß er die Vögel so auf die einzelnen Gruppen verteilte, daß das Gesamtgewicht der Gruppen ähnlich wurde. So betrug das Gewicht von 4 Gruppen zu 6 Vögeln 2290, 2145, 1950 und 2240 g. Alle Vögel derselben Gruppe erhielten dieselbe Dosis ohne Rücksicht auf das Körpergewicht. Die Injektionen wurden dreimal täglich 4 Tage lang in die Brustmuskulatur gemacht. Am fünften Tage wurden die Vögel getötet, die Kropfdrüsen wurden herauspräpariert, mit Fließpapier getrocknet und gewogen. Die Resultate eines Versuches sind in Tabelle 42 aufgestellt.

Tabelle 42.
Die Werte stellen das Gewicht (g) der Kropfdrüsen einer Taube dar.

Tagesdosis			
Unbehandelt	0,25 ccm	0,5 ccm	1,0 ccm
0,3	1,3	1,8	3,9
0,4	1,4	2,0	4,2
0,8	1,6	2,1	4,8
0,9	2,2	2,9	4,9
1,0	3,7	3,4	5,2
1,5	3,8	5,9	12,6
Mittelwert: 0,8	2,3	3,0	5,9

Aus den Werten in Tabelle 42 kann man erkennen, wie groß die Schwankung der Kropfdrüsengewichte bei verschiedenen Vögeln ist, und daß die Zunahme des Durchschnittsgewichtes im Verhältnis zur Vergrößerung der Dosis relativ gering ist. In späteren Versuchen wurden die Injektionen zweimal täglich sieben Tage lang gegeben. Diese Versuche wurden im April und Mai gemacht und die Gewichtszunahme der Kropfdrüsen war um diese Zeit viel größer. Die Durchschnittswerte der beiden Versuche, in denen derselbe Extrakt verwandt wurde (der viel stärker war als der für Tabelle 42 benutzte), sind in Tabelle 43 aufgestellt.

Tabelle 43. Die Werte stellen das Durchschnittsgewicht (g) der Kropfdrüsen von 5 Tauben dar.

	Tagesdosis			
	Unbehandelt	0,025 ccm	0,05 ccm	0,1 ccm
Versuch I	1,2	1,35	4,1	10,1
„ II	1,15	2,1	4,5	9,8

Riddle hat eine Einheit angegeben, die durch die Wirksamkeit, die in einem von ihm hergestellten Pulver enthalten ist, definiert ist. Als dieses Pulver mit der oben beschriebenen Methode ausgewertet wurde, nämlich zweimal täglich 7 Tage lang einer Gruppe von 5 Tauben gespritzt wurde, fand sich, daß eine Dosis von 2,5 mg ein Wachstum der Kropfdrüsen auf durchschnittlich 4,8 g bewirkte.

Der Vergleich zweier Präparate. Zum Vergleich zweier Präparate nimmt man 3 Gruppen zu 12 Tauben. Die Vögel sollen möglichst gewichtsgleich sein und das Gesamtgewicht jeder Gruppe ungefähr übereinstimmen. 2 Gruppen erhalten das als Standard benutzte Präparat, die eine die doppelte Dosis der anderen. Die dritte Gruppe erhält das unbekannte Präparat. Die Injektionen werden dreimal täglich 4 Tage lang gegeben. Am fünften Tage wird das mittlere Gewicht der Kropfdrüsen jeder Gruppe bestimmt. Die mit den 2 Standarddosen erzielten Resultate werden als Ordinaten, die Logarithmen der Dosen als Abszissen graphisch dargestellt. Eine gerade Linie verbindet die so gewonnenen Punkte. Auf dieser Linie werden die Werte für das unbekannte Präparat aufgesucht und auf der Abszisse der Logarithmus der Standarddosis gefunden, der die Dosis des unbekannten Präparates entspricht.

C. Das Wachstumshormon.

Die Auswertung des Wachstumshormons im Hypophysenvorderlappen macht man meistens an hypophysektomierten Ratten.

Die Hypophysektomie an der Ratte. Die Beschreibung stammt von Bülbring; sie ist eine Modifikation der von Selye benutzten Technik. Die Ratte wird mit Äther narkotisiert. Das Holzbrett, auf dem sie zur Operation fixiert wird, ist 26 cm lang und 20 cm breit (s. Abb. 41). In der Mittellinie, 5 cm von einer Schmalseite entfernt, ist ein Metallbügel eingeschlagen, so tief, daß man die oberen Schneidezähne der Ratte gerade darunter schieben kann. 3 cm weiter befestigt man einen aus dickem Draht gefertigten Kopfhalter, der den Hinterkopf umfaßt und der gerade so biegsam ist, daß er für jedes Tier adaptiert werden kann. Die Beine werden nach unten gezogen und mit breiten Gummibändern, die durch Einschnitte im Brett gezogen und auf der Unterseite festgenagelt sind, festgehalten. Es ist wichtig, daß die Ratte in Rückenlage ganz genau geradegestreckt liegt und der Kopf sich nicht seitlich drehen kann. Man befeuchtet das Operationsfeld mit Alkohol und macht einen 2 cm langen medianen Hautschnitt, vom Jugulum vorwärts. Die großen Speicheldrüsen werden zur Seite geschoben, die Muskeln über der Trachea in der Mittellinie durchtrennt und etwas unterhalb des Kehlkopfes mit einer Nadel ein kleines Loch in die Trachea gemacht, durch das man eine feine Glascapillare hineinschiebt. Am besten benutzt man ein kurzes Glasrohr, das in einem Winkel von ungefähr 135° abgeknickt und zu einer kurzen Capillare ausgezogen ist. Diese liegt dann in der Richtung der Luftröhre, aber das weitere Anfangsstück fällt nach der rechten Seite der Ratte herüber, so daß es die Operation nicht behindert, und dient zur Fortsetzung der Narkose, indem man etwas mit Äther benetzte Watte darunterlegt. Unmittelbar medial vor der Sehne des linken Musc. digastricus präpariert man nun stumpf in die Tiefe. Man fühlt sofort den rundlichen Processus mastoideus, der bei der Ratte stark hervortritt, und dringt unmittelbar medial von dem großen N. lingualis gegen die Schädelbasis vor, langsam nach der Mittellinie hinarbeitend. Mit einem kleinen, stumpfen, mit Gummizug versehenen Haken hält man den Nerv und die großen Gefäße links zur Seite, rechts muß man einen weiteren Haken mit Gummizug verwenden, um Trachea und Pharynx zur Seite zu ziehen. Durch Reiben mit kleinen Wattebällchen kann man den Knochen der Schädelbasis sauber freilegen, wobei man darauf achten muß, die medial von den Proc. mastoidei zum inneren Ohr führenden Gefäße und die Hinterwand des Pharynx nicht zu verletzen.

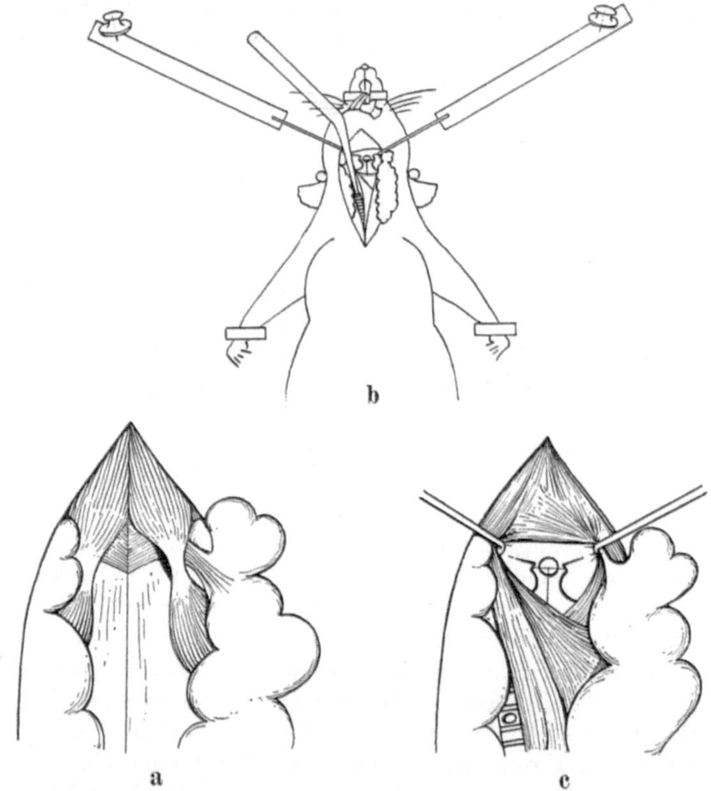

Abb. 41. Hypophysektomie an der Ratte. a) Vorderansicht der Halsmuskeln; die linke Speicheldrüse ist nach außen geklappt; die Stelle medial von der Sehne des M. digastricus, an der man anfängt, in die Tiefe zu präparieren, ist schwarz markiert. b) Auf dem Operationsbrett fixierte Ratte mit Trachealkanüle und freigelegter Schädelbasis. c) Vergrößerter Ausschnitt, um die Trepanationsstelle zu zeigen. Siehe Text.

Es sollte sich dann folgendes Bild darbieten: Rechts und links die vorgewölbten Processus mastoidei, dazwischen eine quer verlaufende bläuliche Knochennaht (Sutura spheno-occipitalis), auf die von hinten median eine längsverlaufende Knochenleiste stößt. Diese kann man oft besser fühlen als sehen (s. Abb. 41, c). Zur Trepanation verwendet man einen Zahnbohrer Nr. 10 bis 12, je nach der Größe der Ratte. Die

Trepanationsstelle liegt gerade *vor* dem Punkt, an dem die mittlere Knochenleiste auf die bläuliche Knochennaht stößt. Macht man das Loch weiter nach vorn, so eröffnet man leicht den Venensinus, macht man es weiter nach hinten, so legt man nur die hintere Hälfte der Hypophyse frei und kann nicht mit Sicherheit die ganze Drüse entfernen. Dasselbe gilt für seitliche Verschiebung. Bei der Trepanation schont man die letzte, sehr dünne Knochenlamelle über der Hypophyse. Mit einem feinen Häkchen, wie es in der ophthalmologischen Praxis gebraucht wird, entfernt man die Knochenlamelle und zerreißt auch die Membran, die die rosa gefärbte Hypophyse bedeckt. Zum Heraussaugen der Drüse benutzt man ein mit einer Vakuumpumpe verbundenes Glasrohr, dessen Öffnung in die Trepanationsöffnung gut hereinpaßt. Man saugt sehr vorsichtig, da es sonst leicht aus dem Sinus blutet. Ist die Hypophyse vollständig entfernt, so hört die Blutung bald von selbst auf. Nach erfolgreicher Operation muß man die Dura sehen können, und darunter das Gehirn, das mit jedem Atemzug der Ratte pulsiert. Ein kleiner Wattepfropf wird für kurze Zeit in die Trepanationsöffnung gesteckt. Inzwischen werden schon Haken und Trachealkanüle entfernt und nötigenfalls die Trachea mit der Pumpe von angesammeltem Schleim gereinigt. Nach Entfernung des Wattepfropfens wird die Haut zugenäht, und die Ratte atmet wieder auf natürlichem Wege. Die Mortalität hängt von der Übung des Operateurs und von der Operationsdauer ab. Ohne Assistenz, so wie die Methode hier beschrieben ist, kann man bei einiger Übung für Operation einschließlich Narkose 15 Minuten rechnen. Ein binokuläres Mikroskop, das etwa zehnmal vergrößert, und eine darunter angebrachte gute Lampe sind eine wesentliche Erleichterung zu rascher und sicherer Herausnahme der Hypophyse.

Die Auswertung. Die Ratten werden für die Auswertung hypophysektomiert, wenn sie 80 bis 100 g wiegen. Sie werden dann in Gruppen von 6 bis 10 Ratten verteilt. Um ein unbekanntes Präparat mit dem Standard zu vergleichen, braucht man 3 Gruppen, von denen zwei den Standard und eine das unbekannte Präparat erhalten. Man gibt der einen Gruppe eine doppelt so große Standarddosis als der anderen und wählt eine Dosis des unbekannten Präparates, von der man erwartet, daß sie eine zwischen den beiden Standarddosen liegende Wirkung ausübt. Man muß die Ratten mit einer gleichmäßigen Kost füttern, bei der normale Ratten wachsen. Eine geeignete Kostform ist auf S. 143 angegeben, dazu gibt man eine Zulage von Brot und Milch. Hält man die Ratten eine Woche nach der Operation bei dieser Kost, dann kann man sich vergewissern, daß das Wachstum stillsteht. Danach injiziert man die Dosen täglich 7 Tage lang intraperitoneal und wiegt die Ratten zu Anfang und zu Ende der Versuchszeit. Die mittlere Gewichtsänderung jeder Gruppe wird bestimmt.

Um die relative Wirksamkeit des unbekannten Präparates zu bestimmen, werden die durch die 2 Standardgruppen bewirkten Resultate als Ordinaten, die Logarithmen der Dosen als Abszissen graphisch dargestellt. Durch die so gewonnenen Punkte wird eine gerade Linie gezogen und der Mittelwert für das unbekannte Präparat darauf aufgesucht. Die diesem Punkte entsprechende Abszisse ist der Logarithmus der Standarddosis, die der Dosis des unbekannten Präparates äquivalent ist. Ein Beispiel für die Wirkung verschiedener täglicher Dosen aus einem Versuch von BÜLBRING (unveröffentlicht) ist in Tabelle 44 wiedergegeben. Siehe auch Abb. 42.

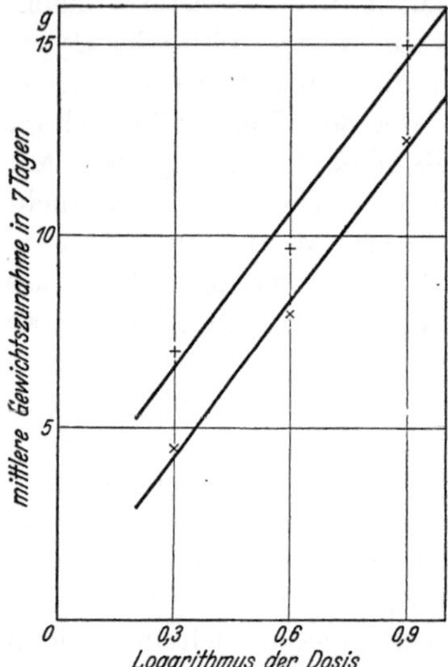

Abb. 42. Die lineare Abhängigkeit zwischen Logarithmus der Vorderlappendosis und mittlerer Gewichtszunahme (in 7 Tagen) hypophysenloser Ratten für zwei verschiedene Vorderlappenextrakte. (BÜLBRING.)

Tabelle 44. Gewichtsänderung pro Ratte in 7 Tagen (g).

	Dosis		
Unbehandelt	0,0083 ccm	0,0166 ccm	0,0332 ccm
−2	+ 5	+ 8	+17
−7	+16	+11	+19
+5	+11	+11	+22
+1	− 6	+ 4	+12
+5	+ 8	+14	+10
−4	+ 8	+ 9	+10
Mittelwert 0	+ 7	+9,5	+15

D. Das gonadotrope Hormon.

Gonadotrope Präparate beeinflussen beim weiblichen Tier die Ovarien, beim männlichen Tier die Testes. Da sich beim erwachsenen Tier die Organe schon unter dem Einfluß des Vorderlappens entwickelt haben, beobachtet man die Wirkung gonadotroper Substanzen am besten an immaturen Tieren, obwohl auch bei diesen die Hypophyse schon teilweise funktioniert. Die Wirkung auf junge weibliche Tiere kann man auf verschiedene Weise erkennen. Es findet eine Gewichtszunahme des Ovariums und eine Größenzunahme der darin enthaltenen Follikel statt. Die Follikel werden zu Corpora lutea; außerdem sezerniert das Ovarium Oestrin, das seinerseits Veränderungen an der Vagina hervorruft, nämlich ihre vorzeitige Öffnung und Verhornung des Schleimhautepithels; außerdem bewirkt das Oestrin eine Vergrößerung des Uterus. Die Wirkung auf junge männliche Tiere erkennt man an der Vergrößerung der Hoden und an der Sekretion des männlichen Sexualhormons, das wiederum eine Vergrößerung der Prostata und Samenblasen bewirkt. Fast alle die Veränderungen werden zur Auswertung gonadotroper Präparate benutzt.

Die Vaginalabstrichmethode. Der Test, bei dem jungen Ratten gonadotropes Hormon injiziert wird und die Öffnung der Vagina und Verhornung der Schleimhaut als Kriterien benutzt werden, ist sehr weit verbreitet. Die Veränderung ist aber ein sekundärer Effekt des Hormons und deshalb bei verschiedenen Tieren im höchsten Grade veränderlich. Erstens schwankt nämlich die Wirkung des Hormons auf das Ovarium, so daß bei den einzelnen Tieren verschiedene Oestrinmengen produziert werden. Zweitens schwankt die Wirkung einer bestimmten Oestrinmenge, und deshalb muß die Wirkung verschiedener Oestrinmengen erst recht unsicher sein.

Als weitere Schwierigkeit kommt hinzu, daß schon natürlicherweise der Zeitpunkt, zu dem sich die Vagina öffnet, starken Schwankungen unterliegt. Infolgedessen ist die Vaginalabstrichmethode nicht sehr geeignet zur Auswertung des Hormons, was auch aus Versuchen von BROWNLEE (unveröffentlicht) hervorgeht. Er verwandte einen trockenen, aus Schwangerenurin hergestellten Extrakt, der im Eisschrank aufbewahrt wurde. Die Versuchstiere waren junge weibliche Albinoratten, 21 bis 23 Tage alt, von 30 bis 35 g Gewicht, aus einer Zucht, die seit 10 Jahren unter unveränderten Bedingungen lebte und bei derselben Kost gehalten wurde. Seine Versuchstiere waren also so gleichmäßig wie nur möglich. Bei jedem Versuch wurden die Ratten desselben Wurfes gleichmäßig auf die einzelnen Gruppen verteilt. Die Gesamtdosis wurde an 3 Tagen auf 6 Injektionen verteilt gegeben, am ersten Tage um 9 Uhr, am zweiten um 9, 12 und 17 Uhr, und am dritten um 17 Uhr. Die Untersuchung des Vaginalabstriches wurde am fünften Tage um 9 Uhr vorgenommen. Die Befunde der verschiedenen Versuche sind in Tabelle 45 wiedergegeben.

Tabelle 45. Die Werte zeigen, in welchem Verhältnis bei den Tieren Vaginalverhornung beobachtet wurde.

	Gesamtdosis mg							
	0,2	0,3	0,4	0,6	0,8	1,2	1,6	2,4
Versuch 1 . .	—	1/6	—	2/6	—	3/6	—	4/6
„ 2 . .	—	5/6	—	6/6	—	4/6	—	6/6
„ 3 . .	—	2/6	—	5/6	—	4/6	—	5/6
„ 4 . .	1/5	—	—	3/5	—	2/5	—	3/5
„ 5 . .	—	—	—	—	2/5	—	2/5	—
„ 6 . .	—	—	0/5	—	4/5	—	—	—
„ 7 . .	5/6	—	5/6	—	—	—	—	—
Summe . . .	6/11	8/18	5/11	16/23	6/10	13/23	2/5	18/23
Prozentsatz . .		44		70		56		78

Aus den Werten der Tabelle geht hervor, daß, selbst wenn die Ergebnisse verschiedener Versuche vereinigt werden, keine Abstufung der Wirkung im Verhältnis zur Dosis stattfindet. Eine Gesamtdosis von 1,2 mg bewirkte eine Verhornung des Scheidenepithels bei 56% der Ratten, während die Hälfte der Dosis, 0,6 mg, bei 70% Verhornung hervorrief. Die Methode ist also sowohl aus theoretischen als auch aus praktischen Gründen höchst unbefriedigend.

Die Uterusvergrößerung. Für die Beeinflussung des Uterusgewichtes gelten dieselben theoretischen Einwände wie für die Vaginalveränderungen. In der Praxis erzielt man aber mit der Methode oft erstaunlich gute Resultate, wenn auch nicht immer. Bei der Oestrinauswertung am Uterusgewicht ist der Neigungswinkel der Kurve, die das Verhältnis von Dosis zu Gewichtszunahme darstellt, auffallend konstant. Bei der Auswertung gonadotroper Hormone ist aber der Kurvenverlauf veränderlich, und diese Schwankungen machen die Methode weniger geeignet. Die folgenden Versuche, aus denen man auch entnehmen kann, wie zwei Extrakte verglichen werden, bieten ein Beispiel für die Inkonstanz der Beziehung zwischen Dosis und Wirkung.

Bei den in Tabelle 45 wiedergegebenen Versuchen wurde das Vorderlappenpräparat am ersten Tage subcutan injiziert, auf 3 Injektionen im Abstand von 4 Stunden verteilt. 12 Würfe junger weiblicher Ratten wurden so auf 5 Gruppen verteilt, daß sich in jeder Gruppe eine Ratte desselben Wurfes befand. Am vierten Tage wurden die Ratten, die nun 37 bis 51 g wogen, getötet, die Uteri herauspräpariert, in BOUINS Flüssigkeit fixiert und am nächsten Tage gewogen. Die Versuchsergebnisse sind in Tabelle 46 aufgestellt als I. Versuch. Einige Monate später wurde der Versuch mit demselben Präparat (das als Pulver unterdessen bei 0° C aufbewahrt worden war) an derselben Tierzahl mit derselben Technik wiederholt; die Ergebnisse sind als II. Versuch angegeben.

Tabelle 46. Mittlere Gewichte von 12 Uteri (Milligramm).

		Gesamtdosis mg				
		Kontrolle	0,1	0,2	0,4	0,8
I. Versuch	Gefundenes Gewicht. . . .	20,2	36,5	53	72	78
	Gewicht pro 100 g	51	96	130	191	202
II. Versuch	Gefundenes Gewicht. . . .	19,7	41,8	42	61	—
	Gewicht pro 100 g	46,6	85,3	95,5	137,8	—

In Abb. 43 sind die Uterusgewichte pro 100 g Körpergewicht graphisch als Ordinaten und die Logarithmen der Dosen als Abszissen dargestellt. Die gerade Linie *A* geht ziemlich genau durch die im I. Versuch gefundenen Punkte, aber der Verlauf der Linie *B* entspricht nur annähernd den im II. Versuch gewonnenen Punkten. Zweifellos sind *A* und *B* nicht parallel. Man könnte einwenden, daß das Präparat während der Zwischenzeit weniger wirksam geworden sein konnte. Darauf ist zu erwidern, daß die Linien *A* und *B* parallel sein müßten, wenn der Unterschied zwischen Versuch I und II die Folge eines Wirksamkeitsverlustes gewesen wäre. Die Tatsache, daß die beiden Linien nicht parallel sind, bedeutet, daß die Uteruswirkung so variabel ist, daß selbst Gruppen von 12 Ratten nicht genügen, um einen einigermaßen genauen Ausdruck für die Durchschnittswirkung der injizierten Dosis zu gewinnen.

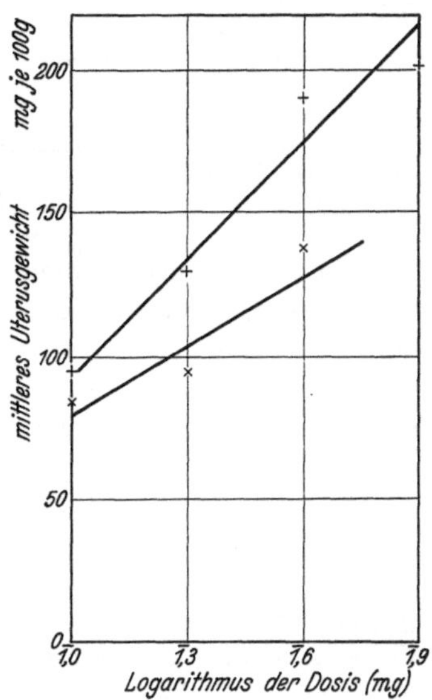

Abb. 43. Die beiden Linien zeigen die Beziehung zwischen dem Logarithmus der Dosis von gonadotropem Hormon (aus Schwangerenurin) und mittlerem Uterusgewicht von Ratten. Für beide Versuche wurde derselbe Extrakt verwendet. Wenn die Methode zuverlässig wäre, müßten beide Linien parallel sein.

Zum Vergleich zweier Präparate muß man 3 Dosen von jedem Präparat je 12 Ratten spritzen. Gibt man nur 2 Dosen, so kann der Effekt der höheren Dosis maximal werden und einen falschen Eindruck bezüglich der Steilheit der Dosiswirkungskurve erwecken. Vom unbekannten Präparat muß man ebenfalls 3 verschiedene Dosen geben, denn wie die Ergebnisse in Abb. 43 zeigen, hat die Bestimmung eines einzelnen Punktes sogar, wenn er der Mittelwert von 12 Ratten ist, eine sehr große Fehlerbreite. Auf diese Weise ermittelt man dann also für beide Präparate die Dosen mit gleicher Uteruswirkung.

Die Vergrößerung der männlichen Sexualorgane. Die dritte indirekte Methode zur Bestimmung gonadotroper Wirksamkeit ist die, bei der die Wirkung auf Prostata und Samenblasen männlicher Tiere festgestellt wird. Ebenso wie der Uterus weiblicher Tiere, nehmen diese Organe männlicher Tiere an Gewicht zu, aber die Methode gibt bessere Resultate als die Gewichtsbestimmung der Uteri.

Man verwendet junge, 22 bis 25 Tage alte, männliche Ratten. Die einzelnen Würfe werden auf wenigstens 3 Gruppen zu 5 bis 10 Tieren verteilt. 2 Gruppen erhalten 2 Dosen des als Standard benutzten Präparates und eine Gruppe eine Dosis des unbekannten. Hat man mehr Ratten derselben Würfe zur Verfügung, so gibt man noch eine andere Dosis des unbekannten Präparates und behält eine Gruppe als Kontrolle.

Die Ratten werden wenigstens 3 Tage lang gespritzt; in dieser Zeit ist die Größenzunahme der Prostata und Samenblasen noch relativ gering. Die Ergebnisse eines Versuches, bei dem die Ratten 3 Tage lang zweimal täglich gespritzt und am fünften Tage getötet wurden, sind in Tabelle 47 zusammengestellt. Es sind jedesmal die Durchschnittswerte von 7 Ratten.

Tabelle 47.

	Tagesdosis			
	Kontrolle	0,4 mg	0,8 mg	2,0 mg
Samenblasen	17 mg	26,4 mg	34 mg	42 mg
Prostata	81 mg	103 mg	120 mg	138 mg

Werden die Injektionen über längere Zeit fortgesetzt, so erhält man viel bessere Resultate, da die Prostata und Samenblasen gleichmäßig weiterwachsen, solange gespritzt wird. Tabelle 48 zeigt den Effekt, den Deanesly (1935) erzielte, wenn dieselbe Gesamtdosis über verschiedene Zeitabschnitte verteilt wurde.

Tabelle 48. Gesamtdosis 1 mg in verschiedenen Zeitabschnitten.

	Zeitabschnitt		
	3 Tage	5 Tage	10 Tage
Mittleres Gewicht der Prostata	60 mg	105 mg	200 mg
Mittleres Gewicht der Samenblasen	15 mg	32 mg	80 mg

Das Herauspräparieren von Prostata und Samenblasen ist in Kapitel X, S. 125, beschrieben. Innerhalb eines Versuches sollte dieselbe Person alle Organe präparieren, denn geringe methodische Unterschiede beeinflussen das Ergebnis. Die Effekte der beiden Standarddosen werden graphisch als Ordinaten zum Logarithmus der Dosen als Abszissen in Beziehung gesetzt und ergeben den Neigungswinkel der Dosiswirkungslinie. Von dieser Linie aus kann man die Standarddosis finden, die dieselbe Wirkung wie das unbekannte Präparat ausgeübt haben würde.

Die Vergrößerung der Ovarien. Die einfachste Bestimmung der direkten Wirkung gonadotroper Präparate ist die Feststellung der Ovarvergrößerung. Wieweit diese Gewichtszunahme auf die Vermehrung der Follikel und wieweit sie auf den luteinisierenden Effekt des Extraktes beruht, kann man dabei natürlich nicht ermitteln. Deanesly (1935) hat indessen die Methoden zur Auswertung von Schwangerenurinpräparaten einerseits und Vorderlappenpräparaten andererseits am Ovargewicht einzeln beschrieben. Die beiden Extraktarten müssen verschieden behandelt werden, denn die aus Schwangerenurin bewirken unter den vorliegenden Bedingungen ein Ovargewicht von nicht mehr als 40 bis 45 mg, während die Vorderlappenauszüge ein Wachstum der Ovarien auf mehr als 100 mg hervorrufen können. Die Unterschiede sind aus Abb. 44 ersichtlich.

Deanesly nimmt 40 bis 50 g schwere weibliche Ratten und spritzt einmal täglich 5 Tage hintereinander. Die Ratten werden 24 Stunden nach der letzten Injektion getötet und die Geschlechtsorgane über Nacht in BOUINs Flüssigkeit fixiert. Danach kommen sie in 70proz. Alkohol und werden sauber präpariert. Die Ovarien werden dekapsuliert vom Hilus abgeschnitten, zwischen Fließpapier getrocknet und auf einer Torsionswaage gewogen. Jede Dosis wird 10 bis 12 Ratten gespritzt und das mittlere Gewicht beider Ovarien für jede Gruppe bestimmt.

Für Vorderlappenauszüge besteht eine lineare Beziehung von Dosis zu mittlerem

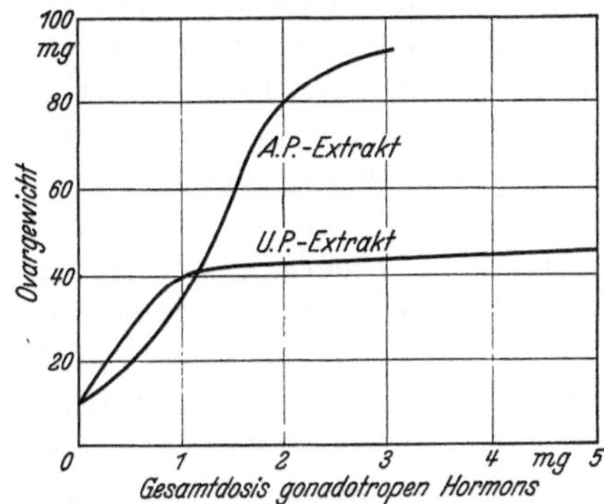

Abb. 44. Die graphische Darstellung zeigt, daß Extrakte aus Schwangerenurin (*U.P.*) eine andere Wirkung auf die Ovarien junger Ratten haben als Hypophysenvorderlappenextrakte (*A.P.*). (DEANESLY.)

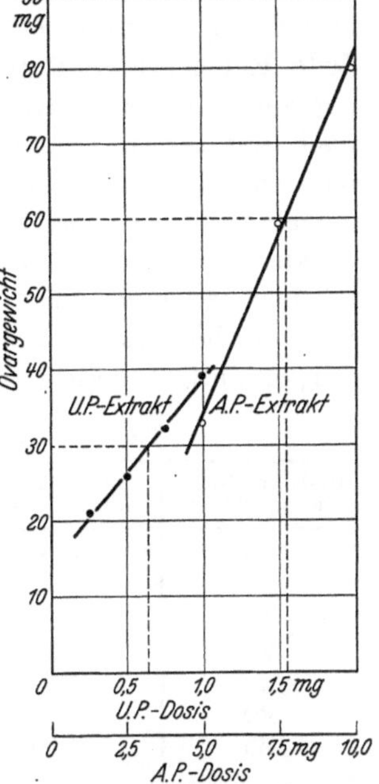

Abb. 45. Die Beziehung zwischen den Dosen von a) Extrakt aus Schwangerenurin (*U.P.*), b) Hypophysenvorderlappenextrakt (*A.P.*) einerseits und Ovargewichten junger Ratten andererseits. (DEANESLY.)

Ovargewicht im Bereich zwischen 30 und 80 mg. Für Schwangerenurinextrakte ist die Abhängigkeit linear zwischen den Ovargewichten 20 und 40 mg. DEANESLYs Versuchsergebnisse sind in Abb. 45 dargestellt. Demnach muß man dafür sorgen, bei der Auswertung von Vorderlappenauszügen Ovargewichte von ungefähr 60 g zu produzieren und bei der Auswertung von Schwangerenurinextrakten Ovargewichte von etwa 30 mg. Bei jeder Auswertung sollte man aber 2 Dosen des als Standard benutzten Präparates injizieren, um die Neigung der Dosiswirkungslinie festzulegen.

DEANESLY fand, daß die mittlere Abweichung der Ovargewichte je nach der Durchschnittsgröße schwankte. Waren sie groß, hatten z. B. ein mittleres Gewicht von 60 mg, so war die mittlere Abweichung 17,3. Der mittlere Fehler des Mittelwertes von 12 Ratten wird dann 5,3. Für kleinere Ovarien, z. B. mit einem mittleren Gewicht von 26 mg, war aber die mittlere Abweichung nur 3,0 und also der mittlere Fehler des Mittelwertes von 12 Ratten 0,85.

Bestimmung der Luteinisierung. Die Fähigkeit von Vorderlappenauszügen, Corpora lutea zu erzeugen, bestimmt man am besten mit der Methode von JANSSEN und LOESER (1930). Die Arbeit dieser Autoren, in der auch ein Standardpräparat vorgeschlagen wird, war die erste Beschreibung einer biologischen Methode für ein Vorderlappenhormon, bei der die Grundsätze der Standardisierung berücksichtigt wurden. 40 bis 50 g schwere weibliche Ratten wurden in Gruppen zu 10 verteilt. Jede Ratte erhielt 6 Injektionen des zu prüfenden Präparates intraperitoneal in regelmäßigen Abständen von 8 Stunden. 100 Stunden nach der ersten Injektion wurden die Ratten getötet. Die Ovarien wurden herausgenommen, in Formalinkochsalzlösung fixiert, in Paraffin eingebettet und die Schnitte mit Hämatoxylin-Eosin gefärbt. Sie wurden dann auf Corpora lutea und atretische Corpora lutea untersucht.

JANSSEN und LOESER konstruierten eine Kurve aus dem Verhältnis von verabreichter Dosis zum Prozentsatz der Ratten, bei denen sich Corpora lutea fanden. Sie benutzten ein Vorderlappenpulver, das sie nach Acetonextrahierung des frischen Gewebes gewonnen hatten, wie das für Hinterlappen auf S. 44 beschrieben ist. Von diesem Pulver wurde eine Suspension in Kochsalzlösung gemacht. Die Ergebnisse sind in Tabelle 49 wiedergegeben.

Tabelle 49.

Dosis pro Ratte in mg Pulver	Anzahl Ratten mit Corpora lutea	Prozentsatz
10	1/10	10
15	3/9	33
20	5/10	50
25	5/9	55
30	7/9	78
40	8/10	80
50	8/10	80

Sie schlugen vor, daß das acetonextrahierte Pulver als Standard benutzt werden sollte, und da 20 mg an 50% der Tiere Corpora lutea erzeugt hatte, bezeichneten sie als Einheit die in 20 mg des Pulvers enthaltene Wirksamkeit.

JANSSEN und LOESER geben als Beispiel die Bestimmung der luteinisierenden Hormonmenge in einer Probe von Schwangerenurin. 10 Ratten erhielten je sechsmal 0,01 ccm Urin in Abständen von acht Stunden. Bei 4 Ratten fanden sich Corpora lutea. Die Gesamtdosis von 0,06 ccm Urin hatte also dieselbe Wirkung wie 18 mg des als Standard benutzten Pulvers. Da 18 mg 0,9 Einheiten enthalten, ergibt sich, daß 1 ccm Urin 15 Einheiten enthält.

Die Ovulation bewirkende Substanz. Gonadotrope Präparate bewirken an brünstigen Kaninchen Ovulation. Dies ist die einzige gonadotrope Wirkung, die man schnell feststellen kann. Bei der von HILL, PARKES und WHITE (1934) angegebenen Methode wird 20 Kaninchen je eine einmalige intravenöse Injektion verabfolgt. Am nächsten Tage werden die Kaninchen in Äthernarkose darauf untersucht, ob Ovulation stattgefunden hat. Also ist das Versuchsergebnis nach 24 Stunden bekannt.

Ausgewachsene weibliche Kaninchen muß man erst 6 Wochen halten, damit eine etwa vorliegende Schwangerschaft beendet ist und die Tiere sich wieder im Oestrus befinden. Man spritzt den Extrakt in wässeriger Lösung in die Ohrvene, ohne die Dosis nach dem Körpergewicht zu berechnen, und legt am nächsten Tage in Äthernarkose mit den gebräuchlichen aseptischen Vorsichtsmaßnahmen das Ovarium frei. Hat an einem Ovarium Ovulation stattgefunden, so braucht man das andere nicht anzusehen. Die Beziehung der Vorderlappendosis zum Prozentsatz der Kaninchen, bei denen Ovulation stattfindet, ist in Abb. 46a zu sehen. Die Dosis, die bei fast jedem Kaninchen Ovulation bewirkt, ist zehnmal so groß wie die Dosis, die gerade genügt, einen kleinen Prozentsatz zur Ovulation zu bringen. Für Extrakte aus Schwangerenurin bestehen ähnliche Verhältnisse; sie sind in Abb. 46b wiedergegeben.

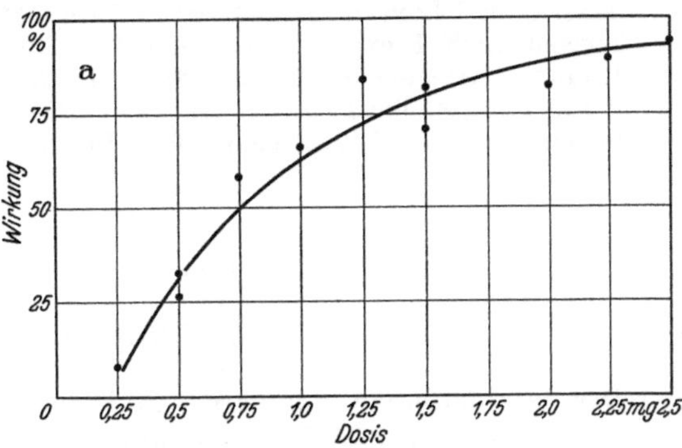

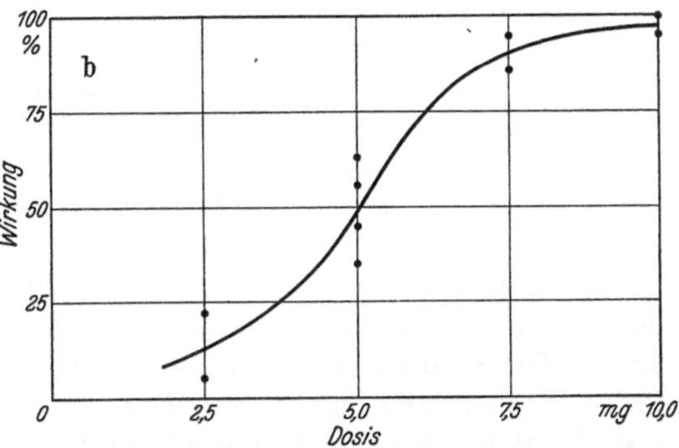

Abb. 46. a) Das Verhältnis der Dosis von Hypophysenvorderlappenextrakt zum Prozentsatz der Kaninchen, bei denen Ovulation erfolgt. b) Dasselbe Verhältnis für Extrakt aus Schwangerenurin. (HILL, PARKES und WHITE.)

Nach 3 Wochen kann man an den Kaninchen eine zweite Bestimmung machen. Wenn nämlich der auf die Injektion folgende Zustand der Pseudogravidität zu Ende ist und die Tiere sich wieder in Oestrus befinden. Zu weiteren Versuchen kann man aber die Tiere nicht noch einmal verwenden, da die Empfindlichkeit gegenüber der gonadotropen Substanz abnimmt.

Zum Vergleich zweier Extrakte wird 20 Kaninchen der eine und 20 der andere gespritzt. In jeder Gruppe wird der Prozentsatz der Kaninchen bestimmt, bei denen Ovulation stattfindet. Die relative Wirksamkeit der beiden Extrakte kann man auf Grund der entsprechenden Kurve entweder Abb. 46a oder 46b berechnen.

Literatur.

ARON, C. r. Soc. Biol. Paris **102**, 682 (1929) — Rev. franç. Endocrin. **8**, 472 (1930) — C. r. Soc. Biol. Paris **105**, 974 (1930); **109**, 218 (1932); **110**, 716 (1932).

DEANESLY, Quart. J. Pharm. Pharmacol. **8**, 651 (1935). — DYER, J. of Physiol. **88**, Proc. Oct. 17 (1936).

HEYL, Acta brev. neerl. **3**, 111 (1933). — HILL, PARKES and WHITE, J. of Physiol. **81**, 335 (1934).

JANSSEN and LOESER, Arch. f. exper. Path. **151**, 188 (1930).

LOESER, Arch. f. exper. Path. **166**, 693 (1932).

RIDDLE, BATES and DYKSHORN, Amer. J. Physiol. **105**, 191 (1933). — ROWLAND and PARKES, Biochemic. J. **28**, 1829 (1934).

SEVRINGHAUS, Z. Zellforschg **19**, 653 (1933).

Kapitel XII.

Vitamin A.

Der internationale Standard. Auf der Londoner Konferenz 1934 wurde beschlossen, daß der internationale Standard für Vitamin A ein Quantum reinsten β-Carotins, $C_{44}H_{56}$, sein sollte. Das Material, das augenblicklich als internationaler Standard benutzt wird, wurde von KARRER hergestellt und wird im National Institute for Medical Research, London, aufbewahrt. Es befindet sich in kleinen, mit Glasstopfen fest verschlossenen Flaschen, die je 5 ccm einer 0,03proz. Lösung in Cocosnußöl enthalten. Dem Öl ist 0,01% Hydrochinon zur Konservierung zugefügt.

Die Standardlösung von β-Carotin ist bei Temperaturen unter 26° C fest und muß deshalb zum Gebrauch erwärmt werden, aber nicht über 35° C. Zur Verdünnung muß man ein Öl nehmen, in dem das Carotin einige Wochen lang haltbar ist. Das Öl wird daraufhin geprüft, indem man eine 0,003proz. Carotinlösung damit macht (einer 1 : 10-Verdünnung der Standardlösung äquivalent) und die Farbe mit der einer 0,5proz. Kaliumbichromatlösung vergleicht. Beide Lösungen sollen ungefähr die gleiche Farbe haben. Einige Kubikzentimeter der verdünnten Carotinlösung werden dann eine Woche lang in einem flachen Glasgefäß, das nicht ganz gefüllt ist, also noch etwas Luft enthält, bei 37° C im Dunkeln aufbewahrt. Danach wird die Farbe wieder mit der 0,5proz. Kaliumbichromatlösung verglichen. Ist die Farbe der Carotinlösung nicht um mehr als 10% heller geworden, so ist das Öl brauchbar. Cocosnußöl ist meistens sehr geeignet.

Es ist empfehlenswert, nach dem Öffnen der Standardflasche etwas Stickstoff durchzuleiten, bevor man die Flasche wieder verschließt. Sowohl der Standard wie auch die Standardverdünnung müssen im Dunkeln bei ungefähr 0° C aufbewahrt werden.

Man muß mit der Standardlösung sehr sparsam umgehen, deshalb stellt sich jeder Untersucher am besten seinen eigenen Substandard von Vitamin A für den Routinegebrauch her. Als Substandard kann man einen Lebertran benutzen, der von Zeit zu Zeit mit der Standard-Carotinlösung verglichen wird.

Die Einheit. Die internationale Einheit von Vitamin A ist die in 0,6 γ des internationalen Standardpräparates oder in 2 mg der Standardlösung in Cocosnußöl enthaltene Wirksamkeit.

Auswertungsmethoden.

Es ist unmöglich, in einem Kapitel alle die Auswertung von Vitaminpräparaten betreffenden Probleme zu diskutieren. Das Hauptgewicht wird deshalb auf die Methoden gelegt, die zu einem quantitativen Ausdruck der Wirksamkeit führen. Bei einer befriedigenden Methode ist es wichtig, daß erstens die Durchschnittswirkung an einer Tiergruppe bestimmt wird, und zweitens diese Durchschnittswirkung der Dosis proportional ist. Die Autoren, die ihre Methode auf der Heilung der Xerophthalmie aufbauen, vernachlässigen zuweilen die beiden obengenannten Bedingungen und messen nicht den mittleren Heilwert der Vitamin A-Dosis. Es ist aber nicht so schwer, den Heilwert von Vitamin A quantitativ zu ermitteln. Man kann z. B. den Prozentsatz der Ratten, deren Xerophthalmie in einer bestimmten Zeitspanne geheilt wird, bestimmen oder die durchschnittliche Zeit feststellen, die nötig ist, um eine Rattengruppe mit einer täglichen Dosis von Vitamin A zu heilen. Das Eintreten und die Heilung der Xerophthalmie haben aber nur dann einen Wert für die Vitamin A-Auswertung, wenn sie quantitativ erfaßt werden und die Ergebnisse der Dosis proportional sind.

Von den zwei Methoden, die hier beschrieben werden sollen, beruht die eine auf der Beeinflussung des Wachstums, die andere auf Veränderungen des Scheidenepithels weiblicher Ratten. Erstere ist die von Coward, Key, Dyer und Morgan (1930), letztere die von Coward, Cambden und Lee (1935).

Normalkost.

Zur Fütterung einer Rattenzucht sind verschiedene Kostformen angegeben worden. Die von Coward, Cambden und Lee (1932) besteht aus:

Mais, gemahlen . . .	65 g	Getrocknete Hefe . .	5 g
Weizen, gemahlen . .	20 g	Natriumchlorid . . .	0,5 g
Trockenmilch	20 g	Calciumcarbonat . .	0,5 g
Casein	9 g		

Zweimal wöchentlich bekommen die Ratten 2 g frische Leber und 2 g frische Wasserkresse. Die Kost für die lactierenden Weibchen enthält 10 g getrocknete Hefe statt 5 g. In der dritten Lactationswoche gibt man keine Leber, um zu vermeiden, daß die jungen Ratten davon fressen.

A. Der kurative Wachstumstest.

Grundkost. Coward benutzt folgende Kost:

Casein	15%
Stärke	73%
Getrocknete Hefe	8%
Salzmischung (Steenbock Nr. 40)	4%

Die Salzmischung Steenbock Nr. 40 besteht aus:

NaCl	23,36	$Ca_2H_2(PO_4)_2$, 4 H_2O	68,8
$MgSO_4$, 7 H_2O	24,6	Ca-Lactat, 5 H_2O	15,4
Na_2HPO_4, 12 H_2O	35,8	Ferricitrat, 6 H_2O	5,98
K_2HPO_4	69,6	KI	0,16

Mit dieser Kost gefütterte Ratten bekommen außerdem 8 Einheiten Vitamin D wöchentlich. Die Stärke wird in einem Ofen erhitzt, so daß sie teilweise dextriniert ist und Klumpen bildet, die dann etwas zerkleinert und mit der Kost gemischt werden.

Das käufliche Casein kann mittels verschiedener Verfahren von etwa vorhandenem Vitamin A befreit werden. Manche erhitzen das Casein, andere extrahieren es mit Alkohol und Äther. Das Erhitzen hat den Nachteil, daß das Eiweiß im Casein verändert wird und ein ungeeignetes Futter für die Ratten abgibt. Die Alkohol- und Ätherextraktion ist teuer und umständlich. Coward und Mitarbeiter (1931) fanden, daß die Ratten auch aufhörten zu wachsen, wenn das in der Kost enthaltene Casein weder erhitzt noch extrahiert worden war, und wieder anfingen zu wachsen, sobald sie Vitamin A bekamen. In ihrem Laboratorium wurde also eine quantitative Auswertung durch das im Casein vorhandene Vitamin A offenbar nicht behindert. Morgan (1934) fand aber, daß seine Ratten, die mit demselben Casein gefüttert wurden, nicht aufhörten zu wachsen und deshalb für die Auswertung ganz ungeeignet waren. Deshalb benutzte er eine Kost folgender Zusammensetzung, die kein Casein enthielt:

Gemahlene Reisflocken	48%
Cocosnußmehl	30%
Entfettetes Fischmehl	10%
Getrocknete Hefe	8%
Salzmischung	4%

Das entfettete Fischmehl wurde aus Walfischen gewonnen. Jede Ratte bekam 8 Einheiten Vitamin D wöchentlich. Morgan fand, daß mit dieser Kost gefütterte junge Ratten nach 46 Tagen aufhörten zu wachsen, zu welchem Zeitpunkt sie 70 bis 90 g wogen. Sie reagierten dann gut auf Vitamin A-Verabreichung.

Jeder Untersucher muß die Ausgangskost seinen eigenen Verhältnissen anpassen. Man muß sich aber darüber klar sein, daß der Ausdruck „Vitamin A-freie" Kost nur relativ, nicht absolut ist. Man kann nämlich auch eine Kost mit etwas Vitamin A gebrauchen, vorausgesetzt, daß es für ein fortdauerndes Wachstum der Ratten nicht genügt.

Vorbereitungszeit. Junge, 30 bis 50 g schwere Ratten, je nach der Zucht, füttert man mit der Grundkost. Sie werden zweimal wöchentlich gewogen, bis das Gewicht konstant bleibt oder abnimmt, dann sind sie zur Auswertung fertig. COWARD gibt durchschnittlich 6 Wochen für die Vorbereitungsperiode an. Das höchste in dieser Zeit erzielte Gewicht war für eine Gruppe von 20 männlichen Ratten 110 g, das Durchschnittsgewicht am Ende der Vorbereitungszeit 103 g. Die entsprechenden Gewichte für weibliche Ratten waren 105 und 100 g.

Verabreichung von Vitamin A. Man muß darauf achten, das unbekannte Präparat und den Standard im selben Lösungsmittel zu verabreichen. Es ist z. B. falsch, einen mit Olivenöl verdünnten Lebertran und einen mit Cocosnußöl verdünnten Standard zu vergleichen. DYER, KEY und COWARD (1934) fanden, daß mit Cocosnußöl verdünnter Lebertran ungefähr dreimal so stark wirkte als derselbe mit Olivenöl oder mit gehärtetem Baumwollsamenöl verdünnter Lebertran, obwohl das Cocosnußöl selbst keine Vitamin A-Wirksamkeit besaß. Das Standardcarotin hatte dieselbe Wirksamkeit in Arachisöl wie in Cocosnußöl. Heutzutage wird hauptsächlich Cocosnußöl benutzt. Man muß aber bedenken, daß sogar verschiedene Ölproben verschieden ausfallen können, und deshalb innerhalb einer Auswertung nicht nur dieselbe Ölart, sondern sogar dieselbe Ölprobe für Standard und unbekanntes Präparat verwenden.

Die Dosen werden gewöhnlich als Tagesdosen angegeben. Es ist aber umständlich und unnötig, die Dosen täglich zu verabreichen. COWARD und KEY (1934) haben gezeigt, daß man dieselbe Wirkung erzielt, wenn man die Dosen zweimal wöchentlich statt täglich gibt. Am besten benutzt man eine Tropfpipette, die so kalibriert ist, daß das Gewicht eines Tropfens bekannt ist. Die tägliche Dosis ist in einem Tropfen enthalten, z. B. in 20 mg der Lösung. Verabreicht man die Substanz zweimal wöchentlich, so gibt man also z. B. Montags 3 Tropfen und Donnerstags 4 Tropfen. Alle Verdünnungen, sowohl vom Standard als auch vom Lebertran, werden nach Gewicht gemacht. Eine geeignete Standarddosis ist 2 bis 4 mg, also 1 bis 2 Einheiten; dies soll nur als Größenordnung gelten. Ebenso ist eine geeignete Lebertrandosis 1 bis 2 mg.

Die Versuchsanordnung. Für jede Auswertung wird das unbekannte Präparat gleichzeitig mit dem Standard verglichen. Die Wirkung einer bestimmten Vitamin A-Dosis ist sehr veränderlich, auch wenn die Bedingungen, unter denen die Ratten gehalten werden, unverändert bleiben. COWARD, KEY und MORGAN (1933) haben gezeigt, daß die Wirksamkeit eines bestimmten Lebertrans sich vom Juni 1931 bis Oktober 1932 fortwährend änderte und im Juli 1932 nicht weniger als fünfmal so stark erschien als im November 1931. Man hat also wenigstens 2 Rattengruppen im Versuch, von denen die eine das unbekannte, die andere das Standardpräparat bekommt, oder man gibt 2 Standarddosen und hat also im ganzen 3 Rattengruppen. Jedenfalls werden die Tiere desselben Wurfes und auch die Männchen und Weibchen so gleichmäßig wie möglich auf die verschiedenen Gruppen verteilt.

Versuchsdauer. Die Periode, in der die Wirkungen der Vitaminpräparate durch wöchentliches Wägen beobachtet werden, braucht nicht länger als 3 Wochen zu dauern. COWARD (1933) fand, daß die Genauigkeit nur sehr wenig zunimmt, wenn man die Versuchsdauer um 2 Wochen verlängert. Der wahrscheinliche Fehler einer Auswertung an zehn männlichen Ratten sinkt nur von ungefähr 20% bei einem dreiwöchentlichen Test auf 16% bei einem fünfwöchentlichen Test. Die Gewichtsänderung während der 3 Wochen wird für jede Ratte einzeln bestimmt und der Mittelwert für die Rattengruppe dadurch berechnet, daß man die Summe der Gewichtsänderungen durch die Zahl der Ratten teilt. Auf diese Weise werden die Ratten, die an Gewicht verloren haben, nicht aus der Berechnung ausgeschlossen, sondern nur ihr Gewichtsverlust von der Gewichtszunahme der anderen abgezogen.

Die Berechnung des Ergebnisses. COWARD braucht eine Kurve, die die Beziehung zwischen der Vitamin A-Dosis und der mittleren Gewichtszunahme der Rattengruppen darstellt. Zur Konstruktion der Kurve wurden verschiedene Dosen ein und desselben Lebertrans Gruppen von je 30 Ratten gegeben. Die Befunde sind in Tabelle 50 aufgestellt.

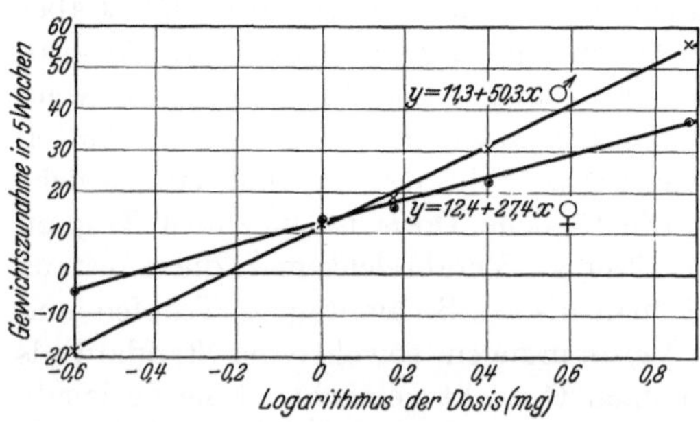

Abb. 47. Beziehung zwischen Logarithmus der Lebertrandosis und mittlerer Gewichtszunahme in 5 Wochen. Die eine Linie gilt für männliche, die andere für weibliche Ratten. (COWARD u. Mitarb.)

Tabelle 50. Nach COWARD, KEY, DYER und MORGAN (1930).

Lebertrandosis mg	Anzahl Ratten	Mittlere Gewichtszunahme in 5 Wochen (g)
0,25	31	—11,5
1,0	37	13,0
1,5	35	17,1
2,5	32	27,7
7,5	31	48,2

Werden die Befunde in solche für Männchen und Weibchen getrennt und graphisch als Ordinaten dargestellt, wobei die Logarithmen der Dosen als Abszisse eingetragen werden, so liegen sie auf 2 geraden Linien, die in Abb. 47 wiedergegeben sind. COWARD (1934) fand, daß dieselben Verhältnisse wie in Abb. 47 auch für andere Substanzen als Lebertran gelten, z. B. für Butter, Fischmehl, Trockenmilch und Weizenkeimlinge, vorausgesetzt, daß sie unter denselben Bedingungen in ihrem Laboratorium geprüft wurden. Die Gleichungen der Regressionslinien für dreiwöchentliche Versuche sind nach COWARD (1933):

$$\text{für männliche Ratten } y = 29{,}6\,x + 6{,}0$$
$$\text{für weibliche Ratten } y = 17{,}9\,x + 8{,}2$$

wobei y die durchschnittliche Gewichtszunahme und x der Logarithmus der Dosis ist. Wie man diese Gleichungen in der Praxis gebraucht, wird durch das Beispiel in Tabelle 51 erläutert.

Tabelle 51. Vergleich von Butter mit Standard-Carotinlösung.

Tagesdosis	Wurf	Geschlecht	Körpergewicht z. Z. d. Gewichtsstillstands g	Körpergewicht am Ende der 3. Woche g	Gewichtszunahme g
0,1 g Butter . . .	A	männlich	105	112	7
0,1 g „ . . .	B	„	105	141	36
0,1 g „ . . .	C	„	82	102	20
0,1 g „ . . .	D	„	75	84	9
0,1 g „ . . .	E	„	56	67	11
0,1 g „ . . .	E	„	56	56	0
0,1 g „ . . .	D	weiblich	81	98	17
0,1 g „ . . .	F	„	71	83	12
0,1 g „ . . .	F	„	68	86	18
0,1 g „ . . .	B	„	67	85	18
0,1 g „ . . .	G	„	64	84	20
2 Einheit. Standard	G	männlich	98	112	14
2 „ „	D	„	96	119	23
2 „ „	H	„	81	99	18
2 „ „	E	„	82	91	9
2 „ „	E	„	79	91	12
2 „ „	B	„	76	114	38
2 „ „	F	„	56	65	9
2 „ „	D	weiblich	77	110	33
2 „ „	B	„	68	87	19
2 „ „	H	„	65	82	17
2 „ „	C	„	63	89	26
2 „ „	A	„	61	73	12

Aus der Tabelle geht hervor, daß alle Ratten, die Butter bekamen, dieselbe Dosis erhielten, und alle Ratten, die den Standard bekamen, ebenfalls dieselbe Dosis erhielten. Außerdem, daß sich für jedes Tier, das Butter bekam, ein Tier des gleichen Wurfes findet, das den Standard erhielt; und schließlich, daß ungefähr dieselbe Anzahl männlicher wie weiblicher Tiere die Butter und den Standard bekamen. Die Befunde sind in Tabelle 52 zusammengefaßt.

Die Gleichung für männliche Ratten ist $y = 29{,}6\,x + 6{,}0$. Setzt man für y 13,8 ein, nämlich den Wert für die Männchen, die 0,1 g Butter

Tabelle 52.

Tagesdosis	Geschlecht	Durchschnittliche Gewichtszunahme g
0,1 g Butter	männlich	13,8
2 Einheiten Standard	„	17,6
0,1 g Butter	weiblich	17,0
2 Einheiten Standard	„	21,4

erhielten, dann ist $x = 0{,}2635$. Dies ist der Logarithmus von 1,834. Setzt man für y 17,6, nämlich den Wert, den die Männchen, die zwei Einheiten des Standards erhielten, ergaben, dann ist $x = 0{,}3919$. Dies ist der Logarithmus von 2,465. Also:

$$\frac{0{,}1 \text{ g Butter}}{2 \text{ Einheiten Standard}} = \frac{1{,}834}{2{,}465} = 0{,}744.$$

1 g Butter enthält also 14,88 Einheiten.

In derselben Weise berechnet man aus den Werten für die Weibchen das Ergebnis aus der Gleichung $y = 17{,}9\,x + 8{,}2$ und nimmt das Mittel aus den Ergebnissen von Männchen und Weibchen als den endgültigen Wert an. Dieser Wert muß nach der Zahl der Tiere korrigiert sein, d. h. wenn sich n_1 Männchen und n_2 Weibchen im Versuch befanden, und wenn die Ergebnisse für die Männchen r_1 und für die Weibchen r_2 waren, dann ist das korrigierte Ergebnis

$$\frac{n_1 r_1 + n_2 r_2}{n_1 + n_2}.$$

Berechnung des Ergebnisses ohne Kurve. Wenn das Verhältnis zwischen Dosis und durchschnittlicher Gewichtszunahme noch nicht vorher festgestellt ist, muß man bei der Auswertung immer 2 Standarddosen benutzen und für jede dieser Dosen die mittlere Gewichtszunahme bestimmen. Die weitere Berechnung beruht dann auf der Voraussetzung, daß das Verhältnis der mittleren Gewichtszunahme zum Logarithmus der Dosis eine gerade Linie ist. Die Ausführung der Berechnung soll an einem Beispiel erläutert werden. Angenommen 1 mg Lebertran bewirkt eine mittlere Gewichtszunahme von 16 g. Im selben Versuch bewirkte eine Einheit des Standards eine mittlere Gewichtszunahme von 25 g

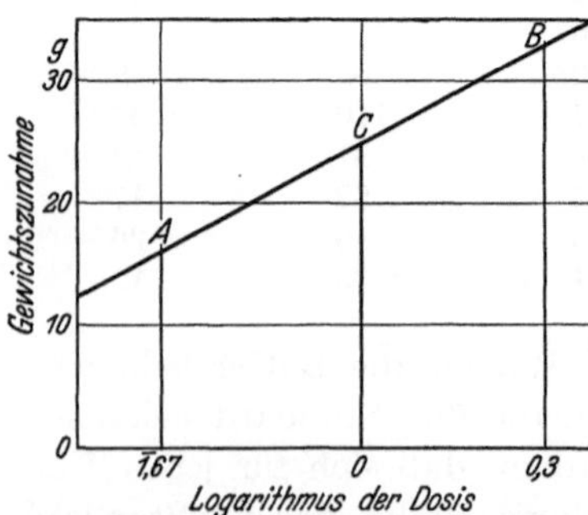

Abb. 48. C und B sind die mit dem Standard erzielten Resultate, die zum Logarithmus der Dosis in Beziehung gesetzt sind. A ist die mit dem unbekannten Präparat erzielte Gewichtszunahme. Die Abszisse von A ist der Logarithmus der Standarddosis, der die Dosis des unbekannten Präparates entspricht.

und 2 Einheiten eine Zunahme von 33 g. Wenn man die mittlere Gewichtszunahme als Ordinate und den Logarithmus der Dosis als Abszisse graphisch darstellt, kann man durch die beiden für den Standard gefundenen Punkte eine gerade Linie ziehen. Auf dieser Linie wird der Punkt mit der Ordinate 16 g und die dazugehörige Abszisse aufgesucht. Diese Abszisse entspricht dem Logarithmus der Anzahl Einheiten, die dieselbe Wirkung hervorrufen würden wie 1 mg des Lebertrans. Die Abszisse für dieses Beispiel ist in Abb. 48 zu sehen, nämlich $\bar{1},67$[1]. Dies ist der Logarithmus von 0,468. Also enthält 1 mg des Lebertrans 0,47 Einheiten.

Die Ergebnisse für Männchen und Weibchen müssen, wie gesagt, getrennt berechnet werden.

B. Die Vaginalabstrichmethode.

Evans und Bishop (1922) fanden, daß bei jungen Ratten, die mit einer Vitamin A-freien Kost gefüttert wurden, der normale Brunstcyclus unterbrochen wird und im Vaginalabstrich immer Schollenzellen gefunden werden, die sonst nur während des Oestrus vorhanden sind. Coward, Cambden und Lee (1935) haben eine Methode angegeben, in der diese Veränderungen für die Bestimmung der relativen Wirksamkeit zweier Vitamin A-Präparate benutzt wird. Die Methode ist noch nicht ganz ausgearbeitet, soll hier aber beschrieben werden, um zu zeigen, wie man die Veränderungen des Vaginalabstriches für einen quantitativen Vergleich verwenden kann.

Die Vorbereitung der Ratten. Man füttert junge weibliche Ratten mit einer Kost, die mäßige Mengen von Vitamin A enthält, wie z. B. die oben beschriebene Normalkost. Sobald die Ratten ungefähr 130 g wiegen, werden sie täglich daraufhin untersucht, ob sie regelmäßige Brunstcyclen haben. Die Untersuchungsmethode ist im Kapitel IX beschrieben. Man bringt einen Tropfen Wasser in die Vagina und entnimmt ihn wieder zur mikroskopischen Untersuchung. Sobald man sich davon überzeugt hat, daß meistens Leukocyten vorhanden sind, außer während des Oestrus, der jeden dritten oder vierten Tag eintritt, dann gibt man den Ratten die auf S. 144 angegebene Vitamin A-freie Kost. Tägliche Vaginalabstriche werden so lange vorgenommen, bis sich 10 Tage hintereinander nur Schollenzellen finden. Dann sind die Ratten fertig zur Auswertung.

Verabreichung von Vitamin A. Bis jetzt ist die Methode nur zur Auswertung von Lebertran verwandt worden, der in einer einmaligen Dosis verabreicht wurde. Coward gab Dosen von 5 bis 200 mg, und zwar jede Dosis einer Gruppe von 10 Ratten.

---

[1] $\bar{1},67$ ist eine abgekürzte Schreibweise für (0,67 — 1).

Reaktion auf Vitamin A. Nachdem die Ratten die Vitamin A-Dosis bekommen haben, werden die Vaginalabstriche weiter täglich untersucht, bis sich wieder Leukocyten zeigen. Für jede Gruppe wird die mittlere Anzahl von Tagen, die dazu nötig sind, berechnet. Tabelle 53 zeigt die Beziehung zwischen Dosis und Anzahl Tage bis zum Wiederauftreten von Leukocyten. Stellt man diese Befunde im Verhältnis zum Logarithmus der Dosis graphisch dar, so erhält man eine gerade Linie (Abb. 49).

Tabelle 53.

Lebertran-dosis mg	Anzahl Ratten in einer Gruppe	Anzahl Tage bis zum Wiederauftreten von Leukocyten
5	10	9,3
10	9	10,0
20	10	7,0
40	10	5,7
60	10	5,3
100	10	4,0
200	12	2,9

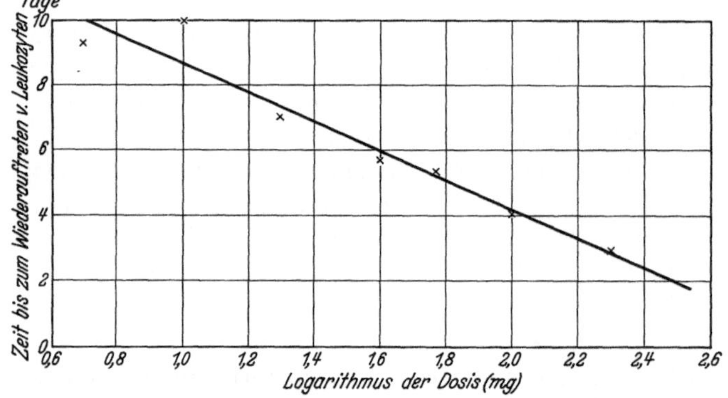

Abb. 49. Das Verhältnis des Logarithmus der einmaligen Dosis (Milligramm) Lebertran (Abszisse) zur mittleren Anzahl Tage (Ordinate), die verstreichen bis zum Wiederauftreten von Leukocyten im Vaginalabstrich. (Coward, Cambden und Lee.)

Vergleichsmethode. Wahrscheinlich ist es am besten, 2 Präparate so miteinander zu vergleichen, daß man wenigstens 2 Dosen von jedem verabreicht und 10 Ratten für jede Dosis benutzt. Die relative Wirksamkeit wird gefunden, indem man die Resultate graphisch darstellt. Die in Tabelle 53 wiedergegebenen Werte wurden durch einmalige Verabreichung der Lebertrandosis erzielt. Die Wirkungszunahme nach Vergrößerung der Dosis würde wahrscheinlich größer sein, wenn man den Lebertran täglich, natürlich in kleineren Mengen, verabreichen würde.

Literatur.

Coward, Biochemic. J. **27**, 445 (1933); **28**, 865 (1934). — Coward, Cambden and Lee, Biochemic. J. **26**, 679 (1932); **29**, 2736 (1935). — Coward and Key, Biochemic. J. **28**, 870 (1934). — Coward, Key, Dyer and Morgan, Biochemic. J. **24**, 1952 (1930); **25**, 551 (1931). — Coward, Key and Morgan, Biochemic. J. **27**, 873 (1933).

Dyer, Key and Coward, Biochemic. J. **28**, 875 (1934).

Evans and Bishop, J. metabol. res. **1**, 337 (1922).

Kapitel XIII.

Das antineuritische Vitamin.

Der internationale Standard. Der internationale Standard ist Kaolin, an den das antineuritische Vitamin aus einem wässerigen Extrakt der beim Polieren von Reis entstehenden Rückstände bei p_H 4,5 adsorbiert wurde und das dann getrocknet ist. Das Präparat ist in den medizinischen Laboratorien in Batavia, Java, nach dem Verfahren von SEIDELL hergestellt. In trockenem Zustand ist es unbeschränkt haltbar. Die Verteilung geschieht vom National Institute for Medical Research, London.

Die Einheit. Die internationale Einheit ist die in 10 mg des Standards enthaltene Wirksamkeit.

Auswertungsmethoden.

Es gibt 2 Standardisierungsmethoden: eine an Tauben und eine an Ratten. An Tauben bestimmt man die spezifische antineuritische Wirksamkeit, während man an Ratten nur die unspezifische Wachstumsförderung, die allerdings viel genauere Resultate ergibt, mißt.

A. Die Taubenmethode.

Es wird im folgenden eine Methode beschrieben, bei der die Heilwirkung des Vitamins B_1 aus dem Prozentsatz der geheilten Tauben ermittelt wird.

Vorbereitung der Tauben. Man hält die Tauben im Freien in Käfigen mit Drahtboden und füttert sie mit poliertem Reis und Wasser. Nach 14 Tagen entwickelt sich bei manchen Tauben die typische Kopfretraktion sowie Krampfzustände. Dies ist der Zeitpunkt für die Auswertung. Es besteht für verschiedene Vögel ein großer Unterschied in der Zeit bis zum Auftreten der Kopfretraktion. Man verwendet nur solche Vögel, bei denen sie innerhalb von 14 bis 30 Tagen auftritt, die anderen Tiere, die ungefähr 55% ausmachen, werden aus dem Versuch ausgeschieden.

Die Verabreichung des Vitamins B_1. Sobald sich ein Vogel in dauernder Kopfretraktion befindet, gibt man ihm so bald wie möglich das Vitaminpräparat. Die Dosis wird in 5 ccm Wasser gelöst oder aufgeschwemmt und per os gegeben. Man benutzt dazu eine Pipette mit einem 5 cm langen Stückchen Gummischlauch am Ende, das man dem Vogel in die Speiseröhre schiebt. Man gibt 5 ccm Wasser hinterher, um die Pipette auszuwaschen. Nach Verabfolgung des Heilmittels setzt man die Taube in einen Einzelkäfig ins Freie. Zum Vergleich gibt man dem einen Vogel den Standard, dem nächsten das unbekannte Präparat, immer abwechselnd, um die Versuchsbedingungen für beide möglichst gleichmäßig zu gestalten.

Vom internationalen Standard werden meistens 3 Einheiten (30 mg) gegeben. Andere Substanzen wechseln in ihrer Wirkungsstärke, z. B. braucht man von getrockneter Hefe 0,06 bis 0,12 g.

Die Ermittlung der Heilwirkung. Man beurteilt die Heilwirkung aus dem Prozentsatz der Vögel, die wenigstens 24 Stunden lang geheilt waren. Wenn die Taube am Ende dieses Zeitabschnittes Symptome aufweist, so gilt sie als nicht geheilt. Finden sich keine Symptome mehr, so beobachtet man den Vogel weiter, um zu sehen, wie lange die Heilung anhält. Die Werte für die durchschnittliche Heilungsdauer werden aber hier nicht zur Berechnung der Wirksamkeit benutzt. Denjenigen, die sich dafür interessieren, sei die Arbeit von COWARD, BURN, LING und

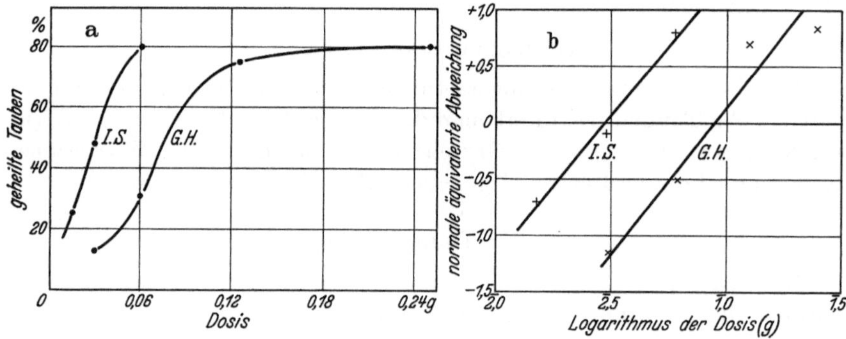

Abb. 50. a) Die Beziehung zwischen der Dosis des internationalen Standards B_1 (Abszisse) und dem Prozentsatz der Tauben (Ordinate), deren Kopfretraktion dadurch geheilt wurde (Kurve *I S*); dieselbe Beziehung für getrocknete Hefe (Kurve *GH*). b) Dieselben Kurven, wenn der Logarithmus der Dosis und die normale äquivalente Abweichung zueinander in Beziehung gesetzt werden.

MORGAN (1933) empfohlen. Abb. 50a zeigt 2 Kurven, an denen die Ergebnisse eines Vergleichs von getrockneter Hefe mit dem internationalen Standard graphisch dargestellt sind. In Abb. 50b ist der Heilungsprozentsatz als normale äquivalente Abweichung, und die Dosen sind als Logarithmen ausgedrückt. Gibt man noch so hohe Dosen, so steigt der Heilungsprozentsatz doch nicht über 80%. Infolgedessen sollte man bei jedem Vergleich mindestens 2 Dosen jedes Präparates untersuchen, wovon die eine weniger als 50%, die andere mehr als 50% Heilwirkung haben muß. Da man jede Dosis 10 Vögeln gibt, braucht man für die Auswertung 40 Tauben, was wiederum bedeutet, daß man im ganzen 100 Tauben mit poliertem Reis füttern muß, da ja nur 40 davon die Kopfretraktion bekommen. Man ermittelt dann also für jedes Präparat die Dosis, die 50% der erkrankten Tauben heilt, und schließt daraus, daß diese beiden die gleiche Wirkungsstärke haben. Tauben sind billig, die Auswertungsmethode erfordert wenig Zeit und ist leichter als alle anderen Vitaminbestimmungen. An wenig Tauben ist die Genauigkeit aber schlecht, man muß also die Möglichkeit haben, eine große Anzahl Vögel unterzubringen.

B. Die Rattenmethode.

Vorbereitung der Ratten. Man gibt jungen Ratten von 55 bis 70 g eine Kost, bestehend aus:

Casein	15 g
Dextrinierte Reisstärke . . .	79 g
Agar-Agar	2 g
Salzmischung (Steenbock 40) .	4 g
Im Autoklaven erhitzte Hefe.	25 g

Jede Ratte bekommt wöchentlich zweimal 5 Tropfen Lebertran.

Die Stärke wird durch Erhitzen in einem Gasofen dextriniert. Die Hefe kommt, in dünne Lagen ausgebreitet, in einen Autoklaven und wird 6 Stunden lang mit einem Überdruck von 1 Atmosphäre erhitzt. Danach wird sie bei nicht mehr als 100° getrocknet und schließlich pulverisiert. Die einzige Besonderheit der Kost ist der große Hefeanteil. Coward und Mitarbeiter (1933) fanden, daß, sobald die Kost nur 8% Hefe enthielt, die Wachstumswirkung von Vitamin B_1 von gleichzeitig in der Kost anwesenden hitzebeständigen Faktoren abhängig war. Sobald aber der Hefeanteil der Kost auf 20% erhöht wurde, hing das Wachstum nur noch von Vitamin B_1 allein ab.

Man füttert die Ratten mit dieser Kost, bis sie aufhören zu wachsen. Während dieser Zeit, die 14 bis 18 Tage dauern kann, nehmen die Ratten 10 bis 20 g, manchmal sogar noch mehr zu. Sobald das Gewicht stillsteht, kommt jede Ratte in einen Einzelkäfig mit Drahtboden (1,5 cm weite Maschen).

Die Verabreichung des Vitamins B_1. Man gibt den internationalen Standard zusammen mit Dextrin, was die Ratten gerne fressen. Man mischt einmal 1 Teil Standard mit 4 Teilen Dextrin, außerdem 1 Teil Standard mit 9 Teilen Dextrin, und gibt die Dosen auf kleinen Schüsselchen mit etwas Wasser befeuchtet in den Käfig. Die zu vergleichenden Präparate gibt man in derselben Weise; nur wenn das Volumen viel größer ist, unterläßt man die Dextrinverdünnung. Die Dosen werden täglich 3 Wochen lang gegeben.

Die Beziehung von Dosis zu Wirkung. Das Verhältnis zwischen Vitamin B_1-Dosis und mittlerer Gewichtsänderung von Gruppen zu 10 Ratten innerhalb 3 Wochen ist in Abb. 51 dargestellt. Die Gleichung der Regressionslinie wurde von Coward und Mitarbeitern (1933) berechnet. Sie ist $y = 70\,x + 139$, wobei x der Logarithmus der Dosis ist.

Der Vergleich zweier Präparate. Wenn man keine solche Kurve wie die in Abb. 51 zur Verfügung hat, verwendet man wenigstens 3, besser sogar 4 Rattengruppen. Tiere desselben Wurfes werden möglichst gleichmäßig auf alle Gruppen verteilt. Man gibt 2 Gruppen den Standard, der einen Gruppe die doppelte Dosis der anderen. Die dritte Gruppe erhält eine Dosis des unbekannten Präparates. Die mittlere Gewichtsänderung in 3 Wochen wird ermittelt. Ist die Dosis klein, so nehmen die Tiere ab. Die Befunde werden graphisch dargestellt, wie in Abb. 52,

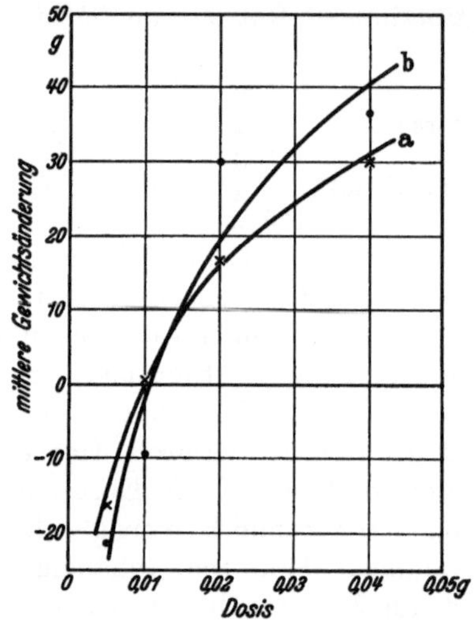

Abb. 51. Das Verhältnis der B_1-Standarddosis zum durchschnittlichen Wachstum von Ratten; a) wenn 8%, b) wenn 20% autoklavierte Hefe in der Kost enthalten war.

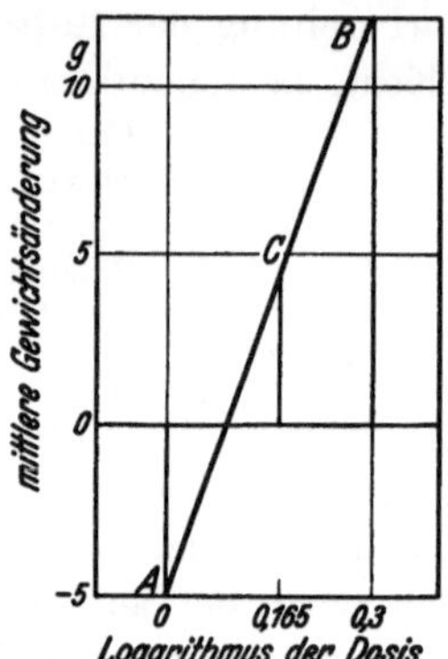

Abb. 52. *A* und *B* sind die mittleren Gewichtsänderungen von Ratten, die durch 2 Standarddosen (als Logarithmen ausgedrückt) bewirkt wurden. *C* ist die vom unbekannten Präparat bewirkte Gewichtsänderung. Die Abszisse von *C* ist der Logarithmus der Standarddosis, der die Dosis des unbekannten Präparates entspricht.

wo auf der Abszisse der Logarithmus der Dosis eingetragen ist. Durch die beiden mit dem Standard erzielten Punkte zieht man eine gerade Linie. Das weitere Vorgehen wird am besten durch ein Beispiel erläutert. 1 Einheit des Standards bewirkte eine mittlere Gewichtsänderung von —5 g, 2 Einheiten eine mittlere Gewichtsänderung von +12 g. 0,05 g des unbekannten Präparates bewirkte eine mittlere Gewichtsänderung von +4,2 g. Nach Abb. 52 entspricht diese Zunahme der Abszisse 0,165, die gleich dem Logarithmus von 1,46 ist. Also enthält 0,05 g des unbekannten Präparates 1,46 Einheiten.

Literatur.

Coward, Burn, Ling und Morgan, Biochemic. J. **27**, 1719 (1933).

Kapitel XIV.

Das antiskorbutische Vitamin.

Der internationale Standard. Der internationale Standard für das antiskorbutische Vitamin C ist l-Ascorbinsäure, die im Institut für medizinische Chemie, Szeged, von Szent-Györgyi hergestellt worden ist. Der Standard wird in verschlossenen Ampullen, die je 0,5 g enthalten, im National Institute for Medical Research, London, aufbewahrt.

Zum Gebrauch wird die gewünschte Standardmenge in glasdestilliertem Wasser, das frisch gekocht und abgekühlt ist, aufgelöst.

Die Einheit. Die internationale Einheit ist die in 0,05 mg des internationalen Standards enthaltene Wirksamkeit.

Auswertungsmethoden.

Von den zwei zu beschreibenden Auswertungsmethoden beruht die eine auf den Zahnveränderungen junger Meerschweinchen, die andere auf der Beeinflussung ihres Wachstums.

A. Die Zahnmethode.

Auswahl der Meerschweinchen, Kost und Dosierung (KEY und ELPHICK, 1931). 250 bis 350 g schwere Meerschweinchen erhalten eine Kost von 45% Kleie, 25% Haferflocken, 30% Trockenmagermilch mit zweimal wöchentlich 1 ccm Lebertran, und Wasser. Während der 14tägigen Versuchsperiode gibt man einer Gruppe von 4 bis 5 Meerschweinchen täglich eine Standarddosis, und einer anderen Gruppe täglich eine Dosis des unbekannten Präparates. Die tägliche Standarddosis ist 20 Einheiten. Besteht das unbekannte Präparat aus Fruchtsäften, wie Citronen- oder Apfelsinensaft, so hängt die optimale Dosis von der Wirksamkeit des Saftes ab, die mindestens zwischen 10 und 25 Einheiten pro Kubikzentimeter schwankt.

Präparation der Zähne. Am 14. Tage werden die Tiere getötet; der Unterkiefer wird herausgenommen und in JENKINs Lösung entkalkt.

Konzentrierte Salzsäure . .	4 ccm
Eisessig	3 ccm
Chloroform	10 ccm
Wasser.	10 ccm
97 proz. Alkohol.	73 ccm

Aus dieser Lösung nimmt man die Knochen alle 2 bis 3 Tage heraus, um lose gewordene Zähne zu entfernen. Dann werden die weich gewordenen Spitzen der Schneidezähne sowie die hinteren Teile des Kiefers mit einem scharfen Messer abgeschnitten. Da man die Präparate transversal durch die Wurzel des Schneidezahnes gerade in dem Winkel vor dem ersten Backenzahn schneiden muß, läßt man nur ungefähr 2 bis 3 mm des Knochens vor und hinter dieser Schnittebene stehen (siehe Abb. 53). Das kleine Stückchen Zahn, das dann übrigbleibt, wird in 80 proz. Alkohol gelegt, in dem man es beliebig lange

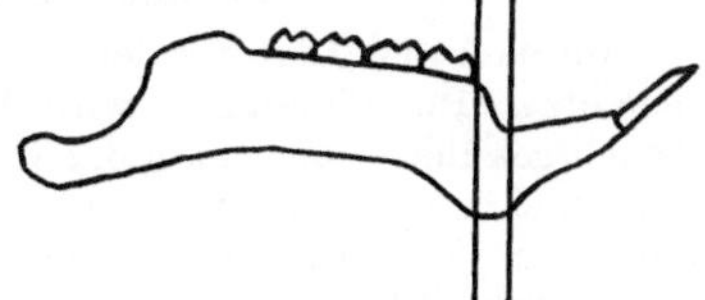

Abb. 53. Unterkiefer vom Meerschweinchen. Zwischen den beiden Linien, die die Schnittrichtung angeben, liegt der Knochenteil, der histologisch untersucht wird.

aufheben kann. Schneidet man die überflüssigen Teile des Kiefers vor der Entkalkung fort, so besteht die Gefahr, daß der Knochen splittert.

Einbettung in Gelatine. Man verdünnt den Alkohol allmählich, indem man alle 10 Minuten etwas destilliertes Wasser hinzufügt. Nach einer halben Stunde legt man den Zahn in destilliertes Wasser. Ein Reagensglas mit 20proz. Gelatinelösung wird im Wasserbad auf 40° erwärmt. Der Zahn wird in die Gelatine gelegt und bei 35 bis 40° C eine halbe Stunde darin gelassen. Danach gießt man die Gelatine mit dem Zahn in eine flache, vorher befeuchtete Schale. Man richtet den Zahn so, daß die Schnittfläche parallel zur Oberfläche der Gelatine zu liegen kommt. Dann läßt man die Gelatine steif werden. Wenn sie kalt ist, schneidet man einen kleinen Gelatinewürfel, der den Zahn enthält, heraus und legt ihn in ein Reagensglas mit 4proz. Formalinlösung. Darin bleibt er 24 Stunden lang zum Härten.

Schneiden und Aufkleben der Schnitte. Die Objektträger werden sorgfältig mit Seife und heißem Wasser gewaschen. Eine Seite wird mit einer dünnen Schicht KAISERS Glyceringelatine überzogen.

Dazu werden 40 g Gelatine in 210 ccm Wasser 2 Stunden lang eingeweicht, dann mit 250 ccm Glycerin und 5 g Carbolsäure 10 bis 15 Minuten lang erwärmt. Die Lösung wird bei 54° C filtriert. Beim Abkühlen geliert sie. Vor dem Gebrauch wird sie auf einem Wasserbad erwärmt, bis sie wieder flüssig ist, und eine kleine Menge wird mit einem Glasstab auf dem Objektträger zu einer dünnen Schicht ausgestrichen. Man läßt die Objektträger 3 Stunden stehen, damit die Schicht wieder steif wird.

Der Gelatineblock mit dem Zahn kommt aus der Formaldehydlösung für eine halbe Stunde in Wasser. Von dem Zahn werden 15 μ dicke Gefrierschnitte gemacht. Man fängt die Schnitte in einer Schale mit Wasser auf und klebt 6 bis 8 davon mit Hilfe einer Glasnadel auf die vorbereiteten Objektträger. Ein Stück Papier, beiderseits von 2- bis 3fach gefaltetem Papier unterstützt, wird über die Schnitte gelegt, dann mit einer dicken Papierschicht bedeckt und fest angepreßt. Wenn man das Papier fortnimmt, sind die Schnitte in die dünne Gelatineschicht auf dem Objektträger eingebettet und bleiben darauf haften.

Färbung. Es werden zweierlei Färbungen gebraucht:

1. HANSENS *Hämatoxylin und Eosin.* Zur Herstellung von HANSENS Hämatoxylin werden 3 Lösungen bereitet:

a)	Hämatoxylinkrystalle	1 g
	Absoluter Alkohol	10 ccm
b)	Kali- (oder Ammonium-)Alaun .	20 g
	Destilliertes Wasser	200 ccm
c)	Kaliumpermanganat	1 g
	Destilliertes Wasser	16 ccm

Am nächsten Tage werden a) und b) gemischt und dann 3 ccm der Lösung c) zugesetzt. Die Flüssigkeit wird 1 Minute lang unter Umrühren gekocht, dann schnell gekühlt, indem man das Gefäß mit der Farblösung in kaltes Wasser stellt. Ein Objektträger mit den Schnitten wird 6 bis 8 Minuten in diese Lösung gestellt. Dann wird er unter fließendem Leitungswasser 10 Minuten gewässert und in destilliertem Wasser stehengelassen. Jetzt wird die überflüssige Gelatine abgewischt, denn später läßt sie sich nur schwer entfernen. Danach verfährt man wie folgt:

a) 1 bis 2 Minuten in 0,5proz. wässerige Eosinlösung.
b) $1^1/_2$ Minuten in 96proz. Alkohol.
c) $1^1/_2$ Minuten in frischem 96proz. Alkohol.
d) 3 Minuten in absolutem Alkohol.

e) 2 Minuten in Xylol.
f) 5 Minuten in frisches Xylol.
g) Einschließen in Canadabalsam.

2. HANSENS *Trioxyhämatin und Bindegewebsfärbung.*

Zur Herstellung von HANSENS Trioxyhämatin werden 2 Lösungen bereitet:

a)	Eisenalaun	10 g
	Destilliertes Wasser	150 ccm
b)	Hämatoxylin	1,5 g
	Warmes destilliertes Wasser . .	75 ccm

Lösung a) wird unter Umrühren in die Lösung b) gegossen. Die Mischung wird erhitzt und $^1/_2$ Minute gekocht. Nach dem Abkühlen ist die Lösung dunkelbraun und enthält etwas Niederschlag. Vor dem Gebrauch muß sie filtriert werden.

Ein anderer Objektträger mit den Schnitten wird 1 Stunde lang in diese Lösung gestellt und dann 10 Minuten unter fließendem Leitungswasser gewässert. Die überflüssige Gelatine wird abgewischt und der Objektträger in destilliertes Wasser gestellt.

Die Gegenfärbung geschieht folgendermaßen:

100 ccm gesättigte wässerige Pikrinsäurelösung werden mit 5 ccm 2proz. wässeriger Säurefuchsinlösung gemischt. Diese Mischung kann man als Vorratslösung aufbewahren. Vor dem Gebrauch werden zu 20 ccm 7 Tropfen 1proz. Essigsäure gefügt.

Das Präparat bleibt 30 bis 40 Minuten in dieser Farblösung, wird dann in angesäuertem Wasser (30 ccm destilliertes Wasser und 20 Tropfen 1proz. Essigsäure) wenige Sekunden abgespült. Die Schnitte werden in Alkohol entwässert, in Xylol aufgehellt und in Canadabalsam eingeschlossen.

Untersuchung der Zähne. Um einen Anhaltspunkt für den Grad der Skorbuterkrankung bei jedem Tier zu gewinnen, wurde eine Skala angegeben, in der die Zahlen 0 bis 4 die Stadien von schwerstem Skorbut bis zu vollkommener Schutzwirkung umfassen. Die Tafeln, Abb. 54, zeigen das charakteristische Bild des quergeschnittenen Schneidezahnes in jedem Stadium.

1. *Gruppe 0, schwerster Skorbut.* Die Odontoblasten sind ganz disorganisiert. Die innere Dentinschicht ist breit und beträgt ungefähr ein Drittel der äußeren, sie ragt in die Pulpa hinein und umschließt manchmal kleine Pulpaabschnitte. Das Prädentin ist amorph verkalkt, und die TOMESschen Kanäle befinden sich nur im äußeren Dentin.

2. *Gruppe I.* Die Odontoblasten sind an manchen Stellen disorganisiert, an anderen sind sie kurz und parallel und nur in der Nähe der Pulpa disorganisiert. Das innere Dentin ist schmäler als in Gruppe 0, ist aber in der Nähe der Odontoblasten unregelmäßig. Es hat keine langen Fortsätze in der Pulpa. Das Prädentin ist verkalkt. Bei manchen Tieren dieser Gruppe kommen die TOMESschen Kanäle nur im äußeren Dentin vor, während man sie bei anderen auch im inneren Dentin findet.

3. *Gruppe II.* Alle Odontoblasten sind parallel, aber kurz und in der Nähe der Pulpa disorganisiert. Das innere Dentin ist schmal und gleichmäßig, das Prädentin ist zum Teil oder ganz verkalkt und im inneren Dentin sind einige TOMESsche Kanäle.

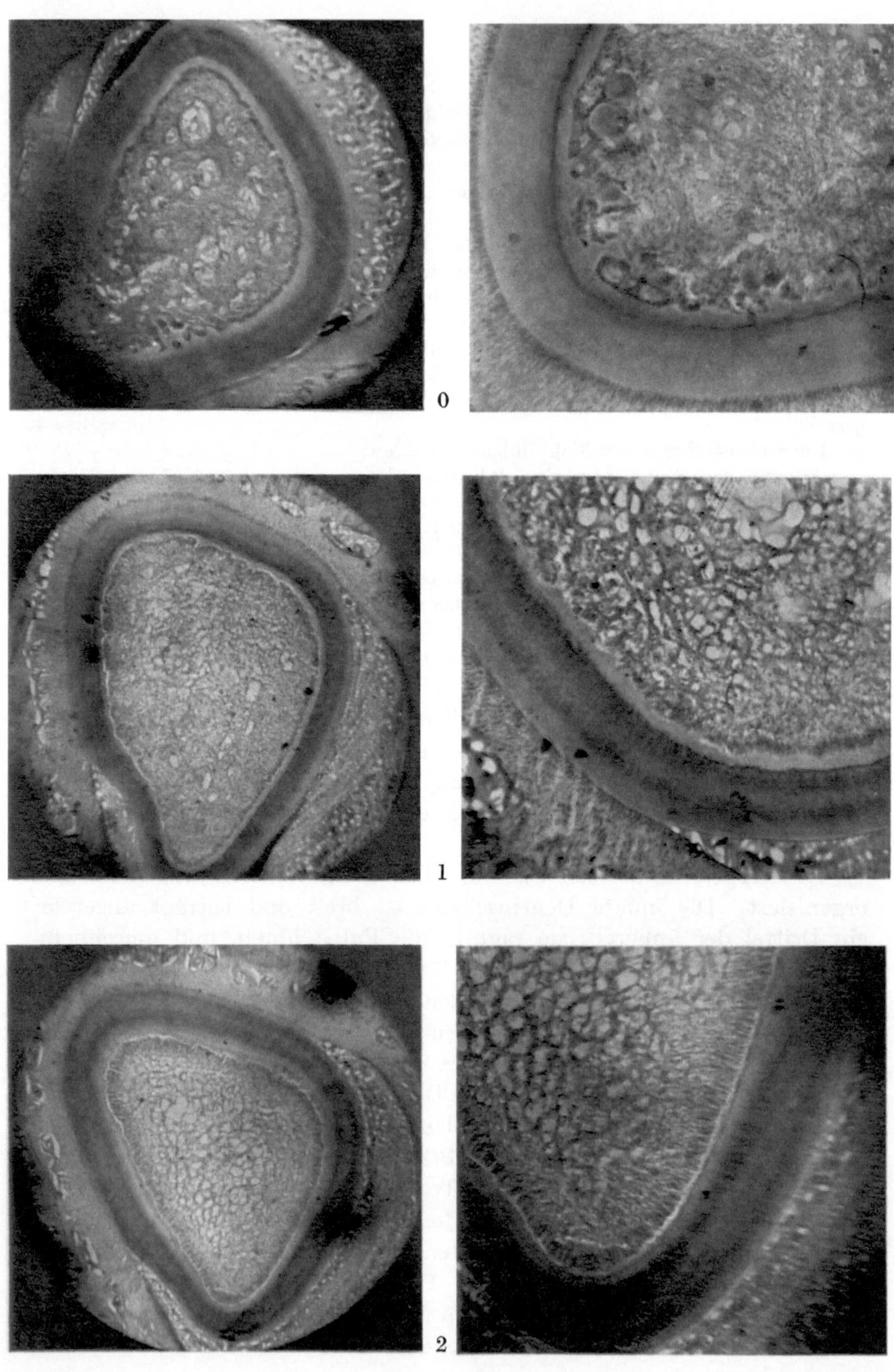
0
1
2

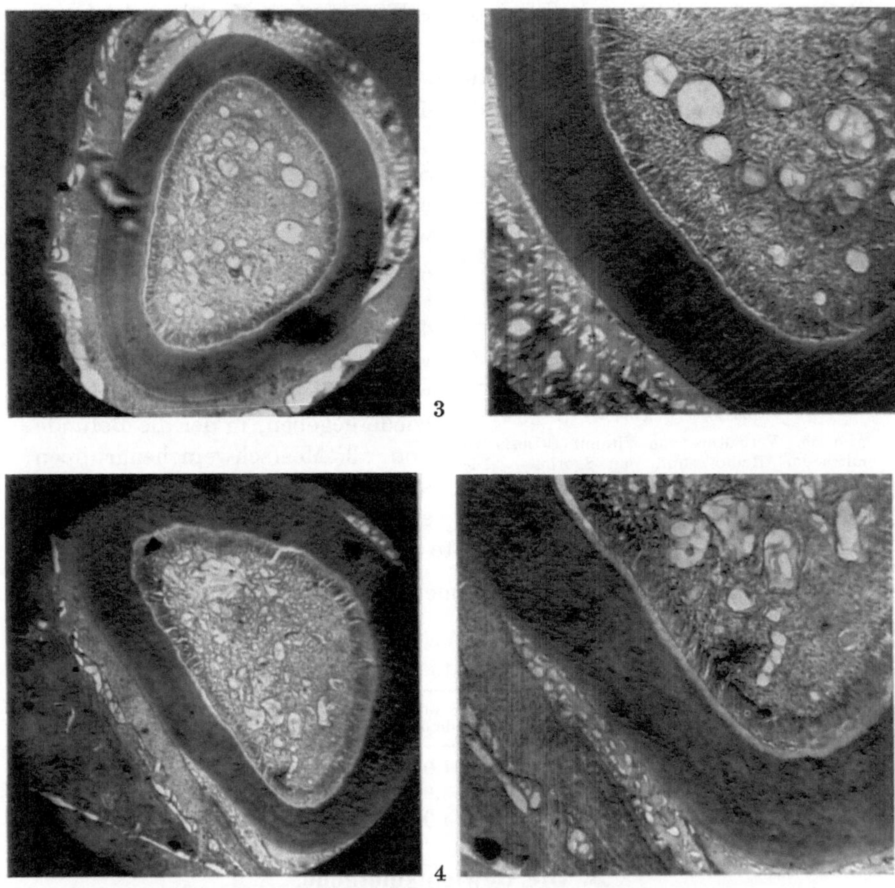

Abb. 54. Schneidezahnschnitte von Meerschweinchen mit verschiedenen Skorbutstadien. 0 ist schwerster Skorbut, 4 ist normal. (KEY und ELPHICK.)

4. *Gruppe III.* Die Tiere dieser Gruppe haben nur einen ganz leichten Skorbut. Vitamin C-Mangel in der Kost beeinflußt zuerst die Odontoblastenschicht des Zahnes. Die normalerweise langen, parallelen Zellen lösen sich nach der Pulpa hin auf, bleiben allerdings lang und parallel geformt. Zähne mit solchen Odontoblasten kommen unter diese Gruppe, auch wenn sie keine innere Dentinschicht haben und die TOMESschen Kanäle und das Prädentin normal sind. Die Anwesenheit einer schmalen inneren Dentinschicht und eine geringe Unordnung der Odontoblasten genügt für die Einordnung sonst normaler Zähne in diese Gruppe.

5. *Gruppe IV.* Die Zähne dieser Gruppe sind normal. Die Odontoblasten sind lang und parallel. Es besteht kein inneres Dentin. Das

Prädentin ist nicht verkalkt und die Tomesschen Kanäle gehen von den Odontoblasten durch das Dentin hindurch.

Verhältnis von Dosis zu Wirkung. Hat man die Zahnschnitte der Meerschweinchen untersucht und bei allen Tieren eine Zahl für den Grad der Schutzwirkung gegen Skorbut gefunden, so berechnet man den Mittelwert der Schutzwirkung für jede Gruppe. Abb. 55 zeigt die relative Wirksamkeit verschiedener Vitamin C-Dosen, die den Tieren verschiedene Grade von Schutz verleihen. Ein Auswertungsbeispiel ist in Tabelle 54 wiedergegeben, in der die Befunde von 3 Meerschweinchengruppen aufgestellt sind. Die erste Gruppe erhielt kein Vitamin C, die zweite 1,25 ccm Citronensaft, und die dritte 20 Einheiten des Standards.

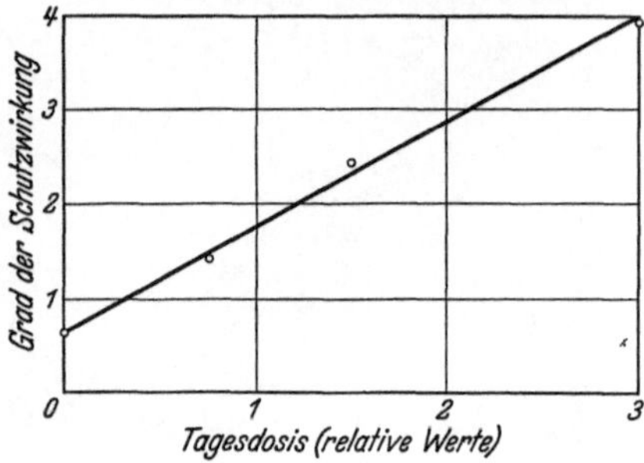

Abb. 55. Verhältnis von Vitamin C-Dosis zu mittlerem Heilungsgrad des Skorbuts. Die Abszisse stellt nur das Größenverhältnis, nicht die gegebene Dosis dar. (Key und Elphick.)

Also enthielten 1,25 ccm Citronensaft $= \frac{2,3}{1,14} \cdot 20$ Einheiten, oder 1 ccm Citronensaft = 32 Einheiten.

Tabelle 54.

Tägliche Dosis	Anzahl Tiere	Grad der Schutzwirkung an jedem Tier	Mittlere Schutzwirkung	Entsprechende Abszisse
Unbehandelt	5	0,5 0,5 1,0 0,5 1,0	0,7	0,08
20 Einheiten	5	1,0 0,5 3,0 3,5 1,5	1,9	1,14
1,25 ccm Citronensaft	5	1,5 2,5 4,0 4,0 4,0	3,2	2,30

B. Die Gewichtsmethode.

(Coward und Kassner, 1936.)

250 g schwere Meerschweinchen werden mit der bei der Zahnmethode beschriebenen Kost gefüttert. Sie werden in Gruppen zu 6 Tieren vom selben Gesamtgewicht verteilt und erhalten verschiedene Vitamin C-Dosen. Die Tiere werden 6 Wochen lang zweimal wöchentlich gewogen und die mittlere Gewichtsänderung jeder Gruppe wird am Ende dieser Zeit berechnet. Mit verschiedenen Dosen Ascorbinsäure wurden die in Tabelle 55 gezeigten Befunde erzielt.

Die Werte in der letzten Spalte der Tabelle 55 für die durchschnittlichen Gewichtsänderungen in 6 Wochen schließen die Tiere, die während des Versuches starben, nicht ein. Tatsächlich starben nur 4 Meerschweinchen, die die Dosis 0,125 mg Ascorbinsäure bekamen. Wenn man die Beziehung der Werte in der Tabelle 55 zum Logarithmus der Dosis graphisch darstellt, liegen sie nicht auf einer geraden Linie (siehe

Tabelle 55.

Tägliche Dosis Ascorbinsäure mg	Anzahl Tiere in einer Gruppe	Durchschnittliches Anfangsgewicht (g)	Durchschnittliche Änderung in 6 Wochen (g)
0,125	10	245,3	−37,3
0,25	10	243,6	+33,0
0,5	10	242,1	+62,8
1,0	6	250,7	+71,2
2,0	6	239,8	+84,2

Abb. 56). Dies ist also eine Ausnahme der allgemeinen Regel, daß die Wirkung eines Präparates im linearen Verhältnis zum Logarithmus der Dosis steht. Nimmt man aber nur die positiven Gewichtsänderungen, so erhält man fast eine gerade Linie.

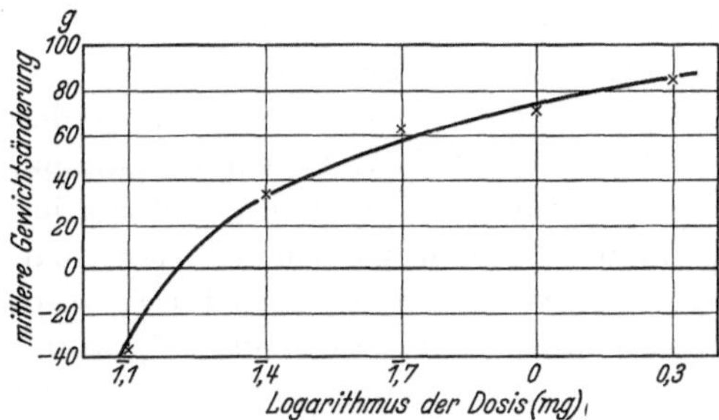

Abb. 56. Beziehung zwischen dem Logarithmus der Vitamin C-Dosis und dem durchschnittlichen Wachstum von Meerschweinchengruppen. (COWARD und KASSNER.)

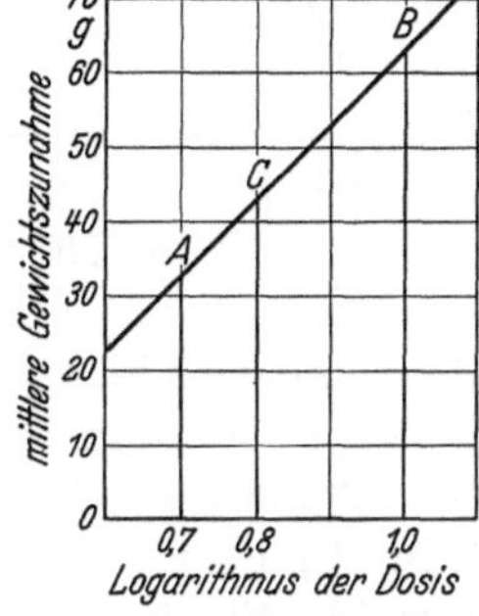

Abb. 57. A und B stellen die durchschnittlichen Wachstumseffekte an Meerschweinchen von zwei Vitamin C-Standarddosen dar (als Logarithmus ausgedrückt). C ist der Durchschnittseffekt des unbekannten Präparates. Die Abszisse von C ist der Logarithmus der Standarddosis, der die Dosis des unbekannten Präparates entspricht.

Es ist empfehlenswert, für einen Vergleich 3 (oder 4) Gruppen zu 6 Meerschweinchen zu nehmen, zweien Ascorbinsäure und einer (oder zwei) das unbekannte Präparat zu geben. Die Gewichtsänderungen in 6 Wochen werden graphisch als Ordinaten dargestellt und der Logarithmus der Standarddosen als Abszissen. In einem Versuch bewirkten 5 Einheiten des Standards eine mittlere Gewichtszunahme von 33 g und 10 Einheiten eine Zunahme von 62,8 g. Das unbekannte Präparat war ein Fruchtsaft, von dem täglich 1 ccm gegeben wurde, was eine mittlere Gewichtszunahme von 43,2 g bewirkte. In Abb. 57 verbindet die Linie AB die mit dem Standard gewonnenen Punkte. Der Punkt auf der Linie, dessen Ordinate 43,2 ist, hat die Abszisse 0,8. Dies ist der Logarithmus von 6,3. Also enthält 1 ccm des untersuchten Fruchtsaftes 6,3 Wirksamkeitseinheiten.

Literatur.

COWARD and KASSNER, Biochemic. J. **30**, 1719 (1936).
KEY and ELPHICK, Biochemic. J. **25**, 888 (1931).

Kapitel XV.

Vitamin D.

Der internationale Standard. Auf einer Konferenz, die 1931 in London stattfand, wurde beschlossen, daß der internationale Standard für Vitamin D eine Lösung von bestrahltem Ergosterin in Olivenöl sein sollte, die im National Institute for Medical Research, London, hergestellt war. Bei einer zweiten Konferenz 1934 kam man überein, daß diese Lösung als internationaler Standard beibehalten werden sollte und, sobald der Vorrat erschöpft wäre, sie durch eine ebenso starke Lösung reinen krystallinischen Vitamins D in Olivenöl (0,025 Mikrogramm [0,025 γ] in 1 mg Lösungsmittel) ersetzt werden sollte. (Krystallinisches Vitamin D ist Calciferol oder Vitamin D_2, $C_{23}H_{43}OH$.)

Die Standardlösung wird in Flaschen aus braunem Glas, die mit 10 ccm der Lösung ganz gefüllt sind, verteilt. Die Flaschen werden unterhalb 0° C im National Institute for Medical Research, London, aufbewahrt. Die Standardlösung soll immer unterhalb 0° C aufbewahrt werden, und sobald man Verdünnungen davon machen will, läßt man sie so lange bei Zimmertemperatur stehen, bis sie von selbst flüssig wird.

Die Einheit. Die internationale Einheit ist die Vitamin D-Wirksamkeit in 1 mg der internationalen Standardlösung von bestrahltem Ergosterin. Sie ist der Wirksamkeit in 0,025 Mikrogramm (0,025 γ) krystallinischen Vitamins D gleichwertig.

Auf der internationalen Konferenz wurde die Ansicht vertreten, daß Vergleiche von unbekannten Präparaten mit dem internationalen Standard immer an Ratten gemacht werden sollten und daß, wenn der Vergleich an einer anderen Tierart gemacht wird, die Wirksamkeit nicht in internationalen Einheiten auszudrücken wäre.

Auswertungsmethoden.

Auswertungen Vitamin D-haltiger Präparate an Ratten werden in dreierlei Weise gemacht: mit dem „Knochenlinientest", mit Röntgenaufnahmen und mit der Bestimmung der Knochenasche. An Hühnern macht man die Auswertung entweder durch die Bestimmung der Knochenasche oder durch Röntgenstrahlen.

A. Der Knochenlinientest.

(McCollum, Simmonds, Shipley und Park, 1921.)

Vorbereitung der Ratten. Gibt man jungen Ratten eine Rachitis bewirkende Kost, so werden sie dennoch nicht immer rachitisch. Um die Entwicklung der Rachitis zu gewährleisten, muß man die Zuchttiere mehrere Generationen lang in einem Zimmer mit sehr wenig Tageslicht halten und sie mit einer einheitlichen Grundkost füttern. Die von COWARD mit Erfolg verwandte Kost ist auf S. 143 (siehe COWARD, CAMBDEN und LEE, 1932) angeführt.

Man nimmt junge Ratten aus der Zucht, sobald sie 50 bis 60 g wiegen, und gibt ihnen 3 Wochen lang die folgende Rachitis bewirkende Kost:

Mais, gemahlen . . .	76%
Weizenklebermehl . .	20%
Calciumcarbonat . .	3%
Natriumchlorid . . .	1%

Das Verhältnis von Calcium zu Phosphor in dieser Kost ist 4 zu 1. Die Ratten werden jede Woche gewogen, denn diejenigen, die nicht wachsen, können nicht zum Versuch gebraucht werden. Nach der dreiwöchigen Vorbereitungsperiode beginnt der Versuch, der meistens 10 Tage dauert, von manchen Autoren aber auf 5 Tage abgekürzt wird. Die Ratten erhalten während des Versuches dieselbe Mangelkost. In Versuchen, die von DYER (1931) veröffentlicht wurden, war das Anfangsgewicht der Ratten zu Beginn der Vorbereitungsperiode durchschnittlich 54,5 g, zu Beginn der Versuchsperiode 73 g und am Ende 81,1 g.

Wirkung auf die Ratten. Das Vitamin D wird täglich oder als einmalige Dosis verabreicht, wirkt also während der ganzen Versuchsperiode. Danach werden die Ratten getötet und ihre Vorderbeine 1 ccm oberhalb des Fußgelenkes abgeschnitten. Die distalen Enden der Radii und Ulnae werden vom umgebenden Gewebe gesäubert und in 4proz. Formalin eingelegt. Nach 24 Stunden werden die Knochen in destilliertem Wasser abgewaschen und Radius und Ulna eines Beines voneinandergetrennt. Parallel zu diesem Trennungsschnitt wird jeder Knochen in der Längsrichtung durchschnitten. Man legt die Knochenschnitte dann mit den Schnittflächen nach oben in 1,5proz. Silbernitratlösung und bringt sie nach ungefähr 3 Minuten in kleine flache Porzellanschalen mit destilliertem Wasser. Werden die Knochen dem Licht ausgesetzt, so werden sie schwarz, weil sich kolloidales Silber an den verkalkten Teilen niederschlägt.

Abb. 58 zeigt in dieser Weise behandelte Knochen. Links sind die Knochen rachitischer Ratten, die während der Versuchsperiode kein Vitamin D bekommen hatten. Diese haben einen breiten unverkalkten Epiphysenbereich. Rechts sind die Knochen von Ratten, die eine große Dosis Vitamin D erhielten und bei denen infolgedessen die Verkalkung normal ist. In der oberen Reihe der Abb. 58 sind die Radii abgebildet, in der unteren die entsprechenden Ulnae. Die 7 Paare stellen verschiedene Stadien dar, die man zwischen den beiden Extremen unterscheiden kann, und die mit den Nummern 0 bis 6 versehen sind, um den Zustand jedes Knochens zu bezeichnen. DYER, sowie später KEY und MORGAN (1932) untersuchten die Durchschnittswirkung verschiedener

Dosen bestrahlten Ergosterins auf Rattengruppen, wobei sie das Präparat benutzten, das 1931 der britische Standard war. Die Wirkung des Vitamins D auf die Rattenknochen wurde bestimmt, indem die Knochen mit denen in Abb. 58 verglichen und die Nummer des ähnlichsten

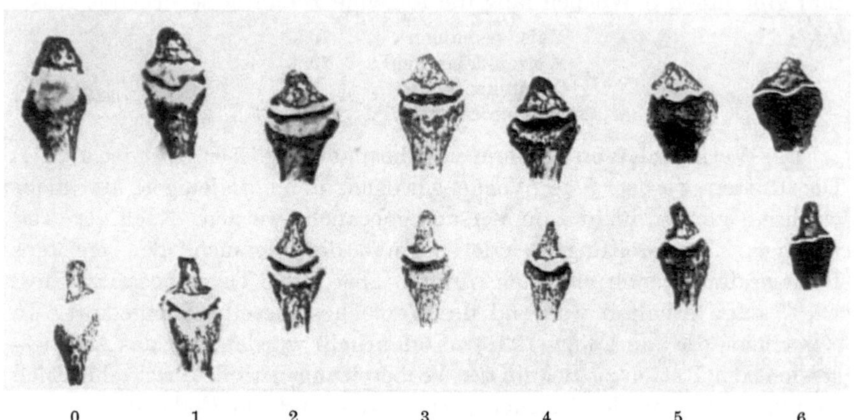

Abb. 58. Verschiedene Heilungsstadien von Rachitis an den Radii und Ulnae von Ratten. 0 ist schwerste Rachitis, 6 ist völlig geheilte Rachitis. (DYER.)

Knochens als Maß der Heilung genommen wurde. Die Befunde sind in Abb. 59 dargestellt, in der die Vitamin D-Dosis zu dem mittleren Heilungsgrad in Beziehung gesetzt wurde. 3 Kurven wurden konstruiert.

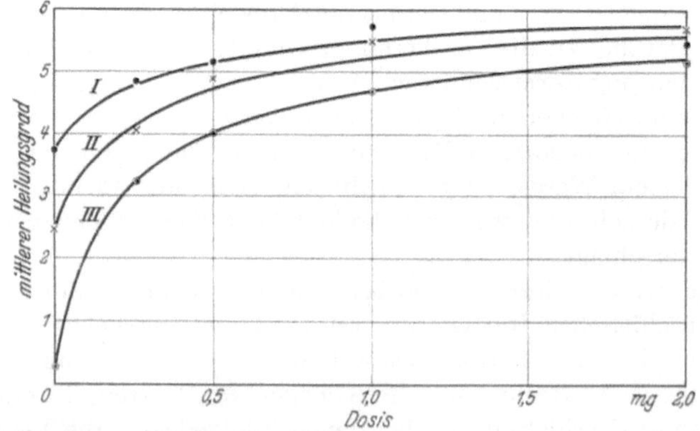

Abb. 59. Verhältnis von Vitamin D-Standarddosis zu mittlerem Heilungsgrad der Rachitis. *I* = leichte, *II* = mittelschwere, *III* = schwere Rachitis. (KEY und MORGAN.)

Kurve *3* umfaßt alle Ratten mit schwerer Rachitis (aus 17 Würfen). Kurve *2* umfaßt 4 Würfe mit mittelschwerer Rachitis, und Kurve *1* die Ergebnisse von 10 Würfen mit nur leichter Rachitis. Aus der Abb. 59 sieht man sofort, daß man, um die Ergebnisse erfolgreich auswerten zu können, Ratten mit einer schweren Rachitis haben muß, denn bei einer Kurve, die so flach ist wie Kurve *1*, wird der Fehler der Methode sehr groß.

Dosierung. Man kann das Vitamin D entweder täglich oder aber als einmalige Dosis zu Beginn der Versuchsperiode geben. Coward und Key (1934) haben gezeigt, daß sowohl bestrahltes Ergosterin als auch Lebertran dieselbe durchschnittliche Heilwirkung ausübten, wenn die Dosis 10 Tage lang täglich oder die Gesamtdosis am ersten Tage gegeben wurde. Die Gesamtdosis des Standards ist ungefähr 5 Einheiten, und die Gesamtdosis einer Lebertranprobe ist ungefähr 50 mg, was natürlich von der Wirksamkeit des Lebertrans abhängt. Da die Einheit die in 1 mg des internationalen Standards vorhandene Wirksamkeit ist, enthalten 5 mg 5 Einheiten. Jede Ratte bekommt nicht weniger als einen Tropfen, der 20 mg wiegt. (Tropfen dieser Größe werden mit einer speziell kalibrierten Pipette verabreicht.) Deshalb muß die Standardlösung viermal mit Olivenöl verdünnt werden. Man macht die Verdünnung nach Gewicht und fügt zu 1 g Standard 3 g Olivenöl. Jeder Ratte in der Gruppe, die den Standard erhält, muß eine Ratte desselben Wurfes in der Gruppe, die das unbekannte Präparat erhält, entsprechen. Das Geschlecht der Ratten bleibt unberücksichtigt.

Auswertungsbeispiel. Die Ergebnisse eines Vergleiches eines Lebertrans mit dem Standard sind in Tabelle 56 aufgestellt. 4 Rattenwürfe

Tabelle 56.

Dosis	Rattenwurf	Numerischer Ausdruck für die bei jeder Ratte bewirkte Heilung	Durchschnittliche Heilung
50 mg Lebertran	A	3,0	2,10
50 mg „	A	2,5	
50 mg „	A	2,0	
50 mg „	B	1,0	
50 mg „	B	1,5	
50 mg „	C	2,0	
50 mg „	C	3,5	
50 mg „	D	2,5	
50 mg „	D	1,5	
50 mg „	D	1,5	
5 Einheiten Standard	A	3,0	2,25
5 „ „	A	3,0	
5 „ „	A	2,5	
5 „ „	B	1,5	
5 „ „	B	1,5	
5 „ „	C	2,0	
5 „ „	C	3,5	
5 „ „	D	1,0	
5 „ „	D	2,5	
5 „ „	D	2,0	

wurden gleichmäßig auf die Lebertran- und die Standardgruppe verteilt. Die Werte für die Heilwirkung wurden durch Vergleich der Knochen mit denen in Abb. 58 ermittelt. Die durchschnittliche, durch den Lebertran bewirkte Heilung war 2,1, durch den Standard 2,25. Die Betrachtung der Kurve *3* in Abb. 59 ergab, daß dem Verhältnis 2,1 zu 2,25 das Dosenverhältnis 0,146 zu 0,161 entsprach. Also enthalten 50 g Lebertran $= \frac{0,146}{0,161} \cdot 5$ Einheiten, und 1 g Lebertran enthält 90 Einheiten.

Viele Versuche haben gezeigt, daß die Neigung der Kurve sich je nach dem Grad der Rachitis ändert, und deshalb sollte man die Kurve nicht benutzen, wenn die durchschnittliche Heilung bei den beiden Gruppen sehr verschieden ist. Man muß dann mit anderen Dosen den Versuch wiederholen. Man kann auch die Verwendung der Kurve dadurch vermeiden, daß man 3 statt 2 Rattengruppen nimmt. Zweien gibt man den Standard, und zwar der einen Gruppe die doppelte Dosis der anderen. Die dritte Gruppe erhält das unbekannte Präparat, wobei man versucht, die Dosis so zu wählen, daß der dadurch bewirkte Heilungsgrad gerade zwischen den durch den Standard bewirkten Heilungsgraden liegt. Bei der Berechnung der Ergebnisse setzt man voraus, daß die Heilung dem Logarithmus der Dosis direkt proportional ist und macht die Berechnung am einfachsten auf Grund einer graphischen Darstellung (s. S. 16, Kapitel II).

B. Die Röntgenmethode.

Die Röntgenmethode ist im Prinzip ähnlich wie der Knochenlinientest, nur wird die Vitamin D-Wirkung mit Hilfe von Röntgenaufnahmen festgestellt. Auch macht die Verwendung der Röntgenstrahlen es möglich, die Ratten schon am Ende der Vorbereitungszeit darauf zu untersuchen, ob sie rachitisch sind, bevor sie in den Versuch kommen. In einer seit langem bestehenden Rattenzucht ist am Ende der Vorbereitungsperiode meistens jede Ratte schwer rachitisch, aber wenn die Zucht nicht mehr als 2 bis 3 Jahre alt ist, ist die Entwicklung der Rachitis manchmal unregelmäßig. In solchen Fällen ist die Röntgendurchleuchtung zur Auswahl der Ratten für den Versuch sehr wertvoll und verringert die Fehlerquelle. Außerdem ist die Röntgenmethode, wenn auch teurer, etwas genauer als der Knochenlinientest. Bourdillon, Bruce, Fischmann und Webster (1931) haben eine wertvolle Monographie über die Röntgenmethode veröffentlicht.

Berechnung des Ergebnisses. Bourdillon und Mitarbeiter zeigen eine Reihe von Photographien der verschiedenen Heilungsstadien der Rachitis am Ende der Versuchsperiode; sie sind in Abb. 60 wiedergegeben. Nr. 1 zeigt den geringsten eben wahrnehmbaren Heilungsgrad und Nr. 12 vollkommene Heilung. Die Nummern der Photographien nennt man Stufenwerte. Die Vorbereitung der Ratten erfolgt genau wie

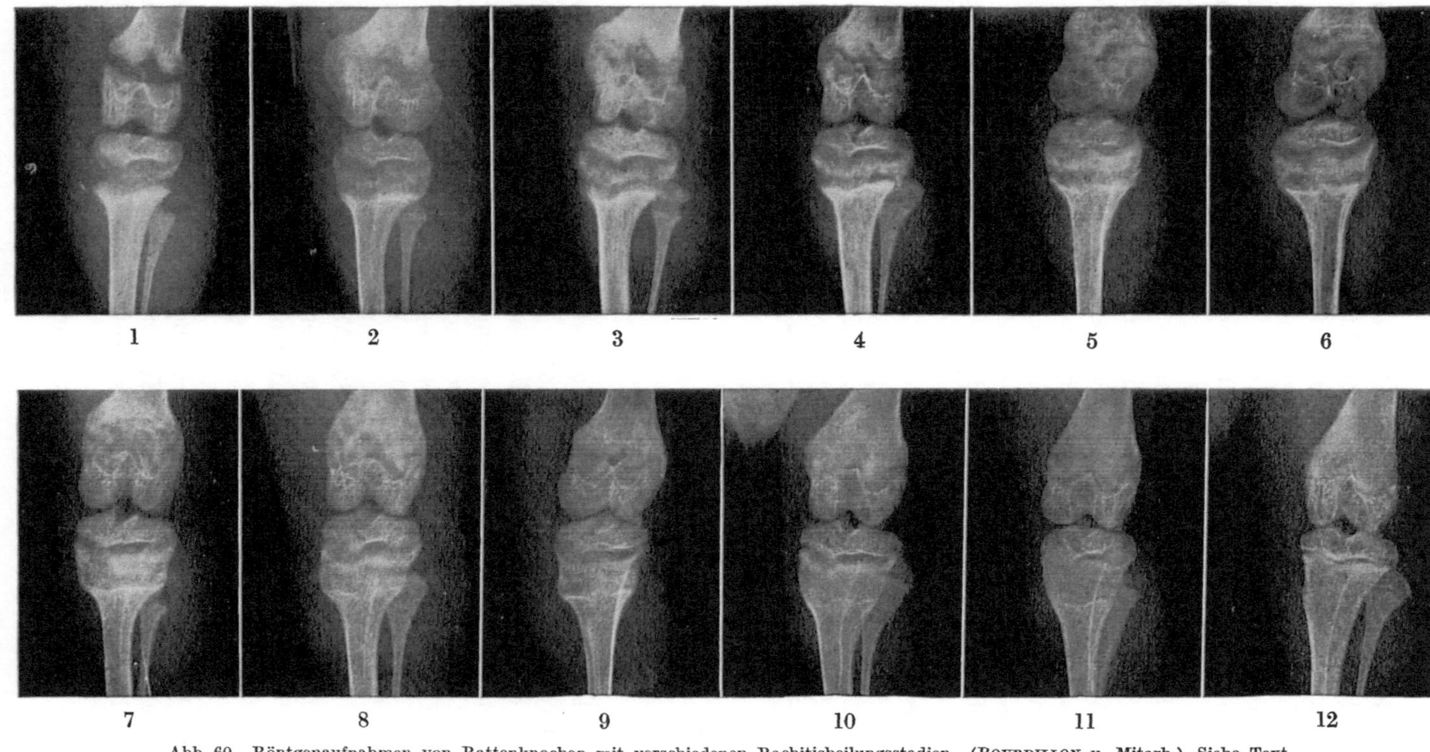

Abb. 60. Röntgenaufnahmen von Rattenknochen mit verschiedenen Rachitisheilungsstadien. (BOURDILLON u. Mitarb.) Siehe Text.

für den Knochentest, und am Ende der Vorbereitungszeit werden täglich 10 Tage lang Vitamin D-Dosen verabreicht. Danach werden die Röntgenphotographien der Knochen mit den Bildern in Abb. 60 verglichen und der Stufenwert für jede Ratte verzeichnet.

Als Beispiel diene der Vergleich eines Lebertrans mit dem Standard, bei dem die Lebertrandosen auf Grund der Voraussetzung gewählt wurden, daß 1 g 100 Einheiten enthielt. Eigentlich müßten 10 Ratten für den Standard und 10 Ratten für das unbekannte Präparat benutzt werden, in diesem Beispiel wurden aber nur je 4 Ratten verwendet. Man braucht nicht allen Ratten dieselbe Standarddosis, sondern kann jeder Ratte eine andere Dosis geben. Dann muß aber jeder Ratte, die den Standard erhält, eine Ratte desselben Wurfes entsprechen, die eine Dosis des unbekannten Präparates erhält, von der man annimmt, daß sie dieselbe Wirkung hat. Wenn z. B. eine Ratte 1 Einheit des Standards bekam, so bekommt eine Ratte desselben Wurfes 0,01 g Lebertran. Die Ergebnisse sind in Tabelle 57 aufgestellt.

Tabelle 57.

Standarddosis Einheiten	Lebertrandosis mg	Stufenwert für den Standard	Stufenwert für den Lebertran	Differenz
1,5	15,0	8,0	6,5	−1,5
0,75	7,5	6,5	4,5	−2
0,375	3,75	3,5	2,0	−1,5
0,187	1,87	1,0	1,0	0
			Summe	−5
			Mittelwert	−1,25

Die Differenz der Stufenwerte für jedes Rattenpaar wird bestimmt und daraus der Mittelwert berechnet. BOURDILLON und Mitarbeiter fanden, daß eine Zunahme des Stufenwertes um 2 durch Verdoppelung der Dosis bewirkt wurde, d. h. eine Zunahme des Stufenwertes um 2 entsprach einer Vergrößerung der Dosis um den Logarithmus von 2, der 0,301 ist. Infolgedessen entspricht die Differenz des Stufenwertes —1,25 einer Verminderung der Dosis um $\frac{0,301 \cdot (-1,25)}{2} = -0,1881 = \bar{1},8119$[1]. Dies ist der Logarithmus von 0,6485. Also enthielt der Lebertran nur 0,6485 der angenommenen Wirksamkeit, d. h. er enthielt ungefähr 65 (64,85) internationale Einheiten Vitamin D pro Gramm.

C. Die Bestimmung der Knochenasche.

Die Vitamin D-Auswertung durch Bestimmung der Knochenasche beruht auf der zuerst von CHICK, KORENSCHEVSKY und ROSCOE (1926) beschriebenen und später von HUME, PICKERSGILL und GAFFIKIN (1932)

[1] $\bar{1}$,8119 ist eine verkürzte Schreibweise für (0,8119 — 1).

ausgearbeiteten Methode. Junge, 40 g schwere Ratten werden 28 Tage lang mit der Rachitis bewirkenden Kost gefüttert und erhalten während dieser ganzen Zeit Vitamin D. Danach werden die Ratten getötet und die langen Extremitätenknochen fettextrahiert. Am fettfreien Knochen wird der Ascheprozentsatz bestimmt.

Man braucht 3 Gruppen zu 10 Ratten, in denen die Würfe so gleichmäßig wie möglich verteilt sind. 2 Gruppen erhalten Standarddosen, und die dritte Gruppe das unbekannte Präparat. Alle Tiere derselben Gruppe erhalten dieselbe Dosis. Die tägliche Standarddosis beträgt 0,1 bzw. 0,2 Einheiten, und die tägliche Dosis des unbekannten Präparates soll 0,15 Einheiten entsprechen.

Zur Aschebestimmung werden entweder Femur, Tibia oder Fibula der Hinterbeine oder Humerus und Femur genommen. Die Knochen werden gesäubert, durchgebrochen, getrocknet und dann mit Alkohol und Äther im Soxhlet-Apparat extrahiert. Die fettextrahierten getrockneten Knochen werden gewogen und dann in einem Tiegel erhitzt, bis nur die Asche übrigbleibt und weiteres Erhitzen das Gewicht nicht mehr verändert. Die endgültige Veraschung erfolgt in einem elektrischen Muffelofen. Das Ergebnis für jedes Tier wird durch den Ascheprozentsatz im trockenen fettextrahierten Knochen ausgedrückt.

Obgleich der Ascheprozentsatz verschiedener Ratten in einer Gruppe erheblichen Schwankungen unterliegt, ist die Konstanz des mittleren Prozentsatzes für 10 Ratten aus den in Tabelle 7 (s. S. 15) aufgestellten Ergebnissen ersichtlich. Man berechnet also den mittleren Ascheprozentsatz für die 3 Gruppen, stellt diejenigen für den Standard als Ordinaten und die Logarithmen der Dosen als Abszissen graphisch dar. Beide Punkte werden mit einer geraden Linie verbunden und der Wert für den mittleren Ascheprozentsatz der Gruppe, die das unbekannte Präparat erhielt, auf dieser Linie vermerkt. Die diesem Punkt entsprechende Abszisse ist der Logarithmus der Standarddosis, die der des unbekannten Präparates entspricht.

Die Auswertung von Vitamin D an Hühnern.

Massengale und Nussmeier (1930) haben gezeigt, daß das Wirksamkeitsverhältnis von Lebertran, verglichen mit bestrahltem Ergosterin, an Ratten anders ist als an Hühnern, daß nämlich der Lebertran auf die Hühner relativ stärker wirkt. Daraus hat man geschlossen, daß das im Lebertran enthaltene Vitamin etwas anderes ist als die wirksame Substanz des bestrahlten Ergosterins. Hierher gehört auch die Beobachtung von Bills, daß das Vitamin D im Thunfischlebertran anders als das im Dorschlebertran ist. Der Wert dieser Beobachtung hängt zum Teil davon ab, mit wie großer Genauigkeit ein solcher Vergleich an Hühnern gemacht werden kann, und bis jetzt war noch keine Methode so zuverlässig wie die Rattenmethode. MASSENGALE und BILLS (1936) haben eine Hühnermethode angegeben, bei der der Ascheprozentsatz in den Knochen bestimmt wird, und GRAB (1936) eine Röntgenmethode.

D. Die Bestimmung der Knochenasche an Küken.

Vorbereitung der Küken. Die Hühner sollen möglichst alle aus derselben Zucht stammen; weiße, einkämmige Leghorns sind geeignet. Die Zuchttiere erhalten ein Futter, das in 100 g 200 internationale Einheiten Vitamin D in Form von Lebertran enthält. Eben ausgeschlüpfte Küken werden in erwärmte, mit rotem Licht beleuchtete Ställe gesetzt und die ersten 48 Stunden nicht gefüttert. Vom dritten bis zum siebzehnten Tage erhalten sie folgendes Futter:

Mais, gemahlen	56 %	Trockenmagermilch	9 %
Weizenkleie	10 %	Calciumcarbonat	2 %
Leinsamenmehl	10 %	Natriumchlorid	1 %
Weizenkleber	10 %	Pflanzenöl	2 %

Das Pflanzenöl ist Mais- oder Baumwollsamenöl, in das dann während des Testes der zu prüfende Lebertran gegeben wird. Das Verhältnis Ca/P ist in dieser Kost 2 : 1, ist aber unwichtig, da Hühner ganz unabhängig davon bei Vitamin D-Mangel rachitisch werden. Man kann die Vorbereitung nach MASSENGALE und BILLS also so zusammenfassen, daß die Küken von reichlich mit Vitamin D gefütterten Hühnern die ersten 2 Wochen Vitamin D-frei ernährt werden.

Auswertung. Der Test dauert 28 Tage, während der die Küken mit derselben Kost mit Zulage von Lebertran oder bestrahltem Ergosterin gefüttert werden. Es befinden sich immer 5 Küken in einem Käfig in einem mäßig verdunkelten Zimmer bei 27° C. Das Vitamin D wird in das Futter gemischt. In dieser Beziehung könnte die Methode verbessert werden, denn es wird allgemein angenommen, daß es besser ist, jedem Vogel die Vitamindosis einzeln zu verabreichen. Nach 28 Tagen werden die Küken getötet und der Ascheprozentsatz in einem Femur wird bestimmt. Die Knochen werden frisch herauspräpariert, eine Minute in kochendes Wasser gelegt und von anhaftendem Gewebe gesäubert, wobei man den Knorpelüberzug der Gelenkenden schonen muß. Sie werden dann in 3 Stücke zerbrochen, 12 Stunden im Soxhlet-Apparat mit Alkohol und 12 Stunden mit Äther extrahiert. Danach werden die Knochen bis zur Gewichtskonstanz bei 100° C getrocknet und in einem elektrischen Muffelofen verascht. Die Asche wird gewogen und der Prozentsatz auf den getrockneten fettextrahierten Femur berechnet.

Zum Vergleich der relativen Wirksamkeit zweier Substanzen muß man 3 Kükengruppen benutzen. Nach MASSENGALE und BILLS soll jede Gruppe 10 Küken enthalten. 2 Kükengruppen bekommen den Standard, die eine die doppelte Dosis der anderen, und die dritte Gruppe das unbekannte Präparat. Die Berechnung des Resultats geschieht in derselben Weise wie für die Ratten.

Massengale und Bills haben eine Kurve für das Verhältnis von Ascheprozentsatz zu Lebertrandosis und eine andere für bestrahltes Ergosterin konstruiert. Die Lebertranmenge ist in internationalen Einheiten angegeben, die mit dem Knochenlinientest bestimmt waren. Der Lebertran enthielt 77 Einheiten pro Gramm, also entsprach eine Dosis von 9,5 Einheiten einer Menge von 0,123 g Lebertran in 100 g Futter. Die Hauptergebnisse sind in Tabelle 58 aufgestellt.

Tabelle 53. (Nach Massengale und Bills, 1936.)

Lebertrandosis (Einh. in 100 g Futter)	Mittlerer Ascheprozentsatz	Dosis von bestrahltem Ergosterin (Einh. in 100 g Futter)	Mittlerer Ascheprozentsatz
3	37,0	150	38,9
9,5	42,75	300	41,4
19,5	46,75	650	44,8
38	48,3	1250	46,0

Zur Bestimmung jedes Wertes für den mittleren Ascheprozentsatz wurden durchschnittlich 37 Küken gebraucht. Aus der Tabelle geht hervor, welch geringen Effekt eine große Steigerung der Dosis auf den Ascheprozentsatz hat. Eine Zunahme von 3 auf 9,5 Einheiten Lebertran, also auf über 300%, erhöhte den Ascheprozentsatz nur von 37,0 auf 42,75. Und die Steigerung von 9,5 auf 19,5 Einheiten, also auf 200%, bewirkte eine Erhöhung des Ascheprozentsatzes von 42,75 auf 46,75. Massengale und Bills sind der Ansicht, daß das Verhältnis von Dosis zu Wirkung ziemlich konstant sei und für Routineauswertungen verwendet werden könne. Da Hume und Mitarbeiter (1932) dies für Ratten nicht bestätigen konnten, ist es sicherer, bei jedem Test das Wirksamkeitsverhältnis zu bestimmen, indem man 2 Standarddosen zum Vergleich heranzieht.

E. Die Röntgenmethode an Küken.

Vorbereitung der Küken. Grab (1936) macht ähnliche Angaben wie die beim vorigen Test erwähnten. Die Hühner, deren Eier verwendet werden, sollen in ihrem Futter reichlich Vitamin D bekommen. Die Küken werden in den ersten 3 bis 5 Tagen mit zerschnittenen hartgekochten Eiern gefüttert, danach erhalten sie eine Vitamin D-freie Kost folgender Zusammensetzung:

Mais, gemahlen 58%
Weizen, gemahlen 24%
Extrahiertes Casein 12%
Calciumcarbonat 3%
Calciumphosphat 1%
Vitamin D-freier Hefeextrakt . . . 1%
0,05proz. Carotinlösung in Sesamöl 1%

Da Milch und Hefe nur sehr wenig Vitamin D enthalten, ist es vielleicht nicht nötig, sie zu extrahieren, wie GRAB angibt. Auch enthält der Mais wahrscheinlich genug Carotin, so daß sich die Zugabe von Carotin in Sesamöl erübrigt. GRAB fand aber, daß die Küken diese Kost gern, und zwar täglich 30 g, fraßen. Das Ca/P-Verhältnis ist 2,5 zu 1. Die Küken werden einzeln in Drahtkäfige gesetzt, der Futternapf wird außerhalb angebracht. Die Vorbereitungszeit dauert 8 Wochen, damit sich eine schwere Rachitis entwickeln kann.

Auswertung. 14 bis 17 Tage lang werden die Vitamin D-Dosen täglich mit der Schlundsonde gegeben, und zwar jede Dosis einer Gruppe von 10 Küken. Am Ende der Testperiode werden Röntgenaufnahmen der Kniegelenke gemacht und daraus ersehen, ob Rachitis vorliegt oder nicht. In Abb. 61 sind Photographien aus der Arbeit von GRAB reproduziert. GRAB berücksichtigte außerdem noch die klinischen Rachitissymptome bei jedem Küken und auch den makroskopischen pathologisch-anatomischen Befund. Die Dosen stiegen im Verhältnis 1 : 4 : 16 : 64 : 256 an, d. h. die Tagesdosen krystallinischen Vitamins D_2 (aus bestrahltem Ergosterin) waren 0,2 γ, 0,8 γ, 3,2 γ, 12,8 γ und 51,2 γ. Sogar die Dosis 51,2 γ heilte nicht sämtliche rachitischen Küken, während 0,8 γ schon manche zu heilen vermochte. Die beiden Dosen stehen zueinander im Verhältnis von 64 : 1, woraus hervorgeht, daß der Fehler der Bestimmung sehr groß ist, wenn man nicht sehr viele Küken pro Gruppe benutzt (s. S. 28 u. 34). GRABs Ausdruck für die Wirksamkeit eines Präparates war die Dosis, die 8 von 10 rachitischen Küken heilte. Diese Dosis verglich er mit der niedrigsten Heildosis für Ratten. Für krystallinisches Vitamin D_2 war bei einem Versuch, im Sommer, das Verhältnis von Rattendosis zu Kükendosis 1 : 32, bei einem anderen, im Winter, 1 : 100 bis 400.

a

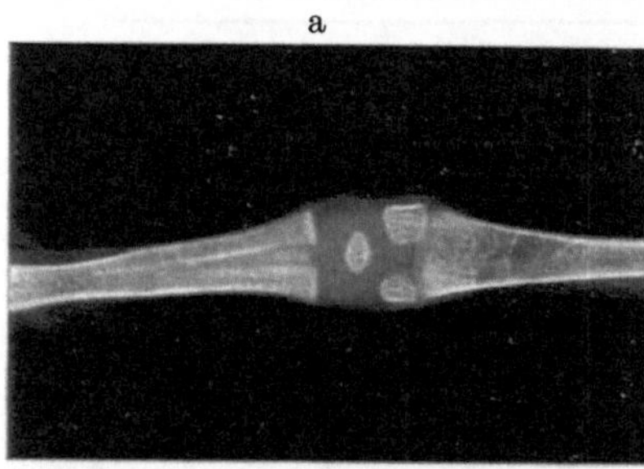

b

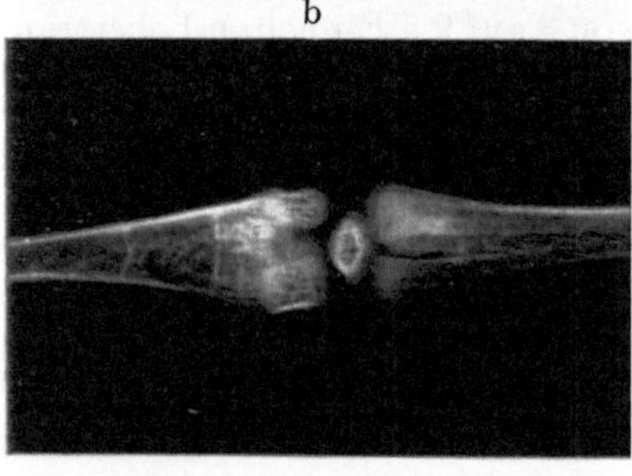

Abb. 61. Röntgenaufnahmen von Kükenknochen. a) schwerste Rachitis, b) geheilte Rachitis. (GRAB.)

Literatur.

BOURDILLON, BRUCE, FISCHMANN and WEBSTER, Med. Res. Coun., Spec. Rep. Ser., No. 158 (1931).

CHICK, KORENSCHEVSKY and ROSCOE, Biochemic. J. **20**, 622 (1926). — COWARD, CAMBDEN and LEE, Biochemic. J. **26**, 679 (1932). — COWARD and KEY, Biochemic. J. **28**, 870 (1934).

DYER, Quart. J. Pharm. Pharmacol. **4**, 503 (1931).

GRAB, Hoppe-Seylers Z. **243**, 63 (1936).

HUME, PICKERSGILL and GAFFIKIN, Biochemic. J. **26**, 488 (1932).

KEY and MORGAN, Biochemic. J. **26**, 196 (1932).

MCCOLLUM, SIMMONDS, SHIPLEY and PARK, J. of biol. Chem. **47**, 507 (1921). — MASSENGALE and BILLS, J. Nutrit. **12**, 429 (1936). — MASSENGALE and NUSSMEIER, J. of biol. Chem. **87**, 423 (1930).

Kapitel XVI.

Digitalis, Strophanthus und Scilla.

A. Digitalis.

Das Standardpräparat. Da der Digitalisstandard der erste Standard für eine andere Substanz als Immunserum war, hat die Entstehungsgeschichte einiges Interesse. Der Vorschlag, einen Standard herzustellen, stammt von MAGNUS, der ihn der Konferenz in Edinburgh unterbreitete, und auf Grund dieses Vorschlags wurde 1926 der erste internationale Standard von MAGNUS hergestellt. Das Präparat war ein Gemisch von 10 verschiedenen Proben pulverisierter Digitalisblätter, die alle bei einer Temperatur zwischen 55 bis 60° C getrocknet waren. Dies wurde in Utrecht in Ampullen abgefüllt, zugeschmolzen und im National Institute for Medical Research in London zur Verteilung bereit gehalten. Da das Gemisch aus 10 verschiedenen Proben zusammengesetzt war, war anzunehmen, daß die Wirksamkeit ungefähr der durchschnittlichen Digitaliswirksamkeit entsprach. Der Standard stand also jedem zur Verfügung, der ein unbekanntes Digitalisblatt damit vergleichen wollte, um festzustellen, wieweit es mit der durchschnittlichen Digitaliswirksamkeit übereinstimmte.

Die Einheit. Bei einer Konferenz in Frankfurt wurden 1928 die folgenden Anweisungen herausgegeben: „Wenn die Dosierung von Digitalis oder eines Digitalispräparates in Einheiten ausgedrückt wird, ist es ratsam, als Einheit für jedes Präparat in jedem Lande die internationale Einheit zu wählen, nämlich die spezifische Wirksamkeit, die in 0,1 g des internationalen Standards enthalten ist."

Das Standardpräparat von 1936. Im Jahre 1935 war der von MAGNUS hergestellte Standard beinahe aufgebraucht. Auf der Frankfurter Konferenz hatte man beschlossen, daß, wenn dieser Fall eintreten würde, BIJLSMA, MAGNUS' Nachfolger in Utrecht, den neuen Standard herstellen sollte. In der Zwischenzeit war aber ein britischer Standard hergestellt worden, und die Ständige Kommission für biologische Standardisierung hatte 1935 mit der Zustimmung von Bijlsma beschlossen, diesen als den neuen internationalen Standard anzunehmen unter dem Namen „Internationaler Standard 1936".

Das Ausgangsmaterial für den britischen Standard bestand aus neun verschiedenen Blattproben von *Digitalis purpurea*, das man von vier britischen und amerikanischen Pflanzern bezogen hatte. Man wußte, daß diese Blätter sofort nach der Ernte zwischen 55 bis 60° C in Trockenkammern getrocknet worden waren. Nachdem man die Proben gemischt hatte, wurde das Gemisch noch einmal in einem besonderen Apparat 24 Stunden lang zwischen 50 bis 58° C getrocknet und in einem Zimmer, das mit warmer trockener Luft gefüllt war, auf Ampullen verteilt. Diese Ampullen wurden 6 Tage lang in einer Unterdruckkammer über $CaCl_2$ zwischen 30 bis 35° C aufbewahrt, bevor sie zugeschmolzen wurden. Man fand, daß der Wassergehalt ungefähr 3% betrug, was mit den Vorschriften der Frankfurter Konferenz übereinstimmte.

Die Wirksamkeit des Standards von 1936. Der so hergestellte britische Standard wurde mit dem internationalen Standard von 1926 verglichen, und zwar in drei britischen und einem holländischen Laboratorium sowohl mit der Frosch- als auch mit der Katzenmethode. Der britische Standard wurde stärker befunden, und zwar lagen die Werte der Froschmethode relativ höher als die der Katzenmethode. Während man die Wirksamkeit mit der Froschmethode 1,4 mal so groß fand, war sie mit der Katzenmethode nur 1,16 mal so groß wie die des internationalen Standards von 1926.

Da nun dieser britische Standard als internationaler Standard von 1936 übernommen worden ist, hat seine Wirkungsstärke in bezug auf den bisherigen internationalen Standard von 1926 große praktische Bedeutung. Das National Institute for Medical Research, London, gibt an, daß der neue Standard 1,25 mal so stark ist wie der alte, ohne Rücksicht auf die angewandte Vergleichsmethode. Wenn man von diesen Angaben ausgeht, dann ist eine Einheit, die früher die Wirksamkeit in 0,1 g des Standards von 1926 war, jetzt die in 0,08 g des internationalen Standards von 1936.

Vergleichsmethoden.

1. Die Froschmethode.

Bei der Froschmethode wird eine subcutane Injektion gemacht und die Wirkungen entweder nach einer oder nach drei Stunden oder am nächsten Morgen verzeichnet, je nachdem, welchen Zeitabschnitt man bevorzugt. In der Einstundenmethode tötet man die Frösche alle eine Stunde nach der Injektion. Diejenigen, bei denen systolischer Herzstillstand gefunden wird, werden als tot gezählt, und diejenigen, deren Herz noch schlägt, als lebendig. Die Einstundenmethode ist in der amerikanischen Pharmakopöe offizinell, aber viele Autoren bevorzugen die Zeit von 12 Stunden, da sie eine schärfere Unterscheidung zwischen toten und überlebenden Fröschen ermöglicht.

Die Herstellung der Injektionslösung. Die einfachste Methode, die wirksamen Stoffe in Lösung zu bringen, ist ein Macerationsprozeß, wie ihn Berry und Davis (1935) beschrieben haben. Die Blätter werden zu einem Pulver zerrieben; 5 g werden in einen Glasmörser gegeben, 70proz. Alkohol wird langsam dazugegossen, im ganzen 50 ccm. Das Gemisch wird in eine weithalsige Flasche, die 100 ccm faßt, umgefüllt. Die Flasche wird verschlossen, gut geschüttelt und 48 Stunden stehengelassen. Dann wird das Gemisch durch feinen Musselin gepreßt und die Tinktur filtriert. 1 ccm enthält dann die Wirksamkeit von 0,1 g Digitalisblatt.

Der Vergleich zweier Tinkturen. Eine Standardtinktur kann mit einer unbekannten nach jeder der in Kapitel II und III beschriebenen Methoden verglichen werden. Hier soll nur Trevans Methode beschrieben werden.

Die Digitalistinktur wird zur Injektion mit 0,6proz. Kochsalzlösung verdünnt. Die Verdampfung des Alkohols ist unnötig. Der Grad der Verdünnung beträgt 1,5 ccm in 10 ccm, oder 4 ccm in 10 ccm, je nach der Empfindlichkeit der Frösche und der Wirkungsstärke der Tinktur. Von der verdünnten Lösung werden 0,02 ccm pro Gramm Frosch injiziert. Also erstreckt sich die Dosierung der unverdünnten Tinktur von 0,003 bis 0,008 ccm pro Gramm.

Die Frösche, die man für einen Abschnitt der Auswertung heraussucht, müssen alle dasselbe Geschlecht haben, so daß, wenn man z. B. einer Anzahl Männchen das unbekannte Präparat spritzt, ebenso viele Männchen den Standard erhalten. Weibchen, die kurz vor dem Laichen von Eiern geschwollen sind, dürfen nicht benutzt werden. Das Gewicht der Frösche, denen das unbekannte Präparat injiziert wird, soll soweit wie möglich demjenigen der Frösche, die den Standard erhalten, entsprechen, so daß sich in jeder Gruppe ebenso viele kleinere und größere Frösche befinden.

Der Test erstreckt sich gewöhnlich über mindestens 2 Tage. Am Morgen des ersten Tages setzt man 12 Frösche unter Glasglocken an eine gleichmäßig belichtete Stelle des Laboratoriums. Jeder Frosch wird in einer kleinen Blechbüchse auf einer Briefwaage gewogen. Sechs Fröschen wird das unbekannte Präparat und 6 Fröschen der Standard gespritzt. Die Injektion wird in den Bauchlymphsack gemacht. Die Spritzennadel wird durch die Oberschenkelmuskulatur eingestochen, bis die Spitze der Nadel unter der Bauchhaut liegt. Beim Herausziehen verhindert dann der Muskel das etwaige Herausfließen von Injektionsflüssigkeit. Nach 2 bis 3 Stunden kann man sehen, ob die Dosierung richtig war, ob nämlich etwa die Hälfte der injizierten Frösche sterben werden. Wenn dies der Fall ist, nimmt man wieder 12 Frösche und spritzt sie mit derselben Dosis. Wenn jedoch in einer der beiden Gruppen entweder alle Frösche tot sind oder an keinem eine Wirkung zu sehen ist, dann wird für die zweite Gruppe von Fröschen eine andere Dosis genommen. Am nächsten Morgen macht man 2 weitere Versuche und fährt damit fort, bis man an 24 Fröschen mit dem Standard, und an 24 Fröschen mit dem unbekannten Präparat Befunde erhoben hat. Das Verhältnis von Sterblichkeitsprozentsatz zu Wirkungsstärke nach TREVANS Beobachtungen an *Rana temporaria* ist in Tabelle 59 gezeigt.

Tabelle 59.

Sterblichkeit %	Wirksamkeit	Sterblichkeit %	Wirksamkeit
5	56	55	103
10	67	60	107
15	75	65	110
20	80	70	114
25	83,5	75	118
30	87	80	122
35	90	85	127
40	93,5	90	134
45	97	95	146
50	100	..	...

Folgendes Beispiel möge die Untersuchung einer Digitalistinktur zeigen. Am ersten Tage der Auswertung wurde 12 Fröschen je 0,00225 ccm einer unbekannten Tinktur pro Gramm gegeben; davon starben 9. 12 Frösche erhielten je 0,0035 ccm der Standdardtinktur pro Gramm, davon starben 6. Die unbekannte Tinktur bewirkte also 75% und die Standardtinktur 50% Mortalität. Die dieser Sterblichkeit entsprechende Wirksamkeit ist 118 bzw. 100.

Daher ist 0,00225 ccm der unbekannten Tinktur $= \frac{118}{100} \cdot 0{,}0035$ ccm der Standardtinktur, oder 1 ccm unbekannte Tinktur = 1,84 ccm Standardtinktur.

Am zweiten Auswertungstag tötete 0,0025 ccm unbekannte Tinktur 5 von 12, also 42%, während 0,004 ccm Standardtinktur 4 von 12, also 33% tötete. Dieser Sterblichkeit entspricht die Wirksamkeit von 95 bzw. 89.

Also ist 0,0025 ccm unbekannte Tinktur $= \frac{95}{89} \cdot 0{,}004$ ccm Standardtinktur, oder 1 ccm unbekannte Tinktur = 1,71 ccm Standardtinktur.

Das Mittel aus beiden Resultaten, 1,78, wird als tatsächlicher Wert genommen. Also ist die unbekannte Tinktur 1,78mal so stark als der Standard und enthält 1,78 Einheiten pro Kubikzentimeter.

TREVAN hat berechnet, daß die zu erwartende mittlere Abweichung 10% beträgt, wenn man 48 Frösche in der oben beschriebenen Weise zur Auswertung benutzt.

CHAPMAN und MORRELLS Kurve. An Fröschen aus der Gegend von Ottawa haben CHAPMAN und MORRELL (1931) eine charakteristische

Kurve für Ouabain bestimmt. Die Arbeit ist mit der größten Vorsicht ausgeführt und in vieler Hinsicht vorbildlich für jeden, der sich für die Konstruktion einer charakteristischen Kurve interessiert. Die Autoren beobachteten eine geringere Variation als TREVAN. Die Werte für das Verhältnis von Dosis zu Sterblichkeitsprozentsatz sind in Tabelle 60 wiedergegeben. Man sieht daran, daß die charakteristische Kurve nicht für jedes Land dieselbe ist.

Tabelle 60.

Sterblichkeits-prozentsatz	Wirksamkeit	Sterblichkeits-prozentsatz	Wirksamkeit
5	83	55	101
10	87,5	60	102,5
15	90	65	104
20	92	70	105,5
25	93	75	106,5
30	95	80	108
35	96	85	110
40	97,5	90	112,5
45	99	95	116
50	100	..	...

2. Die Auswertung an der Katze.

Die Katzenmethode wurde 1910 von HATCHER und BRODY (1910) eingeführt und in MAGNUS' Laboratorium in Utrecht genauestens untersucht. Man führt die von DE LIND VAN WIJNGAARDEN (1926) beschriebene Methode in folgender Weise aus:

Die Katze wird gewogen; sie soll nicht schwanger und nicht säugend sein; das Gewicht soll zwischen 1,7 und 2,7 kg liegen. Sie wird mit Äther narkotisiert und tracheotomiert, so daß man von Anfang an künstliche Atmung mit einem Gemisch von Luft und Äther geben kann; man ist dadurch sicher, daß der Tod nicht durch Atemlähmung erfolgt. In eine Vena femoralis wird eine Kanüle zur langsamen Infusion des zu untersuchenden Digitalispräparates eingebunden. Man bringt die Lösung in eine Bürette, von wo sie durch eine Heizspirale fließt, bevor sie in die Vene kommt. Das obere Ende der Bürette ist mit einem durchbohrten Kork verschlossen, in dem ein Glasrohr steckt, das direkt unterhalb des Stopfens in eine lange Capillare ausgezogen ist, die bis unten in die Bürette reicht. Die Lösung fließt nur mit der Geschwindigkeit aus, mit der Luft durch die Capillare eintritt, und solange der Spiegel über dem unteren Ende der Capillare steht, ist der Druck, unter dem die Lösung in die Vene fließt, konstant. Sobald die künstliche Atmung anfängt, wird die Zeit notiert und die intravenöse Infusion mit einer Geschwindigkeit von ungefähr 1 ccm pro Minute begonnen. Der Eintritt von Digitalis in den Kreislauf verlangsamt den Herzschlag während der ersten 25 oder 30 Minuten, nach denen der Puls plötzlich sehr beschleunigt wird. Nach etwa 15 weiteren Minuten steht das Herz in Systole still. Diesen Augenblick stellt man durch Palpation des Thorax fest; die Infusion wird abgestellt und die infundierte Menge abgelesen. Die Einzelheiten der Methode sind folgende:

Die Herstellung der Lösung. Digitalis kann als Infus oder als verdünnte Tinktur gegeben werden. Den Aufguß bereitet man, indem man in ein großes Becherglas auf 1,25 g pulverisierte Blätter 250 ccm Leitungswasser gießt. Man bringt das Becherglas in ein Wasserbad, erhitzt es auf 89° bis 91° C und hält die Temperatur des Aufgusses 15 Minuten lang unter fortwährendem Umrühren konstant. Das Infus wird kalt durch Mull filtriert, so viel Kochsalz hinzugefügt, daß es eine 0,9proz. Lösung ergibt, und auf 250 ccm aufgefüllt.

Von einer Digitalistinktur werden für die Infusion 10 ccm auf 200 ccm mit 0,9proz. Kochsalzlösung verdünnt.

Das Narkosemittel. Obwohl lange Zeit Äther bei dieser Methode benutzt worden ist, hat er zwei Nachteile. Die durchschnittliche tödliche Dosis einer Digitalisprobe ist um so kleiner, je größer der Ätherverbrauch ist; so wurde als tödliche Dosis einer Probe, die von DE LIND VAN WIJNGAARDEN in Utrecht geprüft wurde, 90,5 mg/kg gefunden, während die Prüfung im Laboratorium des Verfassers, wo mehr Äther gebraucht wurde, 76,3 mg/kg ergab. Im Verlauf der Digitalisinfusion muß die Äthergabe auf ein Minimum reduziert werden. Der zweite Nachteil wurde zuerst von MACDONALD und SCHLAPP (1930) gezeigt, die fanden, daß die Werte einer bestimmten Probe für verschiedene Katzen in Äthernarkose viel stärker schwankten als für Rückenmarkskatzen. Es ist eine Reihe von Arbeiten über die Narkosefrage veröffentlicht worden (s. EPSTEIN, 1933, CHOPRA und CHOWHAN, 1933, DAVID und RAJAMANICKAM, 1934, MACDONALD, 1934), in denen alle Untersucher darin übereinstimmten, daß die Variation der Katzen größer ist, wenn Äther gebraucht wird, geringer mit Paraldehyd, und noch geringer mit Chloreton, Chloralose und Urethan. Rückenmarkskatzen sind jedoch am besten von allen. MACDONALD hat ausgerechnet, daß man, um einen bestimmten Grad von Genauigkeit zu erzielen, mit Äthernarkose doppelt so viele Katzen braucht als mit Chloralose, und fünfmal so viele als Rückenmarkskatzen. Die einzelnen Narkotica wurden von den oben genannten Autoren in folgender Weise verabreicht:

Narkosemittel	Dosis	Lösungsmittel	Injektion
Paraldehyd . .	1,6 bis 1,8 g pro kg	10% wässerige Lösung	intraperitoneal
Chloreton . . .	0,2 g „ „	Alkohol	„
Chloralose . . .	0,11 g „ „	„	intramuskulär
Urethan. . . .	1,8 g „ „	heißes Wasser	„

Das Präparieren der Rückenmarkskatze ist auf S. 55 beschrieben. Nach Durchschneiden des Rückenmarks macht man eine Pause von 4 bis 5 Stunden, damit das flüchtige Narkoticum verschwindet. Dies verursacht zwar eine Verlängerung der Auswertungszeit, die jedoch, wie

Macdonald bemerkt, durch die kleinere Anzahl der benötigten Katzen kompensiert wird.

Die genaue Bestimmung des systolischen Herzstillstandes. Dieser Zeitpunkt soll in nicht weniger als 30 und nicht mehr als 55 Minuten erreicht sein. Man kann ihn leichter feststellen, wenn man den Blutdruck schreibt, als wenn man versucht, den Herzschlag zu fühlen, denn der Blutdruck fällt auf Null, sobald der systolische Herzstillstand eintritt. Dies kann ein plötzliches oder ein allmähliches Absinken sein. Oftmals fängt das Herz, nachdem es aufgehört hatte, nochmals an zu schlagen, man muß aber den Zeitpunkt des endgültigen Stillstandes bestimmen.

Die Berechnung des Resultats und die dazu notwendige Anzahl Tiere. In der von Hatcher vorgeschlagenen Methode wurde die Wirksamkeit des Digitalisblattes in Katzeneinheiten ausgedrückt. Die tödliche Dosis wurde an einer Reihe von Katzen bestimmt und die Befunde pro Kilogramm Körpergewicht angegeben. Der Durchschnittswert war die Katzeneinheit. Dieser Ausdruck ist aber sehr unbefriedigend, da er je nach der Ausführungstechnik variiert. Die Methode muß also, ebenso wie die Froschmethode, eine vergleichende sein, d. h. eine Probe des unbekannten Blattes muß mit dem Standardblatt verglichen werden, da ja dann Unterschiede in der Technik keine Rolle spielen, sofern man nur für beide dieselbe anwendet.

Nichts spricht dafür, daß die Empfindlichkeit von Katzen gegenüber Digitalis mit den verschiedenen Jahreszeiten schwankt, und deshalb ist es nicht nötig, die Versuche mit dem Unbekannten und dem Standard gleichzeitig vorzunehmen. Man kann ruhig die mittlere tödliche Dosis für den Standard zu einer Zeit bestimmen und später die für die unbekannten Blattproben, deren Werte dann mit den vorher erzielten Standardwerten verglichen werden. Um die Wirksamkeit des unbekannten Blattes in Standardwerten auszudrücken, deren mittlere Abweichung 10% beträgt, muß man 14 Katzen für den Standard und 6 für das unbekannte Blatt benutzen. Diese Berechnung machte Trevan auf Grund von de Lind van Wijngaardens Befund, daß die mittlere Abweichung einer Einzelbeobachtung an einer einzigen Katze 13% beträgt. de Lind van Wijngaarden benutzte ein Minimum von Äther zur Narkose. Aus dem früher Gesagten geht hervor, daß die

Tabelle 61. Macdonalds Befunde an Rückenmarkskatzen.

	Internationaler Ouabainstandard Tödliche Dosis in mg pro kg	Strophanthustinktur auf 1 : 500 verdünnt Tödliche Dosis in ccm pro kg
	0,100	17,08
	0,100	16,74
	0,097	17,92
	0,094	17,73
	0,092	17,37
	0,100	...
	0,102	...
Durchschnitt	0,098	17,37

mittlere Abweichung für anders narkotisierte oder Rückenmarkskatzen geringer ist und eine kleinere Anzahl Tiere dieselbe Genauigkeit ergeben wird. Im Augenblick liegen noch nicht genügend Beobachtungen vor, um die mittlere Abweichung für die anderen Narkotica anzugeben.

Als Beispiel für die Methode sind die Werte von MACDONALDS Versuchen (1934) an Rückenmarkskatzen in Tabelle 61 zusammengestellt. Eine Strophanthustinktur wurde im Vergleich zum internationalen Ouabainstandard ausgewertet. Aus den durchschnittlichen tödlichen Dosen in der Tabelle geht hervor, daß $\frac{17,37}{500}$ ccm Tinktur = 0,098 mg Ouabain und 1 ccm Tinktur = 2,82 mg Ouabain ist.

3. Die Auswertung am Meerschweinchen.

Diese Methode, die von KNAFFL-LENZ (1926) eingeführt wurde, gleicht im wesentlichen der Katzenmethode. Sie erfordert mehr Geschicklichkeit beim Präparieren des Tieres, nimmt aber weniger Zeit und ist genauer, da die Variation der Meerschweinchen geringer als die der mit Äther narkotisierten Katzen ist. Man nimmt Meerschweinchen im Gewicht von 400 bis 600 g und narkotisiert sie mit Urethan. Von einer 25proz. wässerigen Lösung wird eine Menge, die 1,75 g Urethan pro Kilogramm entspricht, subcutan injiziert. Nach 2 bis 3 Stunden wird das Tier auf einem Brett befestigt und etwas Äther gegeben, bis man eine Kanüle in eine Vena jugularis eingebunden hat. Da die Vene von Fett umwachsen ist, erfordert das Herauspräparieren einige Übung. Nachdem die Kanüle eingeführt ist, wird der Äther weggenommen.

Man läßt das Digitalisinfus oder die verdünnte Tinktur langsam aus einer kleinen Bürette in die Vene fließen. Die Lösung soll 1,25% Digitalisblatt, also 0,125 Einheit im Kubikzentimeter, enthalten und mit einer Geschwindigkeit von 0,5 ccm pro Minute infundieren. Während der Infusion wird ununterbrochen das Herz durch die Brustwand befühlt, gegen das Ende hin, wenn die Schläge schwächer werden, eröffnet man den Thorax, so daß man den endgültigen Herzstillstand direkt sehen kann. Die Infusion wird im Endstadium verlangsamt; sie dauert gewöhnlich 15 bis 20 Minuten. Der Standard wird an einer Reihe Meerschweinchen ausgewertet und die mittlere tödliche Dosis bestimmt; die durchschnittliche tödliche Dosis einer unbekannten Tinktur kann

Tabelle 62.

Digitalin Tödliche Dosis in mg pro kg	Standardtinktur Tödliche Dosis in ccm pro kg	
5,3	1,18	1,33
5,6	1,46	1,43
6,5	1,55	1,74
7,1	1,56	1,40
6,1	1,35	1,85
6,6	1,81	1,59
..	1,63	1,78
Durchschnitt 6,2	1,55	

dann mit dem Standardwert wie in der Katzenmethode verglichen werden.

In Tabelle 62 wird ein Beispiel der Auswertung einer Digitalisprobe (Digitalinum purum Germanicum) gegenüber dem internationalen Standard-Digitalispulver gezeigt. Die Befunde sind einer Arbeit von GAGE (1933) entnommen. Die Durchschnittswerte ergeben, daß 6,2 mg Digitalis 1,55 ccm Standardtinktur äquivalent sind, das sind auf Grund der Definition 1,55 Einheiten. Also enthält die Probe Digitalis 250 Einheiten pro Gramm.

4. Die Auswertung an der Taube.

Die von HANZLIK (1929) eingeführte Methode beruht auf der Beobachtung, daß Präparate von herzwirksamen Glykosiden, wenn man sie Tauben intravenös einspritzt, eine Brechwirkung entfalten. Wie BURN (1930) zeigte, schwankt die Empfindlichkeit verschiedener Vögel beträchtlich, und es ist deshalb nötig, sowohl für die Dosis der unbekannten Probe als auch für die des Standards den Prozentsatz der Tauben zu bestimmen, bei denen Erbrechen eintritt.

Man benutzt 250 bis 450 g schwere Tauben. Jedes Tier wird gewogen, und während es von einem Assistenten festgehalten wird, rupft man einige der kleinen Federn auf der Unterseite des Flügels, dort, wo er am Körper angewachsen ist, aus. Die Flügelvene wird dann unter der Haut sichtbar. Man macht die Injektion mit einer sehr spitzen dünnen Nadel. Wenn man sie herauszieht, blutet es gewöhnlich etwas, und es entsteht ein subcutanes Hämatom, das aber, wenn die Nadel wirklich fein genug war, nur geringfügig ist. Je kleiner das Hämatom ist, um so kürzer braucht man zu warten, bis man die Vene wieder benutzen kann.

Digitalis wird in Form einer verdünnten Tinktur injiziert, die nach der Vorschrift auf S. 175 zubereitet und mit 0,9proz. Kochsalzlösung verdünnt wird. Die in 50% der Tauben Erbrechen bewirkende Dosis liegt gewöhnlich zwischen 0,15 und 0,4 ccm der unverdünnten Tinktur pro Kilogramm; am besten verdünnt man sie so, daß die Injektionsmenge 0,1 ccm pro 100 g ist.

Um die unbekannte Probe mit dem Standard zu vergleichen, kann man sich an die im Kapitel III und auf S. 176 beschriebenen Methoden für Frösche halten. Man kann entweder eine charakteristische Kurve konstruieren oder BEHRENS' Verfahren benutzen. Eine weitere Methode, die zuerst von KROGH und HEMMINGSEN (1926) beschrieben wurde, besteht darin, daß für jede Tinktur eine Dosis, die bei weniger als 50% der Vögel, und eine Dosis, die bei mehr als 50% Erbrechen bewirkt, festgestellt wird. Tabelle 63 gibt ein Beispiel.

Die Wirkungsprozente werden für jede Tinktur als Ordinate gegenüber den Logarithmen der Dosen als Abszisse graphisch dargestellt, wie

Tabelle 63.

Tinktur	Dosis ccm pro kg	Zahl der Tauben	Davon Erbrechen	Wirkungs-prozentsatz
Standard	0,2	30	13	44
	0,3	30	22	73
Unbekannte	0,15	30	9	30
	0,2	30	17	57

Abb. 62 zeigt. Man zieht durch die zu jeder Tinktur gehörigen beiden Punkte eine gerade Linie und liest die einer Wirkung von 50% entsprechende Abszisse ab. Die diesen Abszissenwerten entsprechenden Dosen stellen das Verhältnis der Wirkungsstärken der beiden Tinkturen dar. In Abb. 62 sind die mittleren, zum Erbrechen führenden Dosen des Standards und der Unbekannten 0,21 ccm bzw. 0,19 ccm/kg, also ist die unbekannte Tinktur 1,1 mal so stark wie die Standardtinktur, oder enthält 1,1 Einheiten pro Kubikzentimeter. Es ist ratsam, den Vergleich an 2 Tagen zu machen und jedesmal dieselben Tauben zu benutzen. Am ersten Tage erhält die Hälfte der Vögel den Standard, die andere Hälfte die unbekannte Tinktur. Am anderen Tag, der 3 oder 4 Tage später sein kann, werden die Vögel in die Flügelvene der anderen Seite gespritzt; die Hälfte, die vorher den Standard bekommen hatte, erhält nun die unbekannte Tinktur, und umgekehrt.

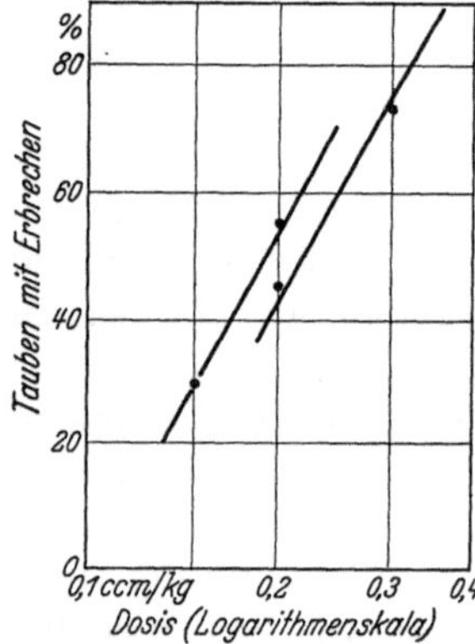

Abb. 62. Beziehung zwischen dem Logarithmus der Dosis Digitalistinktur und dem Prozentsatz von Tauben, bei denen Erbrechen auftritt. Die beiden Linien entsprechen 2 Tinkturen.

B. Strophanthus.

1. Die Auswertung von Strophanthus-Tinktur.

Der Standard. Das krystallinische Strophanthin aus Strophanthus gratus, das als Ouabain bekannt ist, wurde zuerst in der Pharmakopöe der Vereinigten Staaten (1916) als Standard für Strophanthustinktur eingeführt. 1923 wurde es von dem Völkerbundsausschuß für biologische Standardisierung angenommen. Nach der Frankfurter Konferenz 1928 wurde der internationale Ouabainstandard hergestellt. In Deutschland ist Strophanthus gratus offizinell, und da das Ouabain eine chemisch reine Substanz ist, ist eine biologische Auswertung überflüssig. In Amerika wird die Tinktur aus Strophanthus Kombé oder Strophanthus hispidus, in England aus Strophanthus Kombé hergestellt. Nun haben Jacobs und Hoffmann (1926) gezeigt, daß das Glykosidgemisch in Kombé-Samen aus Cymarin und einer verschieden großen Menge von Glucosemolekülen besteht, und daß ein solches Gemisch chemisch etwas ganz anderes als Ouabain ist. Daher ist es nicht verwunderlich, daß beim Vergleich von Strophanthus Kombé mit Ouabain die Resultate von der Methode abhängen. Merkwürdigerweise fanden BURN und TREVAN (1926), daß die Resultate der Katzen und Froschmethode (Rana temporaria) übereinstimmten, aber EDMUNDS, LOVELL und BRADEN (1929) fanden, daß Strophanthustinktur, an Rana pipiens mit der Einstundenmethode ausgewertet, eine viel stärkere Wirkung hatte. Die Auswertungsbefunde einer Reihe von Tinkturen, verglichen mit Ouabain, sind in einer wertvollen Arbeit von GADDUM (1932), aus der die Werte in Tabelle 64 entnommen sind, beschrieben.

Tabelle 64. Die Zahlen sind Milligramm wasserfreien Ouabains, denen 1 ccm Tinktur gleichwertig befunden wurde.

Tierart	Untersucher und Methode	Tinktur A	Tinktur B	Tinktur C	Tinktur D	Tinktur E
	1. Auswertung an Fröschen.					
R. pipiens . . .	SMITH: Methode der Pharmakopöe der USA.	6,5	7,9	6,9	7,2	6,5
R. pipiens . . .	SMITH: 18-Std.-Methode	5,0	4,5	4,0	5,0	6,1
R. temporaria .	GADDUM: desgleichen	3,5	3,4	3,0	3,8	5,0
R. temporaria .	TREVAN: desgleichen	3,0	3,3	2,5	2,7	3,3
	2. Langsame intravenöse Infusion.					
Katze	BURN	3,1	3,4	2,3	2,8	3,1
Katze	STRANGEWAYS und VARTIAINEN	3,4	3,8	3,0	3,5	4,2
Hund	TIFFENEAU	3,1	3,4	3,0	3,0	3,2
Meerschweinchen	KNAFFL-LENZ	2,1	1,95	2,6	2,5	2,1
Kaninchen . . .	UNDERHILL	3,2	3,1	2,8	3,15	3,9

Aus der Tabelle geht hervor, daß eine Tinktur, wenn sie nach der Einstundenmethode der amerikanischen Pharmakopöe ausgewertet wird, im Vergleich zu Ouabain dreimal so stark erscheinen kann, als wenn die Auswertung mit intravenöser Infusion am Meerschweinchen geschieht. Deshalb ist in der britischen Pharmakopöe eine Standard-Strophanthustinktur aus dem Kombé-Samen offizinell gemacht worden, damit die zu untersuchenden Tinkturen nicht mit Ouabain, von dem sie qualitativ verschieden sind, sondern mit einem Standard, von dem sie sich nur quantitativ unterscheiden, verglichen werden. Diese Standardtinktur hat die gleiche Wirksamkeit wie eine 0,42proz. Lösung des internationalen Standardouabains oder eine 0,33proz. Lösung des wasserfreien Ouabains. Der internationale Ouabainstandard enthält 20% Krystallwasser; er hat den Vorteil, an der Luft beständig zu sein, während wasserfreies Ouabain, oder Präparate, die weniger Krystallwasser enthalten, unbeständig sein sollen. Das Ouabain der amerikanischen Pharmakopöe enthält ungefähr 12% Krystallwasser; und die

Kommission für biologische Standardisierung hat im Hinblick auf den Gebrauch verschiedener Ouabainpräparate empfohlen, die Befunde immer als Verhältnis zu wasserfreiem Ouabain auszudrücken, wenn auch in Wirklichkeit ein anderes benutzt worden war.

Die Auswertung an Fröschen. Zur Injektion von Rana temporaria kann man eine Verdünnung in 0,6proz. Kochsalzlösung, die 0,5 bis 1,0% Strophanthustinktur enthält, herstellen; hiervon spritzt man 0,02 ccm pro Gramm Frosch in den Lymphsack. Die Dosis für Ouabain ist etwa 0,0005 mg/g; man kann also 2,5 mg in 100 ccm Kochsalzlösung auflösen und davon 0,02 ccm pro Gramm Frosch injizieren. Am besten macht man zuerst eine 0,1proz. Ouabainlösung in 70proz. Alkohol und verdünnt diese weiter mit physiologischer Kochsalzlösung.

Die Auswertung an der Katze. Die Strophanthustinktur müßte, damit sie der Konzentration, in der Digitalis gewöhnlich für die Katze gebraucht wird, entspricht, 900mal verdünnt werden. Aus Tabelle 61 ist ersichtlich, daß MACDONALD sie 500mal verdünnte. Ouabain kann in einer Lösung von 0,5 mg in 100 ccm angewandt werden.

Die Auswertung am Meerschweinchen. Hierzu verdünnt man die Strophanthustinktur 250mal und gibt das Ouabain in einer Lösung von 1,75 mg in 100 ccm.

2. Die Auswertung von Strophanthin.

WOKES (1928) hat eine Reihe von Handelspräparaten von Kombé-Strophanthin untersucht und mit der Katzenmethode eine Wirksamkeit von 25 bis 60% derjenigen des Ouabains der amerikanischen Pharmakopöe gefunden. Die durchschnittliche Wirksamkeit aller Präparate (ein ungewöhnlich schwaches ausgenommen) war 47% Ouabain. Daraus ergibt sich ein nützlicher Hinweis für die Dosierung, nämlich sowohl bei der Frosch- als auch bei der Katzen- und Meerschweinchenmethode doppelt soviel Strophanthin zu nehmen wie die oben angegebenen Ouabainmengen.

Strophanthin B. P. 1932. In der britischen Pharmakopöe hat man sich bemüht, die Wirksamkeit verschiedener Proben von amorphem Strophanthin festzulegen, indem man vorschrieb, daß sie alle eine Wirkungsstärke von 40% des wasserfreien Ouabains haben müßten. Für stärkere Proben ist eine Verdünnung mit Laktose vorgeschrieben.

Um ein unbekanntes Strophanthin auszuwerten, erhält man in Großbritannien vom National Institute for Medical Research, London, nicht Ouabain, sondern eine Lösung von Standard-Strophanthin. Diese ist aus Kombé-Strophanthussamen gemacht und deshalb qualitativ einem unbekannten Präparat aus Kombé-Samen möglichst ähnlich. (Nur Kombé-Strophanthin ist offizinell.) Unbekannte Präparate dürfen nur quantitativ von diesem Standard abweichen; das Vergleichsresultat muß also mit allen Methoden dasselbe sein. Das für den Standard benutzte Strophanthin hatte nach der Froschmethode 59% der Wirksamkeit von wasserfreiem Ouabain. Das zur Verteilung kommende Standard-Strophanthin ist eine alkoholische Lösung, die in 1 ccm die Wirksamkeit von 5 mg des in der britischen Pharmakopöe angegebenen Strophanthins enthält.

C. Die Auswertung von Bulbus Scillae.

Der Standard. Der Völkerbundsausschuß für biologische Standardisierung hat keinen Standard für Bulbus Scillae festgesetzt. Man kann sich durch Zusammenmischen gleicher Teile einer Reihe von Scillatinkturen einen Standard bereiten, der dann die durchschnittliche Wirksamkeit haben wird. Eine so im Laboratorium des Verfassers zusammengestellte Tinktur erwies sich an der Katze als ebenso wirksam wie eine Lösung, die 0,013% des Glykosids Scillaren A enthielt.

Wenn man unbekannte Scillatinkturen mit einer aus vielen zusammengesetzten Tinktur als Standard vergleicht, so verdünne und dosiere man sie ebenso wie eine Digitalistinktur. Dies gilt für Scillatinkturen, die nach der Vorschrift der britischen Phamakopöe 1932 hergestellt sind und 10 g Bulbus Scillae in 100 ccm enthalten.

D. Die Auswertung nicht offizineller Präparate.

Digitoxin. Digitoxin kann mit jeder der oben beschriebenen Methoden ausgewertet werden. Es löst sich am besten in einer Mischung von 6 Teilen 90proz. Alkohols, 3 Teilen Glycerin und 1 Teil destillierten Wassers. Damit bereitet man eine 0,1proz. Lösung und verdünnt weiter mit physiologischer Kochsalzlösung. GAGE (1934) hat an Fröschen und Meerschweinchen die Wirksamkeit von 4 Proben im Vergleich zum internationalen Standard-Digitalispulver geprüft und Werte von 1000 bis 1500 Einheiten pro Gramm gefunden.

Digitalin. Digitalinum purum Germanicum ist wasserlöslich und wird in der Praxis zu subcutanen und intramuskulären Injektionen benutzt. GAGE (1933) fand, daß die Wirksamkeit von 4 untersuchten Präparaten zwischen 55 und 250 Einheiten pro Gramm schwankte; sie war bei der Frosch- und Meerschweinchenmethode dieselbe. Der Britische Pharmazeutische Kodex verlangt, daß Digitalin so austitriert werden soll, daß es 80 Einheiten in 1 g enthält.

E. Die Ergebnisse der verschiedenen Methoden.

Es mehren sich die Angaben, daß eine Digitalisprobe, wenn sie auf verschiedene Art und Weise mit dem internationalen Standard verglichen wird, nicht immer gleich stark befunden wird. So kann sie an Fröschen 1,4mal so stark und an Katzen nur 1,2mal so stark wie der Standard gefunden werden. WOKES (1930) hat weiterhin gezeigt, daß Digitalistinktur mit einer Geschwindigkeit von 3% im Monat an Wirksamkeit verliert, wenn man sie an Fröschen prüft, daß dies jedoch mit der Katzenmethode nicht erkennbar ist. Hieraus geht hervor, daß die relative Empfindlichkeit gegenüber den Digitalisglykosiden bei verschiedenen Tierarten eine andere ist, und wir stehen dem Problem gegenüber, welche Methode die richtige Auskunft gibt. Es gibt keinen anderen Ausweg, dies zu lösen, als daß man sorgfältige Vergleiche verschiedener Tinkturen an einer großen Zahl von Patienten macht. Einige Versuche dieser Art sind gemacht worden, sind aber nicht überzeugend. Die biologische Auswertung ist trotz der genannten Schwierigkeiten wichtig, um den Gebrauch verfälschter und schlecht wirksamer Blätter bei der Behandlung Herzkranker zu verhindern.

Literatur.

Berry and Davis, Quart. J. Pharm. Pharmacol. **8**, 443 (1935). — Burn and Trevan, Pharmaceut. J. **117**, 493 (1926). — Burn, J. of Pharmacol. **39**, 221 (1930).

Chapman and Morrell, Quart. J. Pharm. Pharmacol. **4**, 195 (1931). — Chopra and Chowan, Indian J. med. Res. **20**, 1189 (1933).

David and Rajamanickam, Quart. J. Pharm. Pharmacol. **7**, 36 (1934).

Edmunds, Lovell and Braden, J. amer. pharmaceut. Assoc. **18**, 568 (1929). — Epstein, Quart. J. Pharm. Pharmacol. **6**, 169 (1933).

Gaddum, Quart. J. Pharm. Pharmacol. **5**, 274 (1932). — Gage, Quart. J. Pharm. Pharmacol. **6**, 161 (1933); **7**, 654 (1934).

Hanzlik, J. of Pharmacol. **35**, 363 (1929). — Hatcher and Brody, Amer. J. Pharmacy **82**, 360 (1910).

Jacobs and Hoffmann, J. of biol. Chem. **67**, 609; **69**, 153 (1926).

Knaffl-Lenz, J. of Pharmacol. **29**, 407 (1926). — Krogh and Hemmingsen, League of Nat. Rep. on Insulin Standardisation, C. H. 398 (1926).

De Lind van Wijngaarden, Arch. f. exper. Path. **113**, 40 (1926).

Macdonald, Quart. J. Pharm. Pharmacol. **7**, 182 (1934). — Macdonald and Schlapp, Quart. J. Pharm. Pharmacol. **3**, 450 (1930).

Wokes, Quart. J. Pharm. Pharmacol. **1**, 513 (1928); **3**, 205 (1930).

Kapitel XVII.

Mutterkorn. Secale cornutum.

Die Zahl der Alkaloide, die im Mutterkorn gefunden werden, nimmt noch immer zu, aber vom pharmakologischen Standpunkt aus entfallen sie auf nicht mehr als 3 Gruppen. Die erste Gruppe ist die der verhältnismäßig inaktiven Alkaloide, die zweite die Alkaloidgruppe mit den Eigenschaften des Ergotoxins, und die dritte die mit den Eigenschaften des Ergometrins, des wasserlöslichen Alkaloids, dessen Vorhandensein im Mutterkorn 1932 von Moir gezeigt, und das 1935 zuerst von Dudley und Moir als reine Substanz isoliert wurde.

Die beiden Auswertungsmethoden für Ergotoxin, die meistens angewendet werden, sind die Hahnenkamm-Methode und die Kaninchenuterus-Methode.

A. Hahnenkamm-Methode nach Houghton (1898).

In der amerikanischen Pharmakopöe wird als biologische Auswertungsmethode für Ergotoxin die Hahnenkamm-Methode angegeben. Wenn man Ergotoxin in die Brustmuskulatur eines Hahnes einspritzt, so wird die hellrote Farbe des Kammes dunkler. Diese Veränderung tritt am stärksten am hinteren Teil des Kammes auf, während der vordere Teil weniger betroffen wird.

Man benutzt weiße Leghornhähne von 1,5 bis 2,5 kg Gewicht, nicht älter als 2 Jahre. Die Injektion wird tief in die Brustmuskulatur gemacht und die Wirkung nach 1 bis $1^1/_2$ Stunden beobachtet. Zur Feststellung der Wirkung teilt man sich den Hahnenkamm in 3 Teile ein und gibt jedem eine Zahl, die den Grad des Dunklerwerdens nach der Injektion darstellt, nämlich:

0 = keine Veränderung
1 = etwas dunkler oder bläulich
2 = mitteldunkel
3 = sehr dunkel

Die Ablesungen des Farbtons können also von „001" bis „223" gehen. Die Ablesung „001" heißt: vorderer und mittlerer Teil unverändert, hinterer Teil etwas dunkler. Die Ablesung „223" heißt: mitteldunkel im vorderen und mittleren Teil des Kammes, hinterer Teil sehr dunkel. Der Grad der Reaktion, der am geeignetsten zum Vergleich eines unbekannten Extraktes mit dem Standard ist, liegt zwischen „012" und „113" und soll möglichst nicht mehr als „123" betragen.

Der Standard. Der Standard, der in der 11. Pharmakopöe der Vereinigten Staaten vorgeschrieben ist, ist Ergotoxin-Äthansulfonat. Das Mutterkorn muß pro Gramm eine Wirksamkeit besitzen, die nicht weniger als die in 0,5 mg des Standards beträgt, und der Fluidextrakt des Mutterkorns muß pro Kubikzentimeter eine Wirksamkeit enthalten, die nicht weniger als 0,5 mg des Standards entspricht. Zuerst versucht man an jedem Hahn die kleinste Standarddosis (0,5 mg/ccm in 1 proz. wässeriger Weinsäure) festzustellen, die einen Teileffekt ausübt. Manche Vögel sind weniger empfindlich für Unterschiede in der Dosierung als andere, und deshalb muß man jeden Hahn darauf prüfen, ob durch eine Dosis, die 25% größer ist, eine stärkere Wirkung hervorgerufen wird. So voruntersuchte Vögel werden zur Auswertung von Fluidextrakten benutzt. Wenn man mehrere Auswertungen an denselben Vögeln macht, soll man dies nicht öfter als einmal in der Woche tun und nicht eher als 2 Tage nachdem alle Spuren der früheren Verfärbung verschwunden sind.

Die Herstellung des Extraktes. Die 11. Pharmakopöe der Vereinigten Staaten schreibt vor, daß der Extrakt aus Mutterkorn hergestellt wird, indem man 1000 g Mutterkorn nimmt, zu einem groben Pulver zerreibt und entfettet. Das Pulver wird in einen zylinderförmigen Perkolator gefüllt, gereinigter Petroläther so lange hindurch koliert, bis einige Tropfen der Kolatur nach Verdampfen auf Filtrierpapier keine Fettflecken mehr hinterlassen. Tatsächlich ist dann immer noch etwas Fett im Mutterkorn vorhanden. Man nimmt das Pulver aus dem Perkolator heraus, trocknet es an der Luft und teilt es in 3 Teile von je 500, 300 und 200 g. Der erste Teil wird mit einer Auszugsflüssigkeit, die aus 2 Volumteilen Salzsäure und 98 Volumteilen Alkohol (49 Volumprozent) besteht, befeuchtet. Die so befeuchtete Droge wird in einem fest verschlossenen Behälter 6 Stunden aufbewahrt, dann in einen Perkolator gebracht und die Flüssigkeit hindurch koliert. Sowie die Flüssigkeit anfängt hindurchzusickern, schließt man den Hahn des Perkolators für 48 Stunden, während welcher Zeit eine Flüssigkeitsschicht über der Droge bestehen bleibt. Danach beginnt das Kolieren. Die ersten 200 ccm werden aufgefangen und beiseitegestellt (Portion A). Weitere 1500 ccm werden in Portionen von je 300 ccm aufgefangen. Diese Flüssigkeitsmenge wird dazu benutzt, die zweite Portion des getrockneten Pulvers, die 300 g beträgt, zu macerieren und zu kolieren. Wieder werden die ersten 300 ccm der Kolatur aufgefangen und beiseitegestellt (Portion B) und weitere 800 ccm zum Macerieren und Kolieren der dritten Portion des getrockneten Pulvers, die 200 g war, benutzt. Die ersten 500 ccm werden aufgefangen und Portion A und Portion B hinzugefügt. Die Gesamtmenge beträgt 1000 ccm. Dieses Kolaturgemisch wird am Hahnenkamm ausgewertet.

B. Die Kaninchenuterus-Methode nach Broom und Clark (1923).

Eine biologische Methode zur Auswertung von Ergotoxin und Ergotamin, die immer noch allgemein gebraucht wird, beruht auf der Wirkung dieser Substanzen auf die Reaktion von Muskelstreifen des Kaninchenuterus auf Adrenalin. Adrenalin bewirkt nämlich eine Kontraktion des ausgeschnittenen Kaninchenuterus, und diese Kontraktion wird durch Ergotoxin aufgehoben.

Apparatur. Das Wasserbad für isolierte Organe, so wie es im Kapitel IV beschrieben ist, muß mit einem zweiten Glasbehälter versehen werden. Ebenso wie für die Auswertung von Hypophysenextrakt wird eine Ringerlösung ohne Magnesiumchlorid zubereitet. Über jedem Glasbehälter befindet sich ein Schreibhebel, die beide nebeneinander auf dieselbe Trommel schreiben und die Bewegungen der Muskelstreifen in 6facher Vergrößerung aufzeichnen.

Auswahl der Muskelstreifen. Nichtschwangere Weibchen von nicht weniger als 2 kg Gewicht werden benutzt. Wenn man die Kaninchen von einem Händler kauft, sollte man sie sicherheitshalber 2 bis 3 Wochen halten, während welcher Zeit schwangere Tiere Junge werfen würden. Aus den Uterushörnern eines ausgewachsenen Kaninchens, das schon Junge hatte, kann man 10 oder mehr Paar Muskelstreifen für die Auswertung machen. Der Uterus eines Kaninchens, das noch keine Junge hatte, ist oft so dünn, daß er in der zu beschreibenden Weise nicht zerteilt werden kann und man deshalb entsprechende Stücke aus dem anderen Horn zur gleichzeitigen Verwendung nehmen muß.

Vorbereitung des Muskelstreifens. Sobald der Uterus aus dem eben getöteten Kaninchen herausgenommen ist, legt man ihn zwischen mit Ringerlösung befeuchtete Watte und kann ihn so mehrere Tage lang im Eisschrank aufbewahren. Von einem Horn schneidet man ein ungefähr 1,5 cm langes Stück ab; es wird an der Längsseite gegenüber dem Mesenterium aufgeschnitten und dann auf einem Stück Papier ausgerollt. Das überstehende Papier wird abgeschnitten und der Uterus dann mit dem Papier zusammen in der Längsrichtung in 2 gleiche Stücke zerschnitten. Jede Hälfte, die nun aus dem Mesenterium benachbarter Muskulatur besteht, wird in einem der Glasbehälter aufgehängt.

Auswertung. Die Schreibhebel werden ziemlich schwer belastet, um eine genügende Erschlaffung des Muskels zu bewirken, und sobald diese stattgefunden hat, gibt man Adrenalin in das Bad, und zwar 0,02 mg pro 100 ccm Ringerlösung. Diese Dosis muß eine Kontraktion bewirken, die anhält, bis das Bad geleert und frische Ringerlösung eingefüllt wird. Die Regulierung der Schreibhebelbelastung muß man so lange fortsetzen, bis die Kontraktionshöhe für beide Muskelstreifen ungefähr die gleiche ist und größer als die spontanen Kontraktionen. Die Gewichte müssen auch schwer genug sein, um den Muskelstreifen nach jeder Kontraktion wieder zur selben Grundlinie erschlaffen zu lassen. Die erforderliche Adrenalindosis schwankt je nach der Empfindlichkeit des Uterus und kann bis zu 0,2 mg für ein Bad von 100 ccm betragen; natürlich muß man in beide Bäder die gleiche Dosis geben. Die Dauer der Auswertung hängt wesentlich davon ab, ob man die geeignete Belastung der beiden Schreibhebel und eine geeignete Adrenalindosis findet.

Zu einem bestimmten Zeitpunkt, den man sich merken muß, wird eine Dosis Ergotoxin-Äthansulfonat in das eine Bad und eine Dosis der unbekannten Lösung in das andere Bad gegeben. Für ein Volumen von 100 ccm ist 0,4 ccm einer Ergotoxinlösung 1 in 30000 geeignet. Dies entspricht einer Konzentration von 1 in 7,5 Millionen. Zuweilen ist eine Konzentration von 1 in 2,5 Millionen notwendig, aber gelegentlich genügt schon 1 in 40 Millionen. Nach der Zugabe von Ergotoxin bewirkt das Adrenalin eine kleinere Kontraktion, die um so kleiner wird, je länger man wartet. Deshalb muß man das Adrenalin zu einem festgesetzten Zeitpunkt nach dem Ergotoxin, etwa 8 oder 10 Minuten später, hinzufügen, und zwar muß der Zeitabstand für beide Bäder derselbe sein. Ist die Ergotoxinkonzentration in beiden Bädern die gleiche, so wird die durch Adrenalin bewirkte Kontraktion der beiden Muskelstreifen im selben Maße verringert sein. Ist die Konzentration des unbekannten Extraktes geringer als die der Ergotoxinlösung, dann wird die Adrenalinkontraktion durch die unbekannte Lösung weniger reduziert sein als durch die Ergotoxinlösung. Die Kontraktionsänderungen sind in Abb. 63 gezeigt. In der oberen Kurve sind die Bewegungen des einen Muskelstreifens, in der unteren die des anderen aufgezeichnet. Wenn man von links nach rechts liest, sieht man, daß 0,02 mg Adrenalin an beiden die gleiche Kontraktion bewirkte. Danach wurde die Ringerlösung gewechselt, so daß die Muskeln erschlaffen konnten. Zu einem Bad wurde dann 0,3 ccm Ergotoxin hinzugefügt, und zu dem anderen 0,3 ccm der unbekannten Lösung. 10 Minuten später wurde die Adrenalingabe wiederholt. Man sieht, daß die Wirkung in der unteren Kurve erheblich

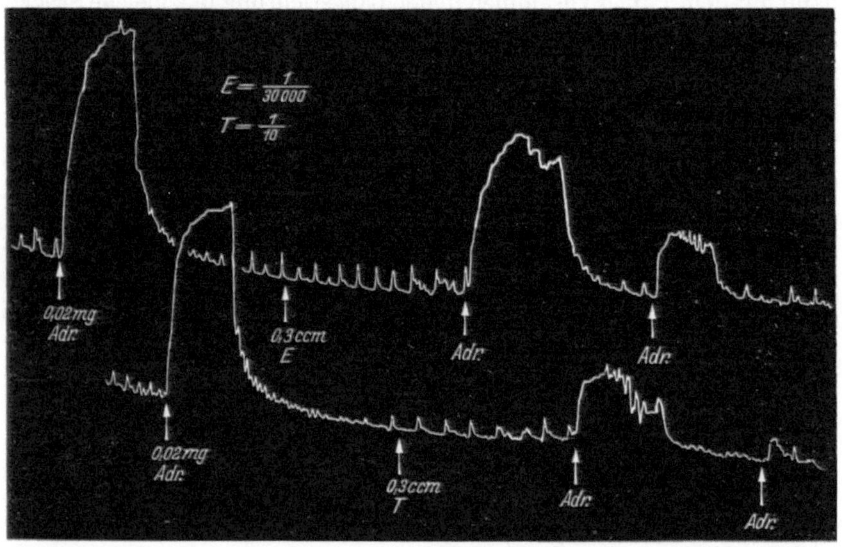

Abb. 63. Der Vergleich von Mutterkornextrakt, *T*, mit Ergotoxin-Aethansulfonat, *E*, am Kaninchenuterus, nach BROOM und CLARK. Die obere Kurve zeigt die Verkleinerung der Adrenalinkontraktion (0,02 mg) durch Ergotoxin; die untere Kurve zeigt die noch deutlichere Verkleinerung der Adrenalinkontraktion durch den Mutterkornextrakt.

geringer ist als in der oberen. Die Ringerlösung wurde wieder ausgewechselt. Daß der Adrenalineffekt in der unteren Kurve stärker reduziert wurde als in der oberen, wurde durch eine weitere Adrenalindosis bestätigt. Diese hatte unten fast gar keine Wirkung, während oben eine Kontraktion aufgezeichnet wurde. Hieraus ließ sich ableiten, daß die Ergotoxinmenge in 0,3 ccm der unbekannten Lösung größer war als in den 0,3 ccm der Ergotoxinlösung 1 in 30000.

Sobald man ein solches Ergebnis erzielt hat, werden die Muskelstreifen entfernt und frische präpariert. Man kann nicht zweimal denselben Muskelstreifen gebrauchen, da sich das Ergotoxin nicht vollständig aus dem Muskel auswaschen läßt, wenn man die Ringerlösung auswechselt. Deshalb muß man die nächste Beobachtung an frischen Streifen machen.

Um den Vergleich zwischen einem unbekannten Extrakt und einer bekannten Ergotoxinlösung zu Ende führen, braucht man 5 bis 10 Paar Muskelstreifen.

Folgende Befunde wurden während einer Auswertung erhoben:

a) Der Vergleich des ersten Paares ergab ungefähr den gleichen Effekt von 0,3 ccm einer Ergotoxin-Äthansulfonatlösung 1 in 30000 wie von 0,3 ccm des unbekannten Extraktes 1 in 30; der unbekannte Extrakt schien also ebenso stark zu sein wie eine Lösung von Ergotoxin-Äthansulfonat 1 in 1000, d. h. der unbekannte Extrakt enthielt anscheinend 0,1% Ergotoxin.

b) Der zweite Vergleich ergab, daß der Extrakt mehr als 0,1% enthielt.

c) Der dritte und vierte Vergleich ergaben, daß er weniger als 0,16% enthielt.

d) Der fünfte und sechste Vergleich ergaben, daß er mehr als 0,1% enthielt.

e) Der siebente Vergleich ergab, daß er weniger als 0,13% enthielt.

f) Der achte ergab, daß er 0,13% enthielt.

g) Der neunte ergab, daß er mehr als 0,13% enthielt.

Alle diese Beobachtungen ergeben, daß der Ergotoxingehalt zwischen 0,1 bis 0,16% liegt, und daß der Mittelwert von 0,13% nicht weit vom wirklichen Wert liegen kann. Bei dieser Berechnung ist der Unterschied zwischen der Ergotoxinbase und dem Salz Ergotoxin-Äthansulfonat unberücksichtigt geblieben. Tatsächlich stellt die Base 83% des Salzmoleküls dar, daher entsprechen 1,2 Teile des Salzes einem Teil der Base.

Die Methode hat den Nachteil, daß der Beobachter oft von der Genauigkeit der Resultate überzeugter ist als er eigentlich sein sollte. Wenn man nicht sehr viele Muskelstreifen benutzt, kann der Versuchsfehler 100% betragen.

C. Die Auswertung von Ergometrin.

Es gibt noch keine biologische Auswertungsmethode für Ergometrin. Der einzige charakteristische Effekt dieser Substanz ist der, daß sie am ruhenden Uterus einen Zustand kontinuierlicher rhythmischer Bewegungen bewirkt (Brown und Dale, 1935).

D. Die kolorimetrische Bestimmung des gesamten Alkaloidgehaltes.

Als im Jahre 1932 die britische Pharmakopöe veröffentlicht wurde, war das Ergometrin noch nicht entdeckt worden und man glaubte, daß die physiologische Wirksamkeit des Mutterkorns ganz durch das Ergotoxin bedingt sei. Es gab keine chemische Methode, mit der man Ergotoxin von Ergometrin unterscheiden konnte, aber man hatte Gründe, anzunehmen, daß Ergotoxin immer ungefähr 60 bis 80% des gesamten

Alkaloidgehaltes ausmachte. Es gab eine kolorimetrische Methode zur Bestimmung des gesamten Alkaloidgehaltes, die deshalb eingeführt wurde, weil die Ergebnisse dieser Methode ungefähr dem Ergotoxingehalt entsprachen; wenn man z. B. einen Gesamtalkaloidgehalt von 0,05% festgestellt hatte, nahm man an, daß 0,03% Ergotoxin vorhanden waren. Die Einzelheiten der Methode sind folgende:

12 g pulverisiertes Mutterkorn wird mit kaltem Leichtpetroleum (Kochpunkt 40° bis 50°) durch Kolieren extrahiert, um das Fett zu entfernen. Die extrahierte Droge wird unterhalb 40° C getrocknet, in eine fest verschließbare Flasche gefüllt und 120 ccm reiner Narkoseäther hinzugefügt. Nach 10 Minuten werden 20 ccm Wasser, die 0,5 g Magnesiumoxyd enthalten, zugegeben und das Gemisch 30 Minuten geschüttelt. Man gibt 1,5 g Traganth zu, schüttelt gründlich und filtriert durch Watte. 100 ccm des Filtrats werden in einen Scheidetrichter gefüllt und nacheinander mit 4 Portionen von je 10 ccm 1 proz. Weinsäure geschüttelt; die wässerigen Lösungen werden jedesmal in einer Abdampfschale aufgefangen, und nachdem man den darin gelösten Äther durch Erwärmung an der Luft hat verdampfen lassen, wird das Volumen mit Wasser auf 40 ccm aufgefüllt.

0,125 g Dimethylaminobenzaldehyd wird in einem kalten Gemisch von 65 ccm konzentrierter Schwefelsäure und 35 ccm Wasser aufgelöst. Zu dieser wird 0,1 ccm 5proz. Ferrichlorid hinzugefügt. 2 ccm dieser Lösung werden mit 1 ccm von den 40 ccm des wässerigen Mutterkornextraktes vermischt. Die Mischung wird auf 45°C erwärmt und hellem Licht ausgesetzt, bis die blauviolette Farbe ihr Maximum erreicht hat. Ein zweites Gemisch wird hergestellt, das aus 2 ccm Dimethylaminobenzaldehydlösung mit 1 ccm von 0,012proz. Lösung Ergotoxin-Äthansulfonat in 1% Weinsäure besteht. Auch diese wird erwärmt und in derselben Weise dem Licht ausgesetzt. Die Farben der beiden Mischungen werden im Kolorimeter verglichen. Ist die Mischung, die den Mutterkornextrakt enthält, intensiver, dann muß der Mutterkornextrakt weiter verdünnt und der Vergleich wiederholt werden. Der Prozentsatz an Gesamtalkaloiden im Mutterkorn kann dann als Ergotoxin berechnet werden. Wenn z. B. die beiden Mischungen, die zuerst zubereitet wurden, die gleiche Farbintensität besaßen, dann entspricht 1 ccm des wässerigen Mutterkornextraktes 0,12 mg Ergotoxin-Äthansulfat oder 0,1 mg der Ergotoxinbase. Folglich entsprechen 40 ccm des wässerigen Extraktes aus 10 g Mutterkorn 4 mg Ergotoxin; also enthält das Mutterkorn 0,04% Gesamtalkaloid als Ergotoxin gerechnet.

E. Die Bestimmung von Ergotoxin und Ergometrin.

Hampshire und Page (1936) haben kürzlich eine Methode beschrieben, mit der man die wasserlöslichen Alkaloide getrennt von den wasserunlöslichen Alkaloiden im Mutterkorn bestimmen kann. Ergometrin ist wahrscheinlich der Hauptbestandteil der ersten Gruppe, und Ergotoxin der der letzteren. Die folgende Beschreibung der Methode stammt aus der Arbeit von Hampshire und Page.

„10 g Mutterkorn, das ziemlich fein pulverisiert ist (44/60), wird mit Leichtpetroleum (Kochpunkt 40 bis 50° C) in einem Dauerextraktionsapparat extrahiert, bis es völlig fettfrei ist. Die extrahierte Droge wird bei einer Temperatur, die nicht höher als 40° C sein soll, getrocknet und in eine Porzellanschale gefüllt. Es wird gerade so viel Narkoseäther dazugegeben, daß eine dickflüssige Masse entsteht, sodann 2 ccm einer starken Ammoniaklösung und das Ganze mit einem

Glasstab umgerührt. Der Äther soll möglichst ganz verdampfen, der Rückstand wird wieder in den Dauerextraktionsapparat zurückgefüllt und mit 100 ccm Narkoseäther ungefähr 5 Stunden lang extrahiert. Die ätherische Flüssigkeit wird durch ein kleines Filter filtriert; Flasche und Filter werden mit kleinen Mengen Narkoseäther nachgewaschen, bis das Gesamtvolumen 120 ccm beträgt.

Gesamtalkaloidgehalt. 60 ccm der ätherischen Lösung werden nacheinander mit 10, 10, 5 und 5 ccm einer 1 proz. wässerigen Weinsäurelösung geschüttelt. Die 4 Portionen saurer Lösung werden zusammengeschüttet und in warmer Luft leicht erwärmt, nach Abkühlung werden sie mit Wasser auf 30 ccm verdünnt. 1 ccm dieser Lösung wird mit 2 ccm Dimethylaminobenzaldehydlösung vermischt und 5 Minuten stehengelassen. Ebenso wird 1 ccm einer Ergotoxin-Äthersulfonatlösung mit 2 ccm Dimethylaminobenzaldehydlösung vermischt und 5 Minuten stehengelassen. Man bestimmt das Verhältnis der Farbintensität mit einem geeigneten Kolorimeter.

Wasserunlösliche Alkaloide. Die übriggebliebenen 60 ccm der ätherischen Lösung werden nacheinander mit verschiedenen Portionen von 20 ccm Wasser, das mit Ammoniak gegenüber Lackmus gerade alkalisch gemacht ist, so lange geschüttelt, bis 1 ccm der abgelassenen wässerigen Lösung keine blaue Farbe mehr annimmt, wenn man 2 ccm Dimethylaminobenzaldehydlösung zugibt. Nun wird die ätherische Lösung nacheinander mit 10, 10, 5 und 5 ccm einer 1 proz. wässerigen Weisäurelösung ausgeschüttelt. Diese sauren Lösungen werden vereinigt, und der Äther durch leichte Erwärmung in Luft entfernt. Nach Abkühlung wird mit Wasser auf 30 ccm verdünnt und dann der kolorimetrische Vergleich mit einer Ergotoxin-Äthansulfonatlösung, wie oben beschrieben, ausgeführt.

Durch diese beiden Methoden wird der gesamte Alkaloidgehalt und der wasserunlösliche Alkaloidgehalt bestimmt, beide als Ergotoxin gerechnet. Durch Subtraktion erhält man den Gehalt an wasserlöslichen Alkaloiden, auch als Ergotoxin gerechnet. Hieraus berechnet man den wasserlöslichen Anteil als Ergometrin berechnet, indem man mit dem Faktor 0,538 multipliziert; in diesen Werten ist etwa vorhandenes Ergometrinin enthalten.“

Wenn bekannte Mengen Ergotoxin und Ergometrin dem pulverisierten Mutterkorn zugefügt wurden, konnten die Autoren diese mit den oben beschriebenen Methoden wieder bestimmen. Der Faktor 0,538 wurde gefunden, indem die relative Farbintensität der Basen Ergotoxin und Ergometrin nach Behandlung mit Dimethylaminobenzaldehyd bestimmt wurde. Die durch die beiden Basen bewirkten Farben sind spektroskopisch identisch. Ergometrin ergibt eine Farbe, die 1,86mal intensiver ist als die der Ergotoxinbase. Der reziproke Wert von 1,86 ist 0,538.

Literatur.

Broom and Clark, J. of Pharmacol. **22**, 59 (1923). — Brown and Dale, Proc. roy. Soc., Ser. B, **118**, 446 (1935).

Dudley and Moir, Brit. med. J. **1**, 520 (1935).

Hampshire and Page, Quart. J. Pharm. Pharmacol. **9**, 60 (1936). — Houghton, Ther. Gaz. **14**, 433 (1898).

Moir, Brit. med. J. **1**, 1119 (1932).

Kapitel XVIII.

Organische Arsen- und Antimonverbindungen.

A. Toxizitätsbestimmungen.

Die gebräuchlichsten organischen Arsenverbindungen sind Neosalvarsan und Myosalvarsan. Sie werden durch intravenöse Injektion an Ratten und Mäusen auf ihre Toxizität geprüft. Bis auf den heutigen Tag begnügen sich viele Untersucher damit, das zu prüfende Präparat ohne gleichzeitigen Vergleich mit einem Standard auszuwerten; sie nehmen an, daß die Resistenz verschiedener Mäuse- und Rattengruppen nicht von Zeit zu Zeit wechselt. MORRELL und CHAPMAN (1933) haben jedoch festgestellt, daß die Empfindlichkeit von Ratten schwankt, und daß es nötig ist, gleichzeitig einen Vergleich mit dem Standard anzustellen. Die LD 50 einer Probe von Neosalvarsan schwankte bei männlichen Ratten von 382 bis 500 mg/kg. WIEN (1936) zeigte, daß eine Dosis von 400 mg/kg 80% der Ratten tötete, die an Vitamin A- oder Vitamin D-Mangel litten, jedoch nur ungefähr 40% der Kontrolltiere aus demselben Wurf tötete, die Carotin oder bestrahltes Ergosterin erhalten hatten. Unterschiede in der Kost beeinflußten auch die Resistenz von Mäusen. WIEN (1936) fand, daß eine Dosis von 8 mg Neosalvarsan pro Maus von 14 g Gewicht, 56% der mit Brot und Milch gefütterten und 78% der mit Hafer- oder Weizenkörnern gefütterten Tiere tötete.

Diese Befunde zeigen, wie zu erwarten war, daß die Resistenz gegen die toxische Wirkung von Neosalvarsan von vielen Faktoren abhängt und daß eine konstante Giftigkeit der Neosalvarsanpräparate nur dann gewährleistet werden kann, wenn man zur Toxizitätsbestimmung jedesmal den Standard zum Vergleich heranzieht und der Unterschied ein bestimmtes Maß nicht überschreitet. Wenn die Vorschrift den Vergleich mit dem Standard nicht enthält, sondern sich darauf beschränkt, daß eine bestimmte Dosis nicht mehr als einen gewissen Prozentsatz der Tiere töten darf, dann kann es vorkommen, daß manche Präparate von normaler Giftigkeit verworfen werden, nur weil die Tiere, die damit gespritzt wurden, gegen die toxische Wirkung außerordentlich empfindlich waren.

Die internationalen Standardpräparate. Bei der Genfer Konferenz 1925 wurde eine Vorschrift zur biologischen Auswertung der Heilmittel der Arsenobenzolgruppe mit bezug auf eine Reihe von Standardpräparaten angenommen. Die Herstellung und Verteilung der Standardpräparate wurde KOLLE, Georg-Speyer-Haus, Frankfurt a. M., anvertraut. VOEGTLIN, National Institute of Health, Washington, wurde gebeten, das Standardpräparat für Myosalvarsan herzustellen, und auf der Genfer Konferenz 1935 wurde beschlossen, dem National Institute for Medical Research, London, die Herstellung und Verteilung dieser Standardpräparate zu übertragen.

Neosalvarsan. Der internationale Standard für diese Substanz, die auch als Neoarsphenamin und Novarsenobenzol bekannt ist, wird jetzt in London aufbewahrt und ist dasselbe Material, das während der vergangenen Jahre vom Georg-Speyer-Haus verteilt wurde; es ist in Ampullen abgefüllt und wird in einem Kühlraum aufbewahrt. Neosalvarsan wird dadurch gewonnen, daß man an die Aminogruppe des Salvarsans (Arsphenamin) eine Methylensulfoxylsäuregruppe einführt. Diese Einführung kann an eine oder beide Aminogruppen geschehen, meistens ist es eine Mischung dieser beiden Verbindungen. Der internationale Standard ist die Doppelverbindung, Dioxydiamino-Arsenobenzol-di-N-methylensulfoxylsaures Natrium, die nicht wegen ihrer Zusammensetzung, sondern deshalb, weil sie in bezug auf Toxizität und therapeutische Wirksamkeit befriedigend war, gewählt wurde.

Myosalvarsan (Sulpharsphenamin). Der internationale Standard ist erst kürzlich hergestellt worden und wird im National Institute for Medical Research in London aufbewahrt. Myosalvarsan wird dadurch gewonnen, daß der methylenschweflige Säurerest an die Aminogruppe des Salvarsans eingeführt wird. Der internationale Standard hat ein Radikal an einer Aminogruppe und zwei an der anderen, so daß es Dioxydiaminoarsenbenzol-tri-N-methylenschwefligsaures Natrium ist.

Die Wirksamkeit unbekannter Präparate. Auf der internationalen Konferenz wurde beschlossen, daß die Toxizität unbekannter Neosalvarsanpräparate die des internationalen Standards um nicht mehr als 20% überschreiten und die therapeutische Wirksamkeit nicht mehr als 20% niedriger sein dürfte. Die vorgeschriebenen Grenzen für Myosalvarsanpräparate in bezug auf den internationalen Standard sind dieselben.

Gebrauch der Standardpräparate. In der Anweisung des National Institute for Medical Research, London, für den Gebrauch der Standardpräparate steht nicht, daß bei der Toxizitätsbestimmung jedes unbekannten Präparates ein Vergleich mit dem Standard gemacht werden müßte, sondern nur, daß jeder Untersucher in seinem Institut einmal die LD 50 des Standards für die Tiere, die dort gebraucht werden, bestimmen müßte. Findet man z. B., daß die LD 50 für Mäuse von 18 bis 20 g Gewicht 0,46 mg/g geträgt, dann werden unbekannte Präparate bei allen späteren Auswertungen die internationale Vorschrift erfüllen, wenn $\frac{5}{6} \cdot 0{,}46 = 0{,}38$ mg/g nicht mehr als 50% der Tiere tötet. In der Gebrauchsanweisung wird vorausgesetzt, daß in einem Laboratorium, in dem die Tiere immer von derselben Bezugsquelle stammen und immer in derselben Weise gefüttert werden, keine nennenswerte Empfindlichkeitsveränderung auftritt. Häufig zeigt sich aber, daß dies nicht zutrifft, und dann muß eben jedes unbekannte Präparat gleichzeitig mit einem Standard verglichen werden.

Die Zubereitung der Injektionslösung. Es ist bisher nicht genügend beachtet worden, daß die Giftigkeit einer Neosalvarsanlösung rasch zunimmt, wenn man sie nicht vor Luftzutritt schützt. Es ist natürlich längst bekannt, daß die Toxizitätszunahme stattfindet, aber die Geschwindigkeit, mit der dies eintritt, ist erst neuerdings betont worden. Morrell und Chapman (1933) haben an Ratten gezeigt, daß die Giftigkeit einer Lösung, die 25 Minuten an der Luft gestanden hat, ungefähr 56% größer ist als die einer 5 Minuten alten Lösung, sogar wenn man sie in einem verschlossenen Meßzylinder stehen läßt und nicht schüttelt. Wien (1935) hat dieselben Beobachtungen an Mäusen gemacht und gefunden, daß die Giftigkeit in 15 Minuten durchschnittlich um 17,5% zunimmt. Solch rasche Giftigkeitszunahme zeigt deutlich, warum besondere Vorsichtsmaßregeln ergriffen werden müssen, um Oxydation zu vermeiden, selbst dann, wenn man alle Injektionen innerhalb 15 Minuten nach der Zubereitung der Lösung macht. Morrell und Chapman nehmen frisches destilliertes Wasser. Dies wird gekocht, und während es kocht, wird auf die Oberfläche eine 0,5 cm dicke Schicht Paraffinum liquidum geschüttet. Dann wird es abgekühlt. Man öffnet nun eine Ampulle Neosalvarsan, wägt schnell einen Teil des Pulvers und gibt ihn in ein trockenes Gefäß. Das benötigte Volumen Wasser unter der Paraffinschicht wird mit einer Pipette entnommen und zum Neosalvarsan gegeben. Die Oberfläche wird sofort wieder mit Paraffinum liquidum bedeckt, und das Neosalvarsan wird durch Umrühren mit einem Glasstab unter der Paraffinschicht gelöst. Sowohl Morrell und Chapman als auch Wien fanden, daß in dieser Weise geschützte Lösungen in 2 bis 3 Stunden nicht toxischer wurden.

Die Auswahl der Tiere. Man darf die Mäuse und Ratten nie in Räumen halten, in denen Arsenpräparate irgendwelcher Art aufbewahrt werden, denn sie absorbieren kleinste Spuren von Arsen aus der Luft und entwickeln dadurch eine abnorme Widerstandsfähigkeit gegenüber diesen Mitteln. Da die Injektion in die Schwanzvene gemacht wird, müssen die Tiere helle Schwänze haben. Die Kost muß gleichmäßig sein, und wenn frische Mäuse ins Laboratorium kommen, so müssen sie eine Woche mit dieser Kost gefüttert werden, bevor sie für die Auswertung benutzt werden können. Durham, Gaddum und Marchal (1929) fanden, daß gewichtsgleiche Mäuse bessere Resultate ergeben als ungleich schwere. Sie bestimmten eine Kurve aus dem Verhältnis von Dosis zu Sterblichkeitsprozentsatz für Mäuse von 13 und 35 g Gewicht, von denen die Mehrzahl 15 bis 25 g wog. Die Dosen waren pro Gewicht eingestellt.

Außerdem konstruierten sie eine Kurve für gewichtsgleiche Mäuse (18 bis 20 g). Diejenige für 18 bis 20 g schwere Mäuse war viel steiler und symmetrischer, also müssen diese Mäuse genauere Resultate ergeben.

Um die Beziehung zwischen Dosis und Körpergewicht festzustellen, bestimmten Durham, Gaddum und Marchal auch eine Kurve für 13 bis 15 g schwere Mäuse, die in Abb. 64 mit der für 18 bis 20 g schwere Mäuse zusammen dargestellt ist. Die beiden Kurven sind nicht identisch; sie würden sich decken, wenn die Einstellung der Dosis zum Körpergewicht genau wäre. 13 bis 15 g schwere Mäuse vertragen verhältnismäßig größere Dosen als solche von 18 bis 20 g. Einer Dosis von 7 mg pro Maus von 14 g Gewicht entsprechen genau 7,6 mg pro Maus von 19 g Gewicht; zwischen 19 und 25 g muß aber die Dosis 0,4 mg/g und dem Körpergewicht genau proportional sein. Durham, Gaddum und Marchal haben folgende Regeln aufgestellt:

1. Man nehme möglichst Mäuse, deren Gewicht um nicht mehr als 2 g verschieden ist. Am besten wählt man 13 bis 15 g, weil bei diesem Gewicht kein Unterschied in der Empfindlichkeit zwischen den beiden Geschlechtern besteht. Bei 18 bis 20 g sind Weibchen um 8 bis 10% empfindlicher als Männchen, obwohl der Fehler, wenn man gleich viele Männchen und Weibchen benutzt, nicht mehr als 3% beträgt.

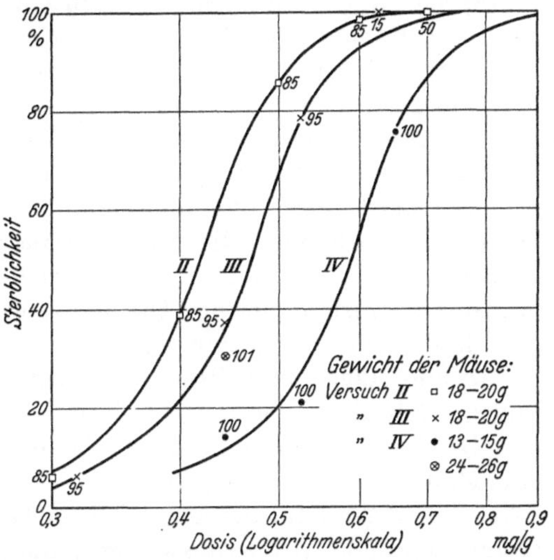

Abb. 64. Das Verhältnis des Logarithmus der Dosis zum Prozentsatz der mit Neosalvarsan getöteten Mäuse. *III* und *IV* wurden mit dem internationalen Standard erzielt, und zwar *III* an 18 bis 20 g schweren Mäusen, und *IV* an 13 bis 15 g schweren Mäusen. Die Zahlen neben den Punkten bedeuten die verwendete Tierzahl. (Durham, Gaddum und Marchal.)

2. Stehen keine Mäuse zur Verfügung, die nur um 2 g differieren, so benütze man solche zwischen 13 und 19 g Gewicht. Man mache keine Korrektion auf Grund des Gewichts, sondern behandle sie so, als ob sie gleich schwer wären.

3. Wenn die Mäuse schwerer als 19 g sind, muß die Dosis dem Körpergewicht direkt proportional sein.

Vorbereitung der Mäuse und Injektion. Ein bequemes Verfahren ist folgendes: Die Mäuse werden am Abend gefüttert. Am Tage der Injektion werden sie vor dem Füttern gewogen und werden nicht früher als eine Stunde nach dem Füttern injiziert. Für die Injektion wird die Maus in einen durchlöcherten Zinkzylinder von 8 bis 9 cm Länge und 2,5 cm Durchmesser gesteckt, der an beiden Enden offen ist. Ein Kork, in den eine Rinne eingekerbt ist, schließt das eine Ende, durch das der Schwanz, der in der Rinne liegt, heraushängt. Das andere Ende wird mit Watte verstopft. Vor der Injektion wird der Schwanz in ein Wasserbad von 60° C getaucht. Nach einer halben Minute sind die Schwanzvenen völlig erweitert und leicht zu sehen. Man klemmt dann den Behälter horizontal in eine Klammer, hält den Schwanz in einer Hand, die Spritze in der anderen. Es muß eine gute, in 0,01 ccm eingeteilte Spritze sein; eine 1 ccm-Tuberkulinspritze mit einer sehr spitzen, feinen Nadel ist geeignet. Genau über der größten Vene wird die Nadel in den Schwanz gestochen und 0,5 bis 1 cm in die Vene hineingeschoben. Öfters liegt die Nadel gerade außerhalb der Vene, was man dadurch feststellt, daß eine kleine Schwellung entsteht, wenn man leicht auf den Kolben drückt. Liegt die Nadel innerhalb der Vene, so injiziert man ganz langsam. Sobald man die Nadel herausgezogen hat, drückt man den Finger einen Augenblick auf die Einstichstelle. Wenn die Nadel scharf ist, ist das Injizieren leicht. Die Mäuse werden 3 Tage lang beobachtet, um die Sterblichkeit festzustellen.

Anzahl Mäuse und Dosierung. DURHAM, GADDUM und MARCHAL fanden, daß die LD 50 für Standardneosalvarsan 8,1 mg für eine Maus von 13 bis 15 g Gewicht betrug, also 0,58 mg/g; sie betrug 8,9 mg für eine Maus von 18 bis 20 g Gewicht, also 0,47 mg/g. Jeder Untersucher sollte diesen Wert für die Mäuse, die er benutzt, bestimmen, und sobald er unbekannte Präparate auswertet, $\frac{5}{6}$ dieser Dosis in einer 2proz. Lösung injizieren.

Da der Zweck der Auswertung nicht darin liegt, die eigentliche Giftigkeit zu bestimmen, sondern nur in der Feststellung, ob die Dosis weniger als 50% der Mäuse tötet, haben DURHAM, GADDUM und MARCHAL folgendes Verfahren vorgeschlagen:

Zuerst werden 10 Mäuse injiziert. Wenn nicht mehr als 2 sterben, wird das Präparat freigegeben und der Test ist beendet. Wenn also nicht mehr als 2 von 10 Mäusen sterben, nimmt man an, daß auch nicht mehr als 15 von 30 sterben. Wenn aber mehr als 2 sterben, wird der zweite Abschnitt des Tests angefangen und 10 weitere Mäuse injiziert. Wenn nicht mehr als 8 aus der Gesamtzahl 20 sterben, nimmt man an, daß auch nicht mehr als 15 von 30 sterben und gibt das Präparat frei. Wenn mehr als 15 sterben, wird das Präparat verworfen. Wenn mehr als 8, aber weniger als 15 sterben, führt man den dritten Abschnitt der Prüfung durch und injiziert wiederum 10 Mäuse. Wenn von allen 30 nicht mehr als 15 sterben, wird die Probe freigegeben, wenn mehr als 15 sterben, wird sie verworfen.

Der Nachteil der Methode besteht darin, daß sie lange dauert, und der einzige Vorteil ist, daß man vielleicht 20 Mäuse spart. Das ganze Verfahren beruht auf der Ansicht, daß es unnötig sei, einen gleichzeitigen Vergleich mit dem Standard zu machen. Besser spritzt man aber gleich 30 Mäuse mit einer Standarddosis, von der man weiß, daß sie der LD 50 entspricht, und 30 Mäuse mit einer Dosis des unbekannten Präparates, die $\frac{5}{6}$ der Standarddosis beträgt. Die relative Toxizität des unbekannten Präparates kann aus Abb. 64 ersehen werden. Man kann so innerhalb von 3 Tagen zum Ergebnis kommen.

Die Injektion von Ratten. Man spritzt in die Schwanzvene. Die Ratte wird in einem Tuch von einem Assistenten festgehalten und der Schwanz in etwa 60° heißes Wasser getaucht. Sobald die Venen erweitert sind, preßt der Assistent mit den Fingern seiner freien Hand das Blut von der Ansatzstelle zur Schwanzspitze und hält sie dem, der injiziert, hin. Die Injektion wird dann ebenso gemacht wie bei der Maus. Die Schwierigkeit, in eine Rattenschwanzvene zu spritzen, hängt von der Dicke der Haut ab; bei jungen Ratten ist der Schwanz gewöhnlich nicht zu dick.

Anzahl Ratten und Dosierung. CHAPMAN und MORRELL haben gefunden, daß die LD 50 des Standard-Neosalvarsan für Ratten von 100 bis 150 g Gewicht, die man 18 Stunden vorher hatte hungern lassen, 0,45 mg/g betrug. Sie fanden, daß die LD 50 sich je nach der Empfindlichkeit der Ratten änderte, deshalb erfordert die Auswertung an Ratten unbedingt einen gleichzeitigen Vergleich mit dem Standard. Das Verhältnis zwischen Dosis und Sterblichkeitsprozentsatz ist in Tabelle 65 wiedergegeben. Darin hat die Dosis, die 50% Sterblichkeit bewirkt, den Wert 100.

Tabelle 65.

Sterblichkeitsprozentsatz	Relative Dosis	Sterblichkeitsprozentsatz	Relative Dosis
5	74,5	55	102
10	80,5	60	104
15	84	65	106
20	87,5	70	107,5
25	90	75	110
30	92,5	80	111,5
35	94,5	85	114
40	96,5	90	117
45	98	95	121
50	100		

Für die Auswertung bereitet man eine 4proz. Lösung. Vom Standard wird eine Dosis, die der LD 50 entspricht, injiziert, vom unbekannten Präparat $\frac{5}{6}$ dieser Dosis. Es liegt kein Grund dafür vor, weniger Ratten als Mäuse zu benutzen, aber es ist natürlich schwierig, für jede Auswertung 60 Ratten zur Verfügung zu haben, obgleich man eigentlich 60 benutzen sollte. Wegen der Schwierigkeit der Beschaffung so vieler Ratten ist die Auswertung an Mäusen vorzuziehen.

Die Toxizität von Myosalvarsan. Man bestimmt die Toxizität von Myosalvarsan in derselben Weise wie die von Neosalvarsan, mit dem einzigen Unterschied, daß die Injektion subcutan und nicht intravenös gegeben wird. Man spritzt eine 2proz. Lösung. Findet man z. B., daß die LD 50 des Standards für Mäuse von 13 bis 15 g Gewicht 0,6 mg/g beträgt, so injiziert man 0,5 mg/g vom unbekannten Präparat.

Ein Ergänzungstest zur Feststellung, ob das Präparat keine lokale Reizung verursacht, wird an 5 Ratten mit einer 10proz. Lösung vorgenommen, von der man 0,35 mg pro Gramm Körpergewicht injiziert. Man rupft die Haare in einem kleinen Bereich seitlich am Körper des Tieres aus und injiziert an dieser Stelle unter die Haut. Präparate, die Ödem oder Nekrose bewirken, werden verworfen, auch wenn sie den Anforderungen des Mäusetests entsprochen haben sollten.

Die Toxizität von Salvarsan und Silbersalvarsan. Diese Substanzen werden so wenig gebraucht, daß bisher keine Kurven für das Verhältnis von Dosis zu Sterblichkeitsprozentsatz bestimmt worden sind. Daher sind die zu beschreibenden Methoden die alten, unvollkommenen Auswertungen an zu wenig Tieren.

a) *Salvarsan.* Es ist üblich, 0,1 g auszuwägen und in ungefähr 6 ccm Wasser zu lösen, 0,45 ccm 2 N-Natronlauge hinzuzufügen, zu schütteln und auf 10 ccm aufzufüllen. Von dieser 1proz. Lösung bekommen 5 Mäuse je eine Dosis, die 0,1 mg/g entspricht, und 5 Mäuse je 0,125 mg/g intravenös. Das Präparat wird als nicht zu toxisch betrachtet, wenn für jede Dosis wenigstens 3 von 5 Mäusen 4 Tage überleben.

b) *Silbersalvarsan.* Dosen von 0,125 mg und 0,15 mg pro Gramm werden in 1proz. Lösung intravenös gegeben. 5 Mäuse erhalten die kleinere, 5 die größere Dosis. Nicht mehr als 2 Mäuse in jeder Gruppe dürfen während der 4 Beobachtungstage sterben.

B. Die Bestimmung der therapeutischen Wirksamkeit.

Man bestimmt die Wirksamkeit der organischen Arsen- und Antimonverbindungen meistens an ihrer Wirkung auf Trypanosoma equiperdum, mit denen man Ratten oder Mäuse infiziert. Voegtlin und Homer Smith (1920) haben eine Methode beschrieben, in der sie Ratten mit diesen Trypanosomen infizierten und die Infektion sich 2 Tage lang in den Ratten entwickeln ließen. Nach dieser Zeit fanden sich Trypanosomen im peripheren Blut. Ratten, bei denen die Infektion denselben Grad erreicht hatte, wurden für die Auswertung herausgesucht, indem die Trypanosomen im Blut ausgezählt wurden. Die ausgewählten Ratten wurden mit der Arsenverbindung gespritzt und die Wirkung auf die zirkulierenden Trypanosomen nach 24, 48 und 72 Stunden beobachtet. Auch heute noch wird diese Methode mit allerlei Änderungen allgemein gebraucht. Sie hat aber zwei Nachteile. Erstens ist die Auswahl der für die Auswertung geeigneten Ratten oder Mäuse durch die Auszählung der Trypanosomen im Blut sehr umständlich. Zweitens genügt die Bestimmung zwar, um Unterschiede zwischen 2 Präparaten festzustellen, sie kann aber nicht gut dazu benutzt werden, das Verhältnis ihrer Wirksamkeit genau zu bestimmen.

Gray, Trevan, Bainbridge and Attwood (1931) haben eine wichtige Modifikation dieser Auswertung zum Vergleich der therapeutischen Wirksamkeit organischer Antimonverbindungen angegeben. Bei dieser Methode wurden die Mäuse, wie in dem oben beschriebenen Verfahren, mit Trypanosomen infiziert, aber anstatt 2 Tage mit der Verabreichung des Heilmittels zu warten, wurde es am selben Tage in die Schwanzvene injiziert. Eine Mäusegruppe erhielt eine Dosis des unbekannten Präparates, eine andere den Standard. Dann beobachteten sie die Mäuse und verglichen die durchschnittliche Lebensdauer der mit dem unbekannten Präparat gespritzten Mäuse mit der Lebensdauer der mit dem Standard gespritzten Mäuse. Bei diesem Verfahren wird das Auszählen der Trypanosomen zwar vermieden, es macht aber einen quantitativen Vergleich nicht möglich, sondern zeigt nur, ob eine bestimmte Dosis des unbekannten Präparates stärker oder schwächer als die Standarddosis ist.

Burn (1937) hat die Methode weiter untersucht, und gefunden, daß man damit für Arsenverbindungen Unterschiede von 20% in der Dosis unterscheiden kann, sogar wenn man nur kleine Mäusegruppen benutzt. 4 Gruppen von je 10 Mäusen werden infiziert, und am selben Tage gibt man 2 Gruppen den Standard und 2 Gruppen das unbekannte Präparat. Die beiden Standardgruppen erhalten Dosen, die um 20% verschieden sind, die anderen beiden Gruppen erhalten vom unbekannten Präparat auch 2 Dosen, die um 20% verschieden sind. Hierdurch kann man eine quantitative Beziehung zwischen dem unbekannten und dem Standardpräparat finden.

Die hier folgende Aufstellung umfaßt die Beschreibung der drei Methoden, die zur Bestimmung der therapeutischen Wirksamkeit der organischen Arsen- und Antimonverbindungen benutzt werden können.

Das Unterhalten der Trypanosomeninfektion. Die Infektion von Trypanosoma equiperdum (nach allgemeiner Ansicht für den Menschen nicht pathogen) kann man an Ratten, Mäusen oder Meerschweinchen unterhalten. Sie verläuft bei Ratten und Mäusen sehr schnell und führt in 3 bis 5 Tagen zum Tode. Beim Meerschweinchen verläuft sie langsamer und dauert gewöhnlich 3 Monate. Deshalb infiziert man zur Sicherheit außer den Ratten immer 1 bis 2 Meerschweinchen.

Werden Mäuse für die Auswertung gebraucht, so infiziert man sie von einer kranken Ratte. Zuerst wird das Blut der Ratte daraufhin untersucht, ob es viele Trypanosomen enthält. Dazu macht man einen Einstich in eine Ohr- oder Schwanzvene, fängt einen Bluttropfen mit einem Deckglas auf und untersucht ihn unter dem Mikroskop. Finden sich genügend Trypanosomen, so wird die Ratte mit Leuchtgas getötet, die Kehle durchschnitten und das Blut in einem Becher, der 30 ccm einer 1proz. Natriumcitratkochsalzlösung enthält, aufgefangen. Ratten und Mäuse werden mit dieser Suspension von Blut in Citratkochsalzlösung infiziert, indem 0,1 bis 0,5 ccm intraperitoneal injiziert wird, wobei man darauf achten muß, daß die Suspension immer gut gemischt ist.

Man kann die Suspension auch mit Kaninchenserum machen, nach MORRELL, CHAPMAN und ALLMARK. Das Blut einer infizierten Ratte wird in einem Becher, der etwas Natriumcitrat enthält, aufgefangen. Danach wird es sofort 20fach mit Kaninchenserum verdünnt. Das Kaninchen wird am Nachmittag vorher getötet, und man gewinnt das Serum, indem man das Blut über Nacht im Eisschrank stehen läßt und es am Morgen zentrifugiert. Die Verdünnung 1 : 20 mit Kaninchenserum muß zur intraperitonealen Injektion in andere Tiere weiter verdünnt werden. War es stark infiziertes Blut, so verdünnt man 6- bis 8mal und spritzt einer Maus 0,2 ccm.

Für jede der beschriebenen Methoden werden die Trypanosomen in der Suspension gezählt, und man verdünnt auf eine bestimmte Anzahl pro Kubikzentimeter, bevor man die Ratten oder Mäuse infiziert. Dieses Auszählen hat den Vorteil, daß der Untersucher sicher weiß, daß er nicht zu stark und nicht zu schwach infiziert. Praktisch ist die Zählung allerdings, wenn sie nicht mehrmals wiederholt wird, nicht sehr genau und nicht unbedingt notwendig. Der Anfänger kann sie unterlassen und zunächst die Auswertung in der einfachsten Weise vornehmen. Sobald er dann von der Zuverlässigkeit seiner Resultate überzeugt ist, wird er natürlich auf Eleganz seiner Technik Wert legen und die Trypanosomen immer auszählen.

Sowohl für die Bestimmung der Wirksamkeit als auch der Toxizität ist es sehr wichtig, niemals die Arsenpräparate in demselben Zimmer aufzubewahren, in dem sich die Ratten, Mäuse oder Meerschweinchen entweder vor oder nach der Trypanosomeninfektion befinden.

1. Der Heilungstest.

(Auf Grund der Methode des National Institute for Medical Research, London.)

Infektion der Mäuse. Eine Suspension von infiziertem Rattenblut in Citratkochsalzlösung wird, wie oben beschrieben, hergestellt. Die Zahl der Trypanosomen pro Kubikmillimeter dieser Suspension wird bestimmt (s. unten) und die Suspension mit Citratkochsalzlösung weiter verdünnt, bis sie ungefähr 7000 Trypanosomen pro Kubikmillimeter enthält. Für eine Auswertung, bei der ein unbekanntes Präparat mit einem Standard verglichen wird, werden 25 bis 30 Mäuse von 18 bis 25 g

Gewicht infiziert, indem man jeder Maus 0,5 ccm der verdünnten Suspension intraperitoneal injiziert. Danach wartet man 2 Tage.

Auswahl der infizierten Mäuse. Nach Ablauf dieser Zeit wird zunächst das Blut der Mäuse untersucht, indem man einen Tropfen, den man durch einen Stich in die Schwanzvene nahe der Spitze erhalten hat, mikroskopisch betrachtet, und feststellt, welche Mäuse eine mittelschwere, und welche eine schwere oder leichte Infektion haben. Diejenigen, die so wenig Trypanosomen haben, daß nur 1 oder 2 in mehreren Gesichtsfeldern zu finden sind, sind ebenso unbrauchbar wie die, bei denen die Zahl der Trypanosomen derjenigen der roten Blutkörperchen nahekommt. Die mittelschwer infizierten Mäuse werden nun weiter untersucht, indem man die Menge der Trypanosomen pro Kubikzentimeter Blut auszählt.

Trypanosomen - Zählmethode. Hierfür wird folgende Farblösung bereitet:

Lösung A. 30 ccm Glycerin werden mit 80 ccm destilliertem Wasser gemischt. Zu dieser Mischung werden 0,25 g Methylviolett gefügt und gut geschüttelt.

Lösung B. 8 g Natriumsulfat werden in 80 ccm destilliertem Wasser gelöst. Zu dieser Lösung wird 1 g NaCl gefügt.

Wenn die Salze gelöst sind, werden Lösung A und B gemischt und 6 ccm 40proz. Formalin hinzugesetzt.

Jedesmal, wenn die Farbe benutzt wird, filtriert man eine kleine Menge durch ein getrocknetes Papierfilter.

Man entnimmt das Blut von der Maus oder der Ratte, indem man die Schwanzspitze abschneidet und dort das Blut herauspreßt. Es wird in einer gewöhnlichen Erythrocytenpipette aufgesogen, 1 : 200 mit Farbstoff verdünnt und ein Tropfen in eine Blutkörperchen-Zählkammer gegeben. Nach 10 Minuten werden die Trypanosomen in 200 kleinen Quadraten gezählt.

Angenommen, x sei die Anzahl der Trypanosomen in 200 kleinen Quadraten. Dann ist die Anzahl der Trypanosomen im Kubikmillimeter Mäuseblut 4000 x.

Die Pipetten lassen sich einfach reinigen. Mit einer Wasserstrahlpumpe wird die Flüssigkeit herausgesaugt, mit Wasser und Alkohol nachgewaschen und schließlich mit Äther getrocknet. Manchmal wird die Pipette durch ein Blutgerinnsel verstopft. Man stelle sie dann in eine 0,5proz. Natriumcarbonatlösung, der etwas Pankreatin zugefügt wurde, bei 37° C, damit das Gerinnsel durch tryptische Verdauung aufgelöst wird.

Wenn man die Mäuse auf diese Weise untersucht hat, werden diejenigen, die denselben Infektionsgrad haben und im Kubikmillimeter Blut nicht weniger als 100000 und nicht mehr als 500000 Organismen enthalten, herausgesucht. Diese Mäuse werden auf 1 g genau gewogen und gefüttert. Dann wird 2 bis 3 Stunden gewartet, bevor man injiziert. Im allgemeinen lassen sich aus 25 bis 30 infizierten Mäusen 20 mit gleichem Infektionsgrad heraussuchen.

Tabelle 66. Wiedergabe einer Auswertung, in der das unbekannte Präparat den Anforderungen entsprach.

	Gewicht der Maus in g	Zahl der Trypanosomen in ccm	Dosis in mg pro g 0,2% Lsg.	Injiz. Volum.	Blutuntersuchung			
					1. Tag	2. Tag	3. Tag	4. Tag
Standard	18	368000	0,03	0,27	—	—	—	—
„	17	216000	0,03	0,26	—	—	—	—
„	19	200000	0,03	0,28	+	—	—	—
„	18	184000	0,03	0,27	—	—	—	—
„	18	112000	0,03	0,27	—	—	—	—
„	23	288000	0,025	0,29	—	—	—	—
„	23	232000	0,025	0,29	+++	+++	++++	T
„	17	232000	0,025	0,21	+	—	—	—
„	23	152000	0,025	0,29	+	—	—	—
„	18	112000	0,025	0,23	++	—	—	—
Unbek. Präparat	18	336000	0,3	0,27	—	—	—	—
„	18	216000	0,3	0,27	—	—	—	—
„	17	208000	0,3	0,26	+	—	—	—
„	19	144000	0,3	0,29	++	—	—	—
„	23	128000	0,3	0,25	+	—	—	—
„	20	280000	0,025	0,25	—	—	—	—
„	18	224000	0,025	0,23	+	—	—	—
„	19	240000	0,025	0,24	++	+++	+++	T
„	22	160000	0,025	0,28	—	—	—	—
„	18	104000	0,025	0,23	—	—	—	—
Wiedergabe einer Auswertung, in der das unbekannte Präparat den Anforderungen nicht entsprach.								
Standard	15	344000	0,03	0,23	—	—	—	—
„	14	248000	0,03	0,21	—	—	—	—
„	15	224000	0,03	0,23	—	—	—	—
„	12	128000	0,03	0,18	—	—	—	—
„	15	392000	0,025	0,19	—	—	—	—
„	16	248000	0,025	0,2	++	—	—	—
„	16	216000	0,025	0,2	—	—	—	—
„	15	192000	0,025	0,19	+	—	—	T
Unbek. Präparat	13	336000	0,03	0,2	+	—	—	—
„	13	240000	0,03	0,2	+	—	—	T
„	14	224000	0,03	0,21	+++	—	—	—
„	16	136000	0,03	0,24	+++	—	—	—
„	15	344000	0,025	0,19	++++	T		
„	15	248000	0,025	0,19	+++	++++	T	
„	16	256000	0,025	0,2	++++	++++	++++	T
„	15	96000	0,025	0,19	+++	—	—	—

In diesen Tabellen bedeutet die Blutuntersuchung am ersten Tage diejenige, die 24 Stunden nach der Injektion gemacht wurde. — bedeutet das Nichtvorhandensein von Trypanosomen in 20 mikroskopischen Gesichtsfeldern, + bedeutet einige, ++++ bedeutet massenhaft Trypanosomen, T bedeutet tot. Man beachte, daß gelegentlich einige Mäuse sterben, sogar wenn am Tage vorher keine Trypanosomen gefunden worden waren.

Injektionsdosis und Auswertung. Zur Injektion muß man die Lösungen mit derselben Sorgfalt vorbereiten wie für die Toxizitätsbestimmung. Für Neosalvarsan macht man eine 0,2proz. Lösung und spritzt 0,03 mg/g und 0,025 mg/g, jede Dosis 5 Mäusen, sowohl von dem unbekannten als auch von dem Standardpräparat. Nachdem die Injektionen in die Schwanzvene gemacht wurden, wird das Blut der Mäuse täglich 7 Tage lang untersucht, indem man einen Blutstropfen unter dem Mikroskop betrachtet. Nach 72 Stunden kann man die gespritzten Mäuse scharf in 2 Gruppen einteilen. In der ersten Gruppe sind diejenigen, bei denen die Blutuntersuchung zeigt, daß die Zahl der Trypanosomen so reduziert worden ist, daß man gewöhnlich keine oder höchstens 1 bis 2 in 20 Gesichtsfeldern findet. In der anderen Gruppe sind die Tiere, bei denen man in jedem Gesichtsfeld eine beträchtliche Anzahl Trypanosomen findet. Die erste Gruppe lebt gewöhnlich 10 bis 14 Tage, bis wieder Trypanosomen im peripheren Blut auftauchen. Die zweite Gruppe stirbt in 2 oder 3 Tagen.

Tabelle 66 zeigt ein Beispiel einer solchen Auswertung.

Im National Institute for Medical Research wurde die Erfahrung gemacht, daß die therapeutische Wirkung des Standards ungefähr konstant ist. Wenn infolge der wechselnden Widerstandsfähigkeit des Trypanosomenstammes alle Mäuse innerhalb von 24 Stunden mit beiden Dosen sowohl vom Standard wie von der Probe frei von Trypanosomen sind, ist ein Vergleich unmöglich, und die Auswertung muß mit einer niedrigeren Dosis der beiden Präparate, die eine weniger rasche Heilung bewirkt, wiederholt werden.

Prüfung der therapeutischen Wirkung von Myosalvarsan.

Die Auswertungsmethode für Myosalvarsan ist ähnlich wie die für Neosalvarsan, nur wird es subcutan injiziert. Man gibt 0,05 mg/g und 0,04 mg/g in 0,2proz. Lösung. Die Heilung erfolgt nicht so rasch; die größere Dosis bringt die Trypanosomen meist nicht vor 72 Stunden zum Verschwinden, die kleinere Dosis nicht vor 96 Stunden. Jedes unbekannte Präparat wird mit dem Standard verglichen.

Prüfung der therapeutischen Wirkung von Salvarsan.

Man bereitet eine 1,0proz. Lösung wie zur Toxizitätsbestimmung. Diese wird auf 0,05% verdünnt. 5 Mäusen wird 0,01 mg/g und 5 Mäusen 0,008 mg/g in die Schwanzvene injiziert. Es gibt keinen Standard; das Präparat wird frei gegeben, wenn die Trypanosomen aus dem Blut aller Mäuse verschwinden.

Prüfung der therapeutischen Wirkung von Silbersalvarsan.

Man bereitet eine 0,05proz. Lösung. 5 Mäuse erhalten 0,009 mg/g, 5 Mäuse 0,007 mg/g in die Schwanzvene. Es gibt keinen Standard; das

Präparat wird frei gegeben, wenn die Trypanosomen aus dem Blut aller Mäuse verschwinden.

2. Die Methode nach Gray, Trevan, Bainbridge und Attwood (1931).

Man stellt mit dem Blut einer infizierten Ratte eine Aufschwemmung von Trypanosomen in Citratkochsalzlösung her, wie auf S. 202 beschrieben ist. Die Trypanosomen werden ausgezählt und die Suspension verdünnt, so daß sie 1000 bis 2000 Trypanosomen pro Kubikmillimeter enthält. 0,5 ccm dieser Aufschwemmung wird einer Anzahl Mäusen intraperitoneal injiziert, also nur ungefähr $^{1}/_{4}$ des im vorigen Test verwandten infektiösen Materials. Anstatt nun 2 Tage zu warten, bevor man das Heilmittel gibt, wird es am selben Tag in die Schwanzvene injiziert. Eine unbehandelte Maus stirbt nach ungefähr 4 Tagen. Die gespritzten Tiere leben länger, entsprechend der Wirksamkeit der injizierten Substanz. Die Trypanosomen im Blut der Mäuse werden nicht ausgezählt, sondern die Zahl der Tage, die jede Maus überlebt, wird festgestellt. Beim Tode wird etwas Herzblut mikroskopisch auf Trypanosomen untersucht, die man noch bis zu 24 Stunden nach dem Tode finden kann. Die Mäuse, bei denen nach dem Tode keine Trypanosomen nachweisbar sind, werden ausgeschieden.

Wenn man also an einer Gruppe von Mäusen, die alle mit derselben Dosis gespritzt wurden, die durchschnittliche Überlebenszeit beobachtet, so erhält man dadurch ein Maß der Wirkung.

Beispiel der Auswertungsmethode. Als Beispiel mögen Werte aus der Arbeit von Gray, Trevan, Bainbridge and Attwood (1931) über

Tabelle 67.

Maus Nr.	Tägliche Blutuntersuchung																				
1	1	0	0	0	0	0	0	0	0	0	0	0	1	2	2	T					
2	1	0	0	0	0	0	0	0	0	0	0	0	0	0	0	0	0	1	3	4	T
3	1	0	0	0	0	0	0	0	0	0	0	0	0	0	3	4	T				
4	1	0	0	0	0	0	0	0	0	0	0	0	0	0	0	0	3	4	T		
5	0	0	0	0	0	0	0	0	0	0	0	0	0	0	2	3	3	4	T		
6	0	0	0	0	0	0	0	0	0	0	0	0	1	3	4	T					
7	0	0	0	0	0	0	0	0	0	0	1	1	2	3	T						
8	1	0	0	0	0	0	0	0	0	0	0	0	1	2	2	T					
9	1	1	0	0	0	0	0	1	3	4	T										
10	1	0	0	0	0	0	1	2	4	4	T										
11	1	0	0	0	0	0	0	0	0	0	0	0	1	3	T						
12	2	0	0	0	0	0	0	0	0	0	0	0	0	0	4	T					
13	1	0	0	0	0	0	0	0	0	0	0	0	0	0	0	1	2	2	3	T	
14	1	0	1	0	0	0	0	1	1	4	4	T									
15	0	0	0	0	0	0	0	1	1	3	4	T									
16	0	0	0	0	0	0	0	0	0	0	2	4	4	T							
17	1	0	0	0	0	0	0	1	3	T											
18	1	0	0	0	0	0	0	0	0	3	4	T									

die Auswertung von Antimonverbindungen dienen. Sie benutzten Stibaminglykosid als Standard und verglichen „Urea Stibamine“ mit diesem Standard. Das Gewicht der Mäuse lag zwischen 10 und 15 g. In Tabelle 67 erhielten die Mäuse Nr. 1 bis 8 1,5 mg Urea Stibamine pro 20 g Körpergewicht und die Mäuse Nr. 9 bis 18 3,0 mg Standard pro 20 g. In diesem Versuch wurde das Schwanzblut täglich auf Trypanosomen untersucht. Wurden keine gefunden, so ist das in der Tabelle mit 0 verzeichnet, während die Zahlen 1, 2, 3 und 4 bedeuten, ob wenig oder viele vorhanden waren. T. bedeutet Tod.

Die Durchschnittszahl der Tage bis zum Tod ist für die Mäuse der ersten Gruppe 16,5 und für die zweite Gruppe 12,4. Daraus geht hervor, daß 1,5 mg Urea Stibamine eine stärkere therapeutische Wirkung haben als 3,0 mg Standard. Das Ergebnis von 3 Versuchen ist in Tabelle 68 wiedergegeben.

Tabelle 68.

	Dosis mg	Durchschnittliche Überlebenszeit	Anzahl Tiere
1. Urea Stibamine	1,5	11,8	8
Standard . . .	1,5	8,4	7
2. Urea Stibamine	1,5	16,5	8
Standard . . .	3,0	12,4	10
3. Urea Stibamine	1,0	7,4	11
Standard . . .	3,0	6,7	11

Im ersten Versuch dieser Tabelle wurden gleiche Dosen von Urea Stibamine und Standard verglichen; das Urea Stibamine wurde stärker befunden. Im zweiten Versuch wurde die Standarddosis verdoppelt, aber Urea Stibamine war immer noch stärker wirksam. Im dritten Versuch war die Standarddosis dreimal so groß und der Heilerfolg fast gleich. Daraus wurde geschlossen, daß 0,33 mg Urea Stibamine die gleiche Wirksamkeit wie 1,0 mg Stibamineglykosid hat.

3. Burns Auswertungsmethode.

Dies Verfahren ist aus der eben beschriebenen Methode von Trevan entwickelt. Eine infizierte Ratte wird mit Leuchtgas getötet, die Kehle durchschnitten und das Blut in 30 ccm Citratkochsalzlösung aufgefangen. Nach Auszählung der Trypanosomen in der Suspension wird sie so weit mit Citratkochsalzlösung verdünnt, daß sich 7000[1] Trypanosomen im Kubikmillimeter befinden. Davon wird 40 Mäusen je 0,5 ccm intraperitoneal gespritzt. Man muß die Suspension dauernd umrühren, während man die Injektionsmenge in die Spritze aufzieht.

Eine 0,2proz. Lösung von Neosalvarsanstandard sowie eine 0,2proz. Lösung des unbekannten Präparates werden frisch bereitet und mit Paraffinum liquidum, wie oben beschrieben, vor Luftzutritt bewahrt. Vom Standard spritzt man je 10 Mäusen eine Dosis von 0,024 mg/g, und eine andere Dosis von 0,02 mg/g. Dieselben Dosen des unbekannten

[1] Noch bessere Resultate erzielt man mit 30000 Trypanosomen im Kubikmillimeter.

Präparates werden je weiteren 10 Mäusen gespritzt. Während der nächsten 7 Tage werden die 4 Mäusegruppen beobachtet.

Die Ergebnisse des Vergleichs einer Standardlösung mit einer zweiten, die als unbekanntes Präparat benutzt wurde, sind in Tabelle 69 wiedergegeben.

Tabelle 69. Anzahl lebender Mäuse in einer Gruppe von 10.

1. Versuch	Tage nach Injektion									
	3	4	5	6	7	8	9	10	11	12
Standard 0,024 mg/g	10	9	8	7	6	6	6	5	4	2
Standard 0,02 mg/g	10	10	4	3	3	2	0			
Unbekanntes Präparat 0,024 mg/g	10	10	9	8	8	8	6	4	1	1
Unbekanntes Präparat 0,02 mg/g	10	9	1	0						

Aus der Tabelle geht hervor, daß nach einer Dosis von 0,024 mg/g am 12. Tage noch nicht alle Mäuse tot waren, während nach 0,02 mg/g am 9. Tage alle tot waren. Wenn das unbekannte Präparat 20% stärker als der Standard wäre, würde die Dosis 0,02 mg/g dieselbe Wirkung wie die Standarddosis 0,024 mg/g haben. Und wenn das unbekannte Präparat 20% schwächer wäre, würde 0,024 mg/g keine größere Schutzwirkung ausüben als die Standarddosis 0,02 mg/g. Bei dem angegebenen Versuch war der Unterschied zwischen den beiden Dosen des Standards sowie des unbekannten Präparates schon am fünften Tage nach der Injektion zu sehen. Bei anderen Versuchen war er manchmal schon am vierten Tage bemerkbar. Das Auswertungsergebnis ist also meistens innerhalb von 6 Tagen bekannt.

Literatur.

Burn, Quart. J. Pharm. Pharmacol. 1937 (im Druck).

Durham, Gaddum and Marchal, Med. Res. Coun., Spec. Rep. Ser., No. 128 (1929).

Gray, Trevan, Bainbridge and Attwood, Proc. roy. Soc., Ser. B, **108**, 54 (1931).

Morrell and Chapman, J. of Pharmacol. **48**, 391 (1933).

Voegtlin and Smith, J. of Pharmacol. **15**, 475 (1920).

Wien, Quart. J. Pharm. Pharmacol. **8**, 631 (1935); **9**, 48 (1936).

Kapitel XIX.

Malariaheilmittel.

Seit Roehls Arbeit (1926) über die Wirkung von Plasmochin auf die Vogelmalaria wird die Prüfung von Malariamitteln in der Weise ausgeführt, daß eine Reihe von Kanarienvögeln durch intramuskuläre Injektion mit Plasmodien infiziert und das Blut täglich auf Parasiten untersucht wird. Durch Punktion einer Flügelvene gewinnt man einen Blutstropfen, von dem man einen dünnen Ausstrich macht und nach GIEMSA-ROMANOWSKY färbt. Bei unbehandelten Vögeln erscheinen die Parasiten nach 4 bis 5 Tagen im Blut. Werden die Vögel aber vom Tage der Überimpfung an 6 Tage lang mit einem Malariamittel behandelt, dann verzögert sich das Auftreten der Parasiten im Blut bis zu 10 bis 20 Tagen nach der Infektion. Das Malariamittel wird in einem Volumen von 1 ccm pro 20 g Körpergewicht mit der Schlundsonde verabreicht.

ROEHL achtete nur darauf, ob das Auftreten der Parasiten verzögert war, aber nicht darauf, wie lange die Verzögerung genau dauerte; deshalb bestimmte er die Wirksamkeit in Form der niedrigsten wirksamen Konzentration einer Substanz. Er fand, daß Chinin in einer Verdünnung von 1 : 800 die Verzögerung bewirkte, aber in 1 : 1600 nicht mehr. Er nannte die Wirkungsbreite von Chinin 1÷4, da eine Verdünnung von 1 : 200 noch vertragen wurde und 1 : 800 noch therapeutisch wirksam war. Für Plasmochin betrug die Wirkungsbreite 1÷30, da die Verdünnung von 1 : 1500 noch gut vertragen wurde und 1 : 50000 noch deutlich wirksam war.

Man muß die Vögel vor der Verabreichung des Malariamittels infizieren; wenn nämlich das Plasmochin nur 2 Stunden vor der Infektion gegeben wird, bleibt es wirkungslos. Beim Menschen haben allerdings große Plasmochindosen eine prophylaktische Wirkung.

Infektion der Vögel. Es ist wichtig, daß bei der experimentellen Arbeit darauf geachtet wird, mit welcher Art von Vogelmalaria die Vögel infiziert sind. Die therapeutischen Ergebnisse an mit Proteosoma praecox infizierten Vögeln stimmen z. B. nicht mit denen an Plasmodium cathemerium überein.

Zur Überimpfung auf gesunde Kanarienvögel entnimmt man Blut von einem kranken Vogel. Dies kann man entweder aus der Vene an der Innenseite des Beines gewinnen, die am nicht befiederten Teil leicht sichtbar ist, oder indem man den Kopf des kranken Vogels abschneidet, das Blut durch Glaswolle filtriert, um die Federn zurückzuhalten, und in Kochsalzlösung, die 1% Natriumcitrat enthält, auffängt, so daß das Blut 5- bis 10fach mit Citratkochsalzlösung verdünnt ist. Von dieser Suspension werden 0,2 bis 0,3 ccm in die Brustmuskulatur oder die Beinvene des gesunden Vogels injiziert. Nach SWEZEY (1935) entwickelt sich die Infektion nach intravenöser Überimpfung in 3 bis 5 Tagen, während es nach intramuskulärer Überimpfung 7 bis 10 Tage dauert. Man muß die intravenöse Injektion sehr langsam vornehmen. Die Suspension wird während der Injektionszeit auf 37° C gehalten.

Zur Untersuchung gametenwirksamer Stoffe verwendet man nicht Kanarienvögel, sondern Reisfinken (Munia orizivora L.), die man mit

Haemoproteus infiziert. Dabei sind nur die Gameten im Blut vorhanden, und die Schizonten finden sich in den Endothelzellen der inneren Organe.

Die Verabreichung des Malariamittels. Meistens wird das Malariamittel per os verabreicht, aber Atebrin wird auch intramuskulär oder intravenös gegeben. Um eine Dosis per os zu geben, wird der Kanarienvogel von einem Assistenten festgehalten. Mit der linken Hand streckt er den Kopf nach oben, mit der rechten Hand zieht er die Beine nach unten. Die Flügel ruhen in der linken Hand. Man öffnet den Schnabel mit einer kleinen Pinzette und schiebt die Schlundsonde, die an einer 1 ccm-Rekordspritze befestigt ist, hinein. Die Schlundsonde ist ein 8,5 cm langes Stück Ureterenkatheter. Das eine Ende wird an eine kurz abgeschnittene Rekordnadel geklebt, die auf die Spritze aufgesetzt wird. Man darf weder beim Halten des Vogels noch beim Einführen der Schlundsonde Gewalt anwenden, und es bedarf einiger Übung, bis man lernt, wie weit man sie einschieben darf.

Die Herstellung des Blutausstrichs. Wenn die Vögel infiziert und mit dem zu prüfenden Malariamittel behandelt worden sind, muß das Blut wiederholt untersucht werden. Die Blutprobe entnimmt man am einfachsten aus der Beinvene, um die man nach der Punktion etwas Watte wickelt; am Bein ist die Gefahr der Hämatombildung nicht so groß wie bei einer Flügelvene. Man macht den Blutausstrich in der üblichen Weise auf einem Objektträger. Zur Färbung verwendet man Giemsa-Lösung, eine methylalkoholische Azur-Eosinlösung (GRÜBLER). Man fixiert das lufttrockne Präparat 2 bis 3 Minuten in wasserfreiem reinem Methylalkohol, trocknet zwischen Fließpapier und legt es dann 10 bis 15 Minuten in eine wässerige Verdünnung der Farblösung. Diese Verdünnung muß jedesmal frisch in einem kleinen Meßzylinder bereitet werden, und zwar nimmt man auf je 1 ccm destillierten Wassers 1 Tropfen Giemsa-Lösung. Danach wird das Präparat mit Wasser abgespült und zum Trocknen aufgestellt.

Bei Betrachtung mit der Ölimmersion sieht man die Parasiten in den roten Blutkörperchen. Es wird ausgezählt, welcher Prozentsatz der roten Blutkörperchen Parasiten enthält. Man muß zur Sicherheit viele Gesichtsfelder durchsuchen.

Die Wirkung verschiedener Malariamittel. Bisher hat man noch keine Substanz entdeckt, die auf die Sichelkeime der Plasmodien wirkt. Bei der gewöhnlichen Vogelmalaria, d. h. bei der Proteosoma praecox-Infektion der Kanarienvögel, sind Chinin, Plasmochin und Atebrin alle wirksam; Atebrin wirkt aber schwächer als Plasmochin, d. h. 1 : 3000 Atebrin entspricht 1 : 50000 Plasmochin. Atebrin ist bei der Hämoproteusinfektion der Reisfinken unwirksam, während Plasmochin als Gametenmittel ein vorübergehendes Verschwinden der Parasiten aus dem Blut bewirkt, wonach es aber zum Rezidiv kommt. Nur bei kombinierter Behandlung von Plasmochin, das auf die Gameten wirkt, und Chinin oder Atebrin, die auf die Schizonten wirken, ist es möglich, eine Dauerheilung zu erzielen.

Auswertungsmethoden. Die beste der bisher veröffentlichten, quantitativ ausgearbeiteten Methoden ist die von BUTTLE, HENRY und TREVAN (1934), bei der Chinin als Standard zum Vergleich verwendet wurde. Sie benutzten Gruppen von 6 Kanarienvögeln; eine Gruppe blieb unbehandelt, eine erhielt 6 Tage hintereinander täglich 5 mg Chinin, und andere Gruppen bekamen 6 Tage lang verschiedene unbekannte Substanzen. Die Tagesdosis wurde in einem Volumen von 0,5 ccm pro 20 g Vogel verabreicht. Für jede Gruppe wurde die Durchschnittszeit bis zum Erscheinen der Parasiten im Blut bestimmt. Tabelle 70 zeigt die Ergebnisse von einer mit Chinin behandelten Gruppe (6 Dosen von 5 mg), aus denen die Schwankungen in der Reaktion verschiedener Vögel deutlich hervorgehen.

Tabelle 70. Die Proportion Parasiten enthaltender roter Blutkörperchen.

	Tag nach der Überimpfung					
	16	18	20	28	22	25
Vogel Nr. 1	(Tot am 5. Tag)					
„ Nr. 2	0	V	1/15	1/50		
„ Nr. 3	0	0	0	0	0	0
„ Nr. 4	0	V	1/15	1/15		
„ Nr. 5	0	V	1/10	1/10		
„ Nr. 6	0	0	1/20	1/100		1/40

(V bedeutet vereinzelte Parasiten, d. h. 1 bis 2 in mehreren Gesichtsfeldern.)

Neuerdings hat BUTTLE die Heilwirkung einer Reihe von Chinindosen untersucht. Er gab fünf verschiedene Dosen, jede fünf mal so groß wie die vorhergehende. Die Ergebnisse sind noch nicht veröffentlicht und werden hier mit BUTTLEs Erlaubnis angeführt. Das Chinin wurde sechs Tage lang gegeben, die erste Dosis vier Stunden nach der Infektion verabreicht. BUTTLE fand, daß die Dosen 0,004 mg und 0,2 mg an Gruppen von sechs Kanarienvögeln wirkungslos waren; bei allen Vögeln fanden sich am sechsten Tag zahlreiche Parasiten. 0,1 mg Chinin hatte nur eine geringe Wirkung, aber 0,5 mg und 2,5 mg verzögerten entweder das Auftreten der Parasiten oder heilten die Infektion ganz. Die Befunde sind in Tabelle 71 zusammengestellt.

Tabelle 71.

Tägliche Chinindosis mg	Anzahl behandelte Vögel	Anzahl geheilte Vögel	Durchschnittszeit bis zum Auftreten von Parasiten bei nicht geheilten Vögeln Tage
—	6	0	4,2
0,004	6	0	4,2
0,02	6	0	5,0
0,1	5	0	5,4
0,5	6	1	10,6
2,5	5	3	20,6

Man kann einen Ausdruck für die Heilwirkung größerer Dosen gewinnen, wenn man die Anzahl geheilter Vögel mit dem Grad der Verzögerung des Auftretens von Parasiten bei nicht geheilten Vögeln kombiniert. Z. B. kann man solche Vögel als geheilt zählen, bei denen 30 Tage lang keine Parasiten zu finden sind. Wendet man dies Verfahren an, so ergibt sich für die beiden letzten Werte der vierten Spalte 13,9 und 26,2.

Literatur.

BUTTLE, HENRY and TREVAN, Biochemic. J. **28**, 426 (1934).
ROEHL, Beihefte z. Arch. Schiffs- u. Tropenhyg. **30**, 311 (1926).
SWEZEY, Amer. J. trop. Med. **15**, 529 (1935).

Anhang I.

Internationale biologische Standarde.

Standartpräparat	Abgenommen	Internationale Einheit mg	Internationale Verteilung
Diphtherie-Antitoxin	1922	0,0628	Staatliches Serum-Institut, Kopenhagen, Dänemark
Tetanus-Antitoxin	1928	0,1547	
Anti-Dysenterie-Serum (Shiga)	1928	0,0500	
Gasgangrän-Antitoxin (perfringens)	1931	0,2660	
„ „ (Vibrion Septique)	1934	0,2377	
„ „ (oedematiens)	1934	0,2681	
„ „ (histolyticus)	1935	0,3575	
Staphylococcus-Antitoxin	1934	0,5000	
Anti-Pneumococcus-Serum (Typ 1)	1934	0,0886	
„ „ „ (Typ 2)	1934	0,0894	
Diphtherie-Antitoxin für Flockung	1935	—	
Alt-Tuberkulin	1931	—	
Insulin	1925	0,045	The National Institute for Medical Research, Hampstead, London, England.
Hypophysenhinterlappen-Pulver	1925	0,5	
Oestrus bewirkendes Hormon			
1. Hydroxyketonform	1932	0,0001	
2. Monobenzoat der Dihydroxyform	1935	0,0001	
Männliches Hormon (Androsteron)	1935	0,1	
Corpus luteum-Hormon (Progesteron)	1935	1,0	
Salvarsan	1925	—	
Neosalvarsan	1925	—	
Myosalvarsan	1925	—	
Vitamin A (β-Carotin)	1931	0,0006	
Vitamin B_1 (Absorptionsprodukt von Vitamin B_1)	1931	10,0	
Vitamin C (1-Ascorbinsäure)	1934	0,05	
Vitamin D (bestrahltes Ergosterin)	1931	1,0	
(Calciferol)	1934	0,000025	
Ouabain	1928	—	
Digitalis	1925	80,0	

Veröffentlichungen der Gesundheitskommission für biologische Standardisierung.

Report of the International Conference on the Standardisation of Sera and Serological Tests. London, 1921 (document C.533.M.378.1921.III).

Report of the Second International Conference on the Standardisation of Sera and Serological Tests. Paris, 1922 (document C.H.48).

Report of the Technical Conference for Considerations of Certain Methods of Biological Standardisation. Edinburgh, 1923 (document C.4.M.4.1924.III).

Reports on Serological Investigations presented to the Second International Conference on the Standardisation of Sera and Serological Tests. Paris, 1922 (document C.168.M.98.1923.III).

The Standardisation of Dysentery Serum, by K. Shiga, H. Kawamura and K. Tsuchiya.

First Report (document C.177.M.49.1924.III).

Second Report (document C.177(*a*).M.49(*a*).1924.III).

Beiträge zur Standardisierung des Dysenterieserums.

1. Über Eigenschaften, Wirkungsart und Wertbestimmung des Dysenterieseums. Von W. KOLLE, H. SCHLOSSBERGER und R. PRIGGE.

2. Über die Auswertung der antitoxischen Dysenteriesera am Kaninchen. Von Seigo KONDO.

(document C.H.213.1924.)

Rapport de la Commission permanente de Standardisation biologique. Paris, 1924 (document C.H./S.S./1re session P.V.).

Second International Conference on the Biological Standardisation of Certain Remedies. Geneva, 1925 (document C.532.M.183.1925.III).

Memorandum on the Present Position with regard to the Testing of Salvarsan and its Allied Compounds in Different Countries, by H. H. DALE (document C.H./C.P.S./2.1925).

Memorandum on the Determination of Vitamins, by Professor P. E. POULSSON (document C.H./C.P.S./3.1925).

Memorandum on the Biological Standardisation of Pituitary Extracts, by Professor CARL VOEGTLIN (document C.H./C.P.S./4.1925).

Beitrag zur Eichung von Digitalis mit besonderer Berücksichtigung der Warmblütermethode, von Prof. R. MAGNUS (document C.H./C.P.S./5.1925).

Beitrag zur pharmakologischen Auswertung von Secale Cornutum und von Secalepräparationen, von Prof. PAUL TRENDELENBURG (document C.H./C.P.S./6. 1925).

The Biological Standardisation of Insulin, including Reports on the Preparation of the International Standard and the Definition of the Unit (document C.H.398. 1925).

Rapport sur le titrage (standardisation) des tuberculines, par le professeur A. CALMETTE et le D[r] DE POTTER (document C.H.429.1926).

Report of the Permanent Commission on Biological Standardisation. Geneva, 1926 (document C.H.517).

Mémoires sur le titrage du sérum antidysentérique:

1. Sur le titrage de la toxine et du sérum antidysentériques, par C. IONESCU-MIHAESTI et D. COMBIESCU.

2. Recherches sur le titrage du sérum antidysentérique, par P. CONDREA. (document C.H.483.1926.)

Memoranda on Cardiac Drugs, Thyroid Preparations, Ergot Preparations, *Filix Mas*, Suprarenal Preparations, Vitamins, Pituitary, Salvarsan, Oil of Chenopodium, Insulin, by Professor E. KNAFEL LENZ (document C.H.734.1928).

Report of the Permanent Commission on Biological Standardisation. Frankfort-on-Main, 1928 (document C.H.717).

Memoranda on the International Standardisation of Therapeutic Sera and Bacterial Products, by Professor C. PRAUSNITZ (document C.H.832.1929).

Report on the Work of the Laboratory Conference on Blood Groups. Paris, 1930 (document C.H.885).

Report of the Permanent Commission on Biological Standardisation. Geneva, 1930 (document C.H.945).

Report of the Conference on Vitamin Standards. London, 1931 (document C.H.1055(1)).

Report of the Permanent Commission on Biological Standardisation. London, 1931 (document C.H.1056(1)).

Report of the Conference on the Standardisation of Sex Hormones. London, 1932 (Special Number, January 1935, of the *Quarterly Bulletin of the Health Organisation*).

Report of the Second International Conference on Vitamin Standardisation. London, 1934 (Extract No. 15 from Volume III of the *Quarterly Bulletin of the Health Organisation*).

Report of the Permanent Commission on Biological Standardisation. Copenhagen, 1934 (Special Number, January 1935, of the *Quarterly Bulletin of the Health Organisation*).

Report of the Second Conference on the Standardisation of Sex Hormones. London, 1935 (*Quarterly Bulletin of the Health Organisation*, Vol. IV, No. 3).

Anhang II.

Tabelle aus "Statistical Methods for Research Workers"[1].

Von R. A. Fisher.

(Mit Genehmigung des Verlags Oliver und Boyd.)

n.	P = ·9.	·8.	·7.	·6.	·5.	·4.	·3.	·2.	·1.	·05.	·02.	·01.
1	·158	·325	·510	·727	1·000	1·376	1·963	3·078	6·314	12·706	31·821	63·657
2	·142	·289	·445	·617	·816	1·061	1·386	1·886	2·920	4·303	6·965	9·925
3	·137	·277	·424	·584	·765	·978	1·250	1·638	2·353	3·182	4·541	5·841
4	·134	·271	·414	·569	·741	·941	1·190	1·533	2·132	2·776	3·747	4·604
5	·132	·267	·408	·559	·727	·920	1·156	1·476	2·015	2·571	3·365	4·032
6	·131	·265	·404	·553	·718	·906	1·134	1·440	1·943	2·447	3·143	3·707
7	·130	·263	·402	·549	·711	·896	1·119	1·415	1·895	2·365	2·998	3·499
8	·130	·262	·399	·546	·706	·889	1·108	1·397	1·860	2·306	2·896	3·355
9	·129	·261	·398	·543	·703	·883	1·100	1·383	1·833	2·262	2·821	3·250
10	·129	·260	·397	·542	·700	·879	1·093	1·372	1·812	2·228	2·764	3·169
11	·129	·260	·396	·540	·697	·876	1·088	1·363	1·796	2·201	2·718	3·106
12	·128	·259	·395	·539	·695	·873	1·083	1·356	1·782	2·179	2·681	3·055
13	·128	·259	·394	·538	·694	·870	1·079	1·350	1·771	2·160	2·650	3·012
14	·128	·258	·393	·537	·692	·868	1·076	1·345	1·761	2·145	2·624	2·977
15	·128	·258	·393	·536	·691	·866	1·074	1·341	1·753	2·131	2·602	2·947
16	·128	·258	·392	·535	·690	·865	1·071	1·337	1·746	2·120	2·583	2·921
17	·128	·257	·392	·534	·689	·863	1·069	1·333	1·740	2·110	2·567	2·898
18	·127	·257	·392	·534	·688	·862	1·067	1·330	1·734	2·101	2·552	2·878
19	·127	·257	·391	·533	·688	·861	1·066	1·328	1·729	2·093	2·539	2·861
20	·127	·257	·391	·533	·687	·860	1·064	1·325	1·725	2·086	2·528	2·845
21	·127	·257	·391	·532	·686	·859	1·063	1·323	1·721	2·080	2·518	2·831
22	·127	·256	·390	·532	·686	·858	1·061	1·321	1·717	2·074	2·508	2·819
23	·127	·256	·390	·532	·685	·858	1·060	1·319	1·714	2·069	2·500	2·807
24	·127	·256	·390	·531	·685	·857	1·059	1·318	1·711	2·064	2·492	2·797
25	·127	·256	·390	·531	·684	·856	1·058	1·316	1·708	2·060	2·485	2·787
26	·127	·256	·390	·531	·684	·856	1·058	1·315	1·706	2·056	2·479	2·779
27	·127	·256	·389	·531	·684	·855	1·057	1·314	1·703	2·052	2·473	2·771
28	·127	·256	·389	·530	·683	·855	1·056	1·313	1·701	2·048	2·467	2·763
29	·127	·256	·389	·530	·683	·854	1·055	1·311	1·699	2·045	2·462	2·756
30	·127	·256	·389	·530	·683	·854	1·055	1·310	1·697	2·042	2·457	2·750
∞	·12566	·25335	·38532	·52440	·67449	·84162	1·03643	1·28155	1·64485	1·95996	2·32634	2·57582

[1] Erklärung auf S. 22 und 23.

Anhang

Tabellen nach DURHAM,

aus denen man die Wahrscheinlichkeit ablesen kann, daß eine bestimmte Anzahl Tiere aus

Versuche an

Anzahl Tiere, die sterben	Wahre Sterblichkeit									
	2·5	5	7·5	10	15	20	25	30	35	40
0	·8811	·7738	·6772	·5905	·4437	·3277	·2373	·1681	·1160	·0778
1 oder weniger	·9941	·9774	·9517	·9185	·8352	·7373	·6328	·5282	·4284	·3370
2 „	·9998	·9988	·9962	·9914	·9734	·9421	·8965	·8369	·7648	·6826
3 „	>·9999	>·9999	·9999	·9995	·9978	·9933	·9844	·9692	·9460	·9130
4 „	—	—	>·9999	>·9999	·9999	·9997	·9990	·9976	·9947	·9898

Versuche an

Anzahl Tiere, die sterben	Wahre Sterblichkeit									
	2·5	5	7·5	10	15	20	25	30	35	40
0	·7763	·5987	·4586	·3487	·1969	·1074	·0563	·0282	·0135	·0060
1 oder weniger	·9754	·9139	·8304	·7361	·5443	·3758	·2440	·1493	·0860	·0464
2 „	·9984	·9885	·9661	·9298	·8202	·6778	·5256	·3828	·2616	·1673
3 „	·9999	·9990	·9954	·9872	·9500	·8791	·7759	·6496	·5138	·3823
4 „	>·9999	·9999	·9996	·9984	·9901	·9672	·9219	·8497	·7515	·6331
5 „	—	<·9999	>·9999	·9999	·9986	·9936	·9803	·9527	·9051	·8338
6 „	—	—	—	>·9999	·9999	·9991	·9965	·9894	·9740	·9452
7 „	—	—	—	—	>·9999	·9999	·9996	·9984	·9952	·9877
8 „	—	—	—	—	—	>·9999	>·9999	·9999	·9995	·9983
9 „	—	—	—	—	—	—	—	>·9999	>·9999	·9999

Versuche an

Anzahl Tiere, die sterben	Wahre Sterblichkeit									
	2·5	5	7·5	10	15	20	25	30	35	40
0	·6840	·4633	·3105	·2059	·0874	·0352	·0134	·0047	·0016	·0005
1 oder weniger	·9471	·8290	·6882	·5490	·3186	·1671	·0802	·0353	·0142	·0052
2 „	·9943	·9638	·9026	·8159	·6042	·3980	·2361	·1268	·0617	·0271
3 „	·9996	·9945	·9779	·9444	·8227	·6482	·4613	·2969	·1727	·0905
4 „	>·9999	·9994	·9962	·9873	·9383	·8358	·6865	·5155	·3519	·2173
5 „	—	·9999	·9995	·9978	·9832	·9389	·8516	·7216	·5643	·4032
6 „	—	>·9999	·9999	·9997	·9964	·9819	·9434	·8689	·7548	·6098
7 „	—	—	>·9999	>·9999	·9994	·9958	·9827	·9500	·8868	·7869
8 „	—	—	—	—	·9999	·9992	·9958	·9848	·9578	·9050
9 „	—	—	—	—	>·9999	·9999	·9992	·9963	·9876	·9662
10 „	—	—	—	—	—	>·9999	·9999	·9993	·9972	·9907
11 „	—	—	—	—	—	—	>·9999	·9999	·9995	·9981
12 „	—	—	—	—	—	—	—	>·9999	·9999	·9997
13 „	—	—	—	—	—	—	—	—	>·9999	>·9999
14 „	—	—	—	—	—	—	—	—	—	—

[1] Erklärung auf

III.

GADDUM und MARCHAL[1],

einer beschränkten Tiergruppe sterben oder eine andere physiologische Reaktion geben wird.

5 Tieren.

Prozent.

45	50	55	60	65	70	75	80	85	90	92·5	95	97·5
·0503	·0313	·0185	·0102	·0053	·0024	·0010	·0003	·0001	·0000	·0000	—	—
·2562	·1875	·1312	·0870	·0540	·0308	·0156	·0067	·0022	·0005	·0001	·0000	·0000
·5931	·5000	·4069	·3174	·2352	·1631	·1035	·0579	·0266	·0086	·0038	·0012	·0002
·8688	·8125	·7438	·6630	·5716	·4718	·3672	·2627	·1648	·0815	·0483	·0226	·0059
·9815	·9688	·9497	·9222	·8840	·8319	·7627	·6723	·5563	·4095	·3228	·2262	·1189

10 Tieren.

Prozent.

45	50	55	60	65	70	75	80	85	90	92·5	95	97·5
·0025	·0010	·0003	·0001	·0000	·0000	—	—	—	—	—	—	—
·0233	·0107	·0045	·0017	·0005	·0001	·0000	·0000	—	—	—	—	—
·0996	·0547	·0274	·0123	·0048	·0016	·0004	·0001	·0000	—	—	—	—
·2660	·1719	·1020	·0548	·0260	·0106	·0035	·0009	·0001	·0000	—	—	—
·5044	·3770	·2616	·1662	·0949	·0473	·0197	·0064	·0014	·0001	·0000	·0000	—
·7384	·6230	·4956	·3669	·2485	·1503	·0781	·0328	·0099	·0016	·0004	·0001	·0000
·8980	·8281	·7340	·6177	·4862	·3504	·2241	·1209	·0500	·0128	·0046	·0010	·0001
·9726	·9453	·9004	·8327	·7384	·6172	·4744	·3222	·1798	·0702	·0339	·0115	·0016
·9955	·9893	·9767	·9536	·9140	·8507	·7560	·6242	·4557	·2639	·2696	·0861	·0246
·9997	·9990	·9975	·9940	·9865	·9718	·9437	·8926	·8031	·6513	·5414	·4013	·2237

15 Tieren.

Prozent.

45	50	55	60	65	70	75	80	85	90	92·5	95	97·5
·0001	·0000	—	—	—	—	—	—	—	—	—	—	—
·0017	·0005	·0000	·0000	·0000	—	—	—	—	—	—	—	—
·0107	·0037	·0011	·0003	·0001	·0000	—	—	—	—	—	—	—
·0424	·0176	·0063	·0019	·0005	·0001	·0000	—	—	—	—	—	—
·1204	·0592	·0255	·0093	·0028	·0007	·0001	·0000	—	—	—	—	—
·2608	·1509	·0769	·0338	·0124	·0037	·0008	·0001	·0000	—	—	—	—
·4522	·3036	·1818	·0950	·0422	·0152	·0042	·0008	·0001	—	—	—	—
·6535	·5000	·3465	·2131	·1132	·0500	·0173	·0042	·0006	·0000	·0000	—	—
·8182	·6964	·5478	·3902	·2452	·1311	·0566	·0181	·0036	·0003	·0001	·0000	—
·9231	·8491	·7392	·5968	·4357	·2784	·1484	·0611	·0168	·0022	·0005	·0001	·0000
·9745	·9408	·8796	·7827	·6481	·4845	·3135	·1642	·0617	·0127	·0038	·0006	·0000
·9937	·9824	·9576	·9095	·8273	·7031	·5387	·3518	·1773	·0556	·0221	·0055	·0004
·9989	·9963	·9893	·9729	·9383	·8732	·7639	·6020	·3958	·1841	·0974	·0362	·0057
·9999	·9995	·9983	·9948	·9858	·9647	·9198	·8329	·6814	·4510	·3118	·1710	·0529
>·9999	>·9999	·9999	·9995	·9984	·9953	·9866	·9648	·9126	·7941	·6895	·5367	·3160

S. 41 und 42.

Anzahl Tiere, die sterben	Wahre Sterblichkeit									
	2·5	5	7·5	10	15	20	25	30	35	40
0	·6027	·3585	·2103	·1216	·0388	·0115	·0032	·0008	·0002	·0000
1 oder weniger	·9118	·7358	·5514	·3917	·1756	·0692	·0243	·0076	·0021	·0005
2 ,,	·9870	·9245	·8140	·6769	·4049	·2061	·0913	·0355	·0121	·0036
3 ,,	·9986	·9841	·9418	·8670	·6477	·4114	·2252	·1071	·0444	·0160
4 ,,	·9999	·9974	·9858	·9568	·8298	·6296	·4148	·2375	·1182	·0510
5 ,,	>·9999	·9997	·9973	·9887	·9327	·8042	·6172	·4164	·2454	·1256
6 ,,	—	>·9999	·9996	·9976	·9781	·9133	·7858	·6080	·4166	·2500
7 ,,	—	—	·9999	·9996	·9941	·9679	·8982	·7723	·6010	·4159
8 ,,	—	—	>·9999	·9999	·9987	·9900	·9591	·8867	·7624	·5956
9 ,,	—	—	—	>·9999	·9998	·9974	·9861	·9520	·8782	·7553
10 ,,	—	—	—	—	>·9999	·9994	·9961	·9829	·9468	·8725
11 ,,	—	—	—	—	—	·9999	·9991	·9949	·9804	·9435
12 ,,	—	—	—	—	—	>·9999	·9998	·9987	·9940	·9790
13 ,,	—	—	—	—	—	—	>·9999	·9997	·9985	·9935
14 ,,	—	—	—	—	—	—	—	>·9999	·9997	·9984
15 ,,	—	—	—	—	—	—	—	—	>·9999	·9997
16 ,,	—	—	—	—	—	—	—	—	—	>·9999
17 ,,	—	—	—	—	—	—	—	—	—	—
18 ,,	—	—	—	—	—	—	—	—	—	—
19 ,,	—	—	—	—	—	—	—	—	—	—

Versuche an

Anzahl Tiere, die sterben	Wahre Sterblichkeit									
	2·5	5	7·5	10	15	20	25	30	35	40
0	·4679	·2146	·0964	·0424	·0076	·0012	·0002	·0000	—	—
1 oder weniger	·8278	·5535	·3310	·1837	·0480	·0105	·0020	·0003	·0000	—
2 ,,	·9616	·8122	·6068	·4114	·1514	·0442	·0106	·0021	·0003	·0000
3 ,,	·9936	·9392	·8155	·6474	·3217	·1227	·0374	·0093	·0019	·0003
4 ,,	·9992	·9844	·9297	·8245	·5245	·2552	·0979	·0302	·0075	·0015
5 ,,	·9999	·9967	·9779	·9268	·7106	·4275	·2026	·0766	·0233	·0057
6 ,,	>·9999	·9994	·9942	·9742	·8474	·6070	·3481	·1595	·0586	·0172
7 ,,	—	·9999	·9987	·9922	·9302	·7608	·5143	·2814	·1238	·0435
8 ,,	—	>·9999	·9997	·9980	·9722	·8713	·6736	·4315	·2247	·0940
9 ,,	—	—	>·9999	·9995	·9903	·9389	·8034	·5888	·3575	·1763
10 ,,	—	—	—	·9999	·9971	·9744	·8943	·7304	·5078	·2915
11 ,,	—	—	—	>·9999	·9992	·9905	·9493	·8407	·6548	·4311
12 ,,	—	—	—	—	·9998	·9969	·9784	·9155	·7802	·5785
13 ,,	—	—	—	—	>·9999	·9991	·9918	·9599	·8737	·7145
14 ,,	—	—	—	—	—	·9998	·9973	·9831	·9348	·8246
15 ,,	—	—	—	—	—	·9999	·9992	·9936	·9699	·9029
16 ,,	—	—	—	—	—	>·9999	·9998	·9979	·9876	·9519
17 ,,	—	—	—	—	—	—	·9999	·9994	·9955	·9788
18 ,,	—	—	—	—	—	—	>·9999	·9998	·9986	·9917
19 ,,	—	—	—	—	—	—	—	>·9999	·9996	·9971
20 ,,	—	—	—	—	—	—	—	—	·9999	·9991
21 ,,	—	—	—	—	—	—	—	—	>·9999	·9998
22 ,,	—	—	—	—	—	—	—	—	—	>·9999
23 ,,	—	—	—	—	—	—	—	—	—	—
24 ,,	—	—	—	—	—	—	—	—	—	—
25 ,,	—	—	—	—	—	—	—	—	—	—
26 ,,	—	—	—	—	—	—	—	—	—	—
27 ,,	—	—	—	—	—	—	—	—	—	—
28 ,,	—	—	—	—	—	—	—	—	—	—
29 ,,	—	—	—	—	—	—	—	—	—	—

Prozent.

45	50	55	60	65	70	75	80	85	90	92·5	95	97·5
·0000	—	—	—	—	—	—	—	—	—	—	—	—
·0001	·0000	—	—	—	—	—	—	—	—	—	—	—
·0009	·0002	·0000	—	—	—	—	—	—	—	—	—	—
·0049	·0013	·0003	·0000	·0000	—	—	—	—	—	—	—	—
·0189	·0059	·0015	·0003	·0001	—	—	—	—	—	—	—	—
·0553	·0207	·0064	·0016	·0003	·0000	—	—	—	—	—	—	—
·1299	·0577	·0214	·0065	·0015	·0003	·0000	—	—	—	—	—	—
·2520	·1316	·0580	·0210	·0060	·0013	·0002	·0000	—	—	—	—	—
·4143	·2517	·1308	·0565	·0196	·0051	·0009	·0001	—	—	—	—	—
·5914	·4119	·2493	·1275	·0532	·0171	·0039	·0006	·0000	—	—	—	—
·7507	·5881	·4086	·2447	·1218	·0480	·0139	·0026	·0002	·0000	—	—	—
·8692	·7483	·5857	·4044	·2376	·1133	·0409	·0100	·0013	·0001	·0000	—	—
·9420	·8684	·7480	·5841	·3990	·2277	·1018	·0321	·0059	·0004	·0001	—	—
·9786	·9423	·8701	·7500	·5834	·3920	·2142	·0867	·0219	·0024	·0004	·0000	—
·9936	·9793	·9447	·8744	·7546	·5836	·3828	·1958	·0673	·0113	·0027	·0003	·0000
·9985	·9941	·9811	·9490	·8818	·7625	·5852	·3704	·1702	·0432	·0142	·0026	·0001
·9997	·9987	·9951	·9840	·9556	·8929	·7748	·5886	·3523	·1330	·0582	·0159	·0014
>·9999	·9998	·9991	·9964	·9879	·9645	·9087	·7939	·5951	·3231	·1860	·0755	·0130
—	>·9999	·9999	·9995	·9979	·9924	·9757	·9308	·8244	·6083	·4486	·2642	·0882
—	—	>·9999	>·9999	·9998	·9992	·9968	·9885	·9612	·8784	·7897	·6415	·3973

30 Tieren.

Prozent.

45	50	55	60	65	70	75	80	85	90	92·5	95	97·5
—	—	—	—	—	—	—	—	—	—	—	—	—
—	—	—	—	—	—	—	—	—	—	—	—	—
—	—	—	—	—	—	—	—	—	—	—	—	—
·0000	—	—	—	—	—	—	—	—	—	—	—	—
·0002	·0000	—	—	—	—	—	—	—	—	—	—	—
·0011	·0002	·0000	—	—	—	—	—	—	—	—	—	—
·0040	·0007	·0001	—	—	—	—	—	—	—	—	—	—
·0121	·0026	·0004	·0000	—	—	—	—	—	—	—	—	—
·0312	·0081	·0016	·0002	·0000	—	—	—	—	—	—	—	—
·0694	·0214	·0050	·0009	·0001	—	—	—	—	—	—	—	—
·1350	·0494	·0138	·0029	·0004	·0000	—	—	—	—	—	—	—
·2327	·1002	·0334	·0083	·0014	·0002	·0000	—	—	—	—	—	—
·3592	·1808	·0714	·0212	·0045	·0006	·0001	—	—	—	—	—	—
·5025	·2923	·1356	·0481	·0124	·0021	·0002	·0000	—	—	—	—	—
·6448	·4278	·2309	·0971	·0301	·0064	·0008	·0001	—	—	—	—	—
·7691	·5722	·3552	·1754	·0652	·0169	·0027	·0002	—	—	—	—	—
·8644	·7077	·4975	·2855	·1263	·0401	·0082	·0009	·0000	—	—	—	—
·9286	·8192	·6408	·4215	·2198	·0845	·0216	·0031	·0002	—	—	—	—
·9666	·8998	·7673	·5689	·3452	·1593	·0507	·0095	·0008	·0000	—	—	—
·9862	·9506	·8650	·7085	·4922	·2696	·1057	·0256	·0029	·0001	—	—	—
·9950	·9786	·9306	·8237	·6425	·4112	·1966	·0611	·0097	·0005	·0000	—	—
·9984	·9919	·9688	·9060	·7753	·5684	·3264	·1287	·0278	·0020	·0003	·0000	—
·9996	·9974	·9879	·9565	·8762	·7186	·4857	·2392	·0698	·0078	·0013	·0001	—
·9999	·9993	·9960	·9828	·9414	·8405	·6519	·3930	·1526	·0258	·0058	·0006	·0000
>·9999	·9998	·9989	·9943	·9767	·9234	·7974	·5725	·2894	·0732	·0221	·0033	·0001
—	>·9999	·9998	·9985	·9925	·9698	·9021	·7448	·4755	·1755	·0703	·0156	·0008
—	—	>·9999	·9997	·9981	·9907	·9626	·8773	·6783	·3526	·1845	·0608	·0064
—	—	—	>·9999	·9997	·9979	·9894	·9558	·8486	·5886	·3932	·1878	·0384
—	—	—	—	>·9999	·9997	·9980	·9895	·9520	·8163	·6690	·4465	·1722

Namen- und Sachverzeichnis.

Handbuch der experimentellen Pharmakologie

Herausgegeben von

A. Heffter †. Fortgeführt von Professor **W. Heubner**, Berlin

Hauptwerk

I. Band: Mit 127 Textabbildungen und 2 farbigen Tafeln. III, 1296 Seiten. 1923. RM 75.60

Kohlenoxyd. Kohlensäure. Stickstoffoxydul. Narkotica der aliphatischen Reihe. Ammoniak und Ammoniumsalze. Ammoniakderivate. Aliphatische Amine und Amide. Aminosäuren. Quartäre Ammoniumverbindungen und Körper mit verwandter Wirkung. Muscaringruppe. Guanidingruppe. Cyanwasserstoff. Nitrilglucoside, Nitrile, Rhodanwasserstoff, Isocyanide. Nitritgruppe. Toxische Säuren der aliphatischen Reihe. Aromatische Kohlenwasserstoffe. Aromatische Monamine. Diamine der Benzolreihe. Pyrazolonabkömmlinge. Camphergruppe. Organische Farbstoffe.

II. Band, 1. Hälfte: Mit 98 Textabbildungen. 598 Seiten. 1920. Unveränderter Neudruck. 1930. RM 52.20

Pyridin, Chinolin, Chinin, Chininderivate. Cocaingruppe, Yohimbin. Curare und Curarealkaloide. Veratrin und Protoveratrin. Aconitingruppe. Pelletierin. Strychningruppe. Santonin. Pikrotoxin und verwandte Körper. Apomorphin; Apocodein; Ipecacuanha. Alkaloide. Colchicingruppe. Purinderivate.

II. Band, 2. Hälfte: Mit 184 zum Teil farbigen Textabbildungen. 1376 Seiten. 1924. RM 78.30

Atropingruppe. Nicotin, Coniin, Piperidin, Lupetidin, Cytisin, Lobelin, Spartein, Gelsemin. Quebrachoalkaloide. Pilocarpin; Physostigmin; Arecolin. Papaveraceenalkaloide. Kakteenalkaloide. Cannabis (Haschisch). Hydrastisalkaloide. Adrenalin und adrenalinverwandte Substanzen. Solanin. Mutterkorn. Digitalisgruppe. Phlorhizin. Saponingruppe. Gerbstoffe. Filixgruppe. Bittermittel. Cotoin. Aristolochin. Anthrachinonderivate, Chrysarobin, Phenolphthalein. Koloquinten (Colocynthin). Elaterin, Podophyllin, Podophyllotoxin, Convolvulin, Jalapin (Scammonin), Gummigutti, Cambogiasäure, Euphorbium, Lärchenschwamm, Agaricinsäure. Pilzgifte. Ricin, Abrin, Crotin. Tierische Gifte. Bakterientoxine.

III. Band, 1. Teil: Mit 62 Abbildungen. VIII, 619 Seiten. 1927. RM 51.30

Die osmotischen Wirkungen. Schwer resorbierbare Stoffe. Zuckerarten und Verwandtes. Wasserstoff- und Hydroxylionen. Alkali- und Erdalkalimetalle. Fluor, Chlor, Brom, Jod. Chlorsäure und verwandte Säuren. Schweflige Säure. Schwefel. Schwefelwasserstoff, Sulfide, Selen, Tellur. Borsäure. Arsen und seine Verbindungen. Antimon und seine Verbindungen. Phosphor und Phosphorverbindungen.

III. Band, 2. Teil: Mit 66 Abbildungen. VIII, 882 Seiten. 1934. RM 96.—

Allgemeines zur Pharmakologie der Metalle. Eisen. Mangan. Kobalt. Nickel.

III. Band, 3. Teil: Mit 87 zum Teil farbigen Abbildungen. X. 686 Seiten. 1934. RM 78.—

Chrom. Metalle der Erdsäuren (Vanadium, Niobium und Tantal). Titanium. Zirkonium. Zinn. Blei. Cadmium. Zink. Kupfer. Silber. Gold. Platin und die Metalle der Platingruppe (Palladium, Iridium, Rhodium, Osmium, Ruthenium). Thallium, Indium. Gallium.

III. Band. 4. Teil: Mit 14 Abbildungen. VI, 543 Seiten. 1935. RM 64.—

Seltene Erdmetalle. Molybdän und Wolfram. Wismut.

III. Band, 5. (Schluß-) Teil. In Vorbereitung

Quecksilber, Aluminium, Beryllium, Uran. **Namen- und Sachverzeichnis für das gesamte Handbuch.**

Fortsetzung siehe umstehend!